Kieler Studien · Kiel Studies 324
Horst Siebert (Herausgeber)
Institut für Weltwirtschaft an der Universität Kiel

Springer
*Berlin*
*Heidelberg*
*New York*
*Hongkong*
*London*
*Mailand*
*Paris*
*Tokio*

Jan Krancke

# Internationaler Handel mit Kommunikationsdienstleistungen

## Anforderungen an ein multilaterales Regelwerk und die Reform des GATS

Springer

Dr. Jan G. Krancke
Hausdorffstr. 13
D-53129 Bonn
jan.krancke@gmx.net

ISSN 0340-6989

ISBN 3-540-00833-0 Springer-Verlag Berlin Heidelberg New York

Bibliografische Information Der Deutschen Bibliothek
Die Deutsche Bibliothek verzeichnet diese Publikation in der Deutschen Nationalbibliografie; detaillierte bibliografische Daten sind im Internet über <http://dnb.ddb.de> abrufbar.



Springer-Verlag Berlin Heidelberg New York
ein Unternehmen der BertelsmannSpringer Science+Business Media GmbH

http://www.springer.de



Umschlag-Gestaltung: Erich Kirchner, Heidelberg

SPIN 10920367 42/2202-5 4 3 2 1 0 – Gedruckt auf säurefreiem Papier

# Vorwort

Auf dem Kommunikationssektor finden national wie international große Umwälzungen statt. Monopolmärkte wurden für Konkurrenz geöffnet, staatliche Telekommunikationsunternehmen wurden privatisiert, und neue Kommunikationsdienste und Anbieter sind entstanden. Im Gegensatz dazu sind die ordnungspolitischen Rahmenbedingungen dieser dynamischen Marktentwicklung nur unzureichend angepasst worden. Daher wird in der vorliegenden Arbeit der Reformbedarf institutioneller Regelungen auf internationaler Ebene untersucht. Die Untersuchung leistet einen Beitrag zu der wissenschaftlichen und wirtschaftspolitischen Diskussion über eine Reform und Weiterentwicklung der internationalen Welthandelsordnung.

Die Analyse konzentriert sich auf den grenzüberschreitenden Handel mit elektronischen Kommunikationsdienstleistungen und untersucht die konvergierenden Sektoren Telekommunikation, Internet und audiovisuelle Dienstleistungen als Einheit. Aufbauend auf den Erkenntnissen der Außenwirtschaftstheorie, der Theorie bestreitbarer Märkte und der industrieökonomischen Theorie der Netzwerkeffekte werden Anforderungen an ein effizientes multilaterales Regelwerk definiert, die nicht nur als analytischer Rahmen für die Untersuchung relevant sind, sondern darüber hinaus als Bewertungsmaßstab dienen können, um in den laufenden Liberalisierungsverhandlungen eingebrachte Reformvorschläge auf ihre Effizienz und liberalisierende Wirkung hin zu überprüfen.

Die vorliegende Arbeit ist durch die fachliche – und persönliche – Unterstützung vieler Kollegen und Freunde gereift. Mein Dank gebührt allen Kolleginnen und Kollegen am Institut für Weltwirtschaft, die durch die zahlreichen Diskussionen und Gespräche immer wieder zu neuen Ideen beitrugen und so das Entstehen dieser Arbeit begleitet haben. Zu danken habe ich insbesondere Prof. Dr. Dr. h.c. Horst Siebert, der meine wissenschaftliche Entwicklung maßgeblich geprägt hat und diese Arbeit von Beginn an betreute. Auch Prof. Dr. Manfred Willms und Prof. Dr. Birgit Friedl möchte ich für ihre Unterstützung danken. Besonders erwähnen möchte ich an dieser Stelle auch die gute interdisziplinäre Zusammenarbeit mit dem Walther-Schücking-Institut für Internationales Recht an der Universität Kiel und Prof. Dr. Christian Tietje, LL.M., dem ich für die hilfreichen

Diskussionen über die juristischen Aspekte dieser Arbeit danke. Für die redaktionelle Bearbeitung danke ich Frau Sylvia Künne.

Besonderer Dank gilt meinen Eltern, die mir durch ihre vielfältige Unterstützung das Entstehen dieser Arbeit erst ermöglicht haben, und meiner Frau Hendrikje, die durch ihren ermunternden Zuspruch und Ansporn den Fortgang der Arbeit maßgeblich unterstützt hat. Ihnen ist diese Arbeit gewidmet.

Kiel, Juni 2003 Jan Krancke

# Inhaltsverzeichnis

# Verzeichnis der Abbildungen



# Verzeichnis der Tabellen

# Abkürzungsverzeichnis

| | |
|---|---|
| Abs. | Absatz |
| ADSL | Asymmetric Digital Subscriber Line |
| ARPA | Advanced Research Projects Administration |
| Art. | Artikel |
| ASO | Address Supporting Organization |
| BITKOM | Bundesverband Informationswirtschaft, Telekommunikation und neue Medien e.V. |
| B2B | Business to Business |
| B2C | Business to Consumer |
| B2G | Business to Government |
| C2B | Consumer to Business |
| C2C | Consumer to Consumer |
| C2G | Consumer to Government |
| CC | Collection Charge |
| ccTLD | Country Code Top-Level Domain Name |
| CPC | Central Product Classification |
| DCS | Digital Cellular Standard |
| DNS | Domain Name System |
| DNSO | Domain Name Supporting Organization |
| DSB | Dispute Settlement Body |
| EITO | European Information Technology Observatory |
| ETSI | European Telecommunications Standards Institute |
| EU | Europäische Union |
| EuGH | Europäischer Gerichtshof |
| FCC | Federal Communications Commission |
| F&E | Forschung und Entwicklung |
| G2B | Government to Business |
| G2C | Government to Consumer |
| GATS | General Agreement of Trade in Services |
| GATT | General Agreement on Tariffs and Trade |
| GBD | Global Business Dialogue |
| GBT | Group on Basic Telecommunications |
| GNS | Group of Negotiations on Services |
| GSM | Groupe Spéciale Mobile |
| gTLD | Generic Top-Level Domain Names |

| | |
|---|---|
| HOST | Web Hosting Companies |
| HS | Harmonized System |
| IAP | Internet Access Provider |
| IBP | Internet Backbone Provider |
| ICANN | Internet Corporation for Assigned Names and Numbers |
| IESG | Internet Engineering Steering Group |
| IETF | Internet Engineering Task Force |
| IP | Internet Protocol |
| ISP | Internet Service Provider |
| IT | Informationstechnologie |
| ITA | Information Technology Agreement |
| ITU | International Telecommunications Union |
| IWF | Internationaler Währungsfonds |
| LDC | Least Developed Countries |
| MFN | Most Favored Nation Principle |
| MiTT | Minutes of Telecommunications Traffic |
| MPA | Motion Picture Association |
| MPAA | Motion Picture Association of America |
| NAFTA | North American Free Trade Agreement |
| NGBT | Negotiations Group on Basic Telecommunications |
| NGO | Non Governmental Organization |
| NSF | National Science Foundation |
| NSI | Network Solutions Incorporation |
| OECD | Organization for Economic Cooperation and Development |
| Para. | Paragraph |
| PPM | Production and Process Method |
| PSO | Protocol Supporting Organization |
| RP | Reference Paper |
| SR | Settlement Rate |
| TCP | Transport Control Protocol |
| TLD | Top-Level Domain Name |
| TPRM | Trade Policy Review Mechanism |
| TRIPS | Trade-Related Aspects of Intellectual Property Rights |
| UMTS | Universal Mobile Telecommunications System |
| UN | United Nations |
| WDM | Wavelength Division Multiplex |
| WIPO | World Intellectual Property Organization |
| WTO | World Trade Organization |

# 1 Charakterisierung des Untersuchungsgegenstands

## 1.1 Problemstellung

Der Kommunikationssektor befindet sich national wie international im Umbruch. Monopolmärkte wurden für Konkurrenz geöffnet, staatliche Telekommunikationsunternehmen wurden privatisiert, und neue Kommunikationsdienste und Anbieter – insbesondere im Zusammenhang mit dem Internet – sind entstanden. Die analoge Übermittlung auf getrennten Netzen für Sprache, Daten und Bilder weicht zunehmend einer digitalen Vermittlung auf einheitlichen Netzinfrastrukturen. Die Digitalisierung und technische Konvergenz auf der Übertragungsebene führt auch zur Dienstleistungskonvergenz. Die Trennung in Individual- und Massenkommunikation ist nicht mehr eindeutig definiert. Neue multimediale Dienstleistungen kombinieren die bisher separierten Kommunikationsdienstleistungen der Sprach-, Daten- und Bildübermittlung. Diese Konvergenz stellt bestehende institutionelle Regelwerke in Frage.

Im Gegensatz zu dieser dynamischen Marktentwicklung sind die ordnungspolitischen Rahmenbedingungen nur unzureichend angepasst worden. Nach wie vor werden Telekommunikationsdienstleistungen, audiovisuelle Dienstleistungen (Film, Fernsehen und Radio) und Dienstleistungen der Informationstechnologie durch verschiedene nationale Institutionen sektorspezifisch reguliert. Diese sektorspezifischen nationalen Regelwerke behindern das Angebot neuer multimedialer Dienstleistungen und führen zu Fehlanreizen und Ineffizienz. Auf internationaler Ebene entstehen durch diese Regelungsvielfalt Handelsbarrieren, die das grenzüberschreitende Angebot von Kommunikationsdienstleistungen behindern. Dies sind nicht mehr die „klassischen" Grenzbarrieren (z.B. Zölle oder Kontingente), sondern nichttarifäre Hemmnisse innerhalb eines Landes, die eine kompetitive Marktstruktur verhindern (z.B. staatliche Regulierung, Lizenzierung, Normungsvorgaben). Im Zentrum der Handelsliberalisierung muss daher nicht der Abbau von Grenzbarrieren, sondern die Bestreitbarkeit der nationalen Kommunikationsmärkte durch ausländische Anbieter stehen.

Vor diesem Hintergrund stellt sich die Frage, inwiefern es internationaler Regeln für die Ausgestaltung der nationalen Regulierungspolitiken auf dem Markt für Kommunikationsdienstleistungen bedarf, damit sowohl für inländische als auch ausländische Anbieter ein ungehinderter und diskriminierungsfreier Marktzutritt möglich ist. Grundsätzlich werden die Kommunikationsdienstleistungen durch das multilaterale Regelwerk des GATS (General Agreement on Trade in Services) erfasst. Dieses Abkommen[1] ist Bestandteil des WTO-Regelwerks und verfolgt das Ziel, den internationalen Dienstleistungshandel zu liberalisieren und bestehende Handelsbarrieren zu reduzieren. Der Liberalisierungserfolg ist bisher jedoch gering.

Die unzureichende Liberalisierung des internationalen Handels mit Kommunikationsdienstleistungen wiegt besonders schwer, da Kommunikationsdienstleistungen nicht nur ein gewichtiger, eigenständiger Wirtschaftssektor, sondern ebenso ein notwendiges Komplement für den internationalen Handel anderer Güter und Dienstleistungen sind. Deshalb sollte die Liberalisierung dieses Dienstleistungssektors hohe Priorität besitzen. Um die Effizienz des internationalen Handels mit Kommunikationsdienstleistungen zu fördern, sollte die GATS-Vertragsstruktur überarbeitet werden. Darüber hinaus sind zusätzliche Liberalisierungsverpflichtungen notwendig. Vor allem aber müssen die Auswirkungen der Konvergenz berücksichtigt werden. Dies erfordert die einheitliche Betrachtung und umfassende Analyse bisher separierter Kommunikationsdienstleistungssektoren innerhalb eines einheitlichen Analyserahmens. Es ist wichtig zu untersuchen, wie neue Kommunikationsdienstleistungen im GATS klassifiziert werden und ob sie automatisch der Liberalisierung unterliegen, inwieweit Netzwerkeffekte berücksichtigt sind, ob das richtige Ausmaß an Kompatibilität besteht und ob die technische Neutralität gewährleistet ist.

Die EU-Kommission hat im Dezember 1997 in dem *Grünbuch zur Konvergenz der Branchen Telekommunikation, Medien und Informationstechnologie und ihren ordnungspolitischen Auswirkungen* auf die Notwendigkeit hingewiesen, die Auswirkungen der Konvergenz auf unterschiedliche nationale und internationale Regelwerke zu untersuchen. Eine Fragestellung der EU-Kommission lautet, ob vor dem Hintergrund der Konvergenz weitere Maßnahmen auf internationaler Ebene erforderlich sind (Kommission 1997). Die vorliegende Arbeit greift diese Frage auf und untersucht den Reformbedarf des GATS, der sich aufgrund der Konvergenz und der neuesten technologischen Entwicklung ergibt.

Die Analyse konzentriert sich auf den grenzüberschreitenden Handel mit elektronischen Kommunikationsdienstleistungen und untersucht die drei Sektoren Telekommunikationsdienstleistungen, Dienstleistungen der Informations-

---

1 Die juristische Literatur unterscheidet zwischen einem „Übereinkommen" und einem „Abkommen". Ein „Abkommen" ist ein eigenständiger Vertrag, ein „Übereinkommen" ist ein Teilbereich eines übergeordneten Vertragswerks. Demnach handelt es sich bei dem WTO-Vertrag um ein Abkommen, beim GATS, GATT und TRIPS jedoch um ein Übereinkommen. Diese sprachliche Unterscheidung ist in der wirtschaftswissenschaftlichen Literatur unüblich. Im Folgenden wird daher der Begriff „GATS-Abkommen", „GATS-Übereinkommen" oder „GATS-Vertrag" synonym verwandt.

technologie und audiovisuelle Dienstleistungen als Einheit. Die in der Arbeit entwickelten Reformvorschläge beziehen sich auf das GATS; alternative Vorschläge für internationale Regelwerke werden ansatzweise untersucht. Zunächst werden Anforderungen an ein effizientes internationales Regelwerk zur Liberalisierung des grenzüberschreitenden Handels von Kommunikationsdienstleistungen definiert. Anhand dieser Kriterien wird analysiert, inwiefern das bestehende GATS-Regelwerk die Anforderungen erfüllt. Darauf aufbauend werden unterschiedliche Reformen diskutiert, wodurch die Effizienz des multilateralen Regelwerks gefördert und eine weitergehende Handelsliberalisierung erreicht werden könnte.

Die Untersuchung leistet einen Beitrag zu der wissenschaftlichen und wirtschaftspolitischen Diskussion über eine Reform und Weiterentwicklung der internationalen Welthandelsordnung. Sie geht methodisch und inhaltlich in drei wesentlichen Aspekten über die bestehende Literatur hinaus:

(1) Die geforderten Kriterien für ein effizientes multilaterales Regelwerk basieren auf den Erkenntnissen der Außenwirtschaftstheorie, der Theorie bestreitbarer Märkte und der Theorie von Netzwerkeffekten. Dadurch werden Anforderungen für ein effizientes multilaterales Regelwerk definiert, die nicht auf (politischen) Ad-hoc-Annahmen, sondern auf theoretischen Untersuchungen aufbauen. In der wissenschaftlichen Literatur ist für die Analyse dieser Fragestellung bisher kein theoretisch fundierter, kohärenter Analyserahmen entwickelt worden.

(2) Die Konvergenz der Kommunikationsdienstleistungen ist in der Literatur unzureichend berücksichtigt. Zahlreiche Arbeiten untersuchen den internationalen Handel mit Telekommunikationsdienstleistungen.[2] Einige Analysen konzentrieren sich – zumeist ohne Bezug zum WTO-Regelwerk – auf die Dienstleistungen der Informationstechnologie[3] oder die audiovisuellen Dienstleistungen.[4] In der Literatur gibt es bisher wenige Untersuchungen,

---

2 Vgl. z.B. Barth (1997), Bronckers und Larouche (1997), Drake und Noam (1997), Fetzer (1999), Fredebeul-Krein und Freytag (1997), Frid (1997), Grewlich (1997), Langenfurth (1999), Schwandt (1995, 1996) oder Tuthill (1996).

3 Analysen des internationalen Handels mit Dienstleistungen der Informationstechnologie konzentrieren sich auf den elektronischen Geschäftsverkehr (z.B. Choi et al. (1997), Mattoo und Schuknecht (2000, 2001), Tinawi und Berkey (1999)) und die Netzwerkstruktur der Internet-Backbone-Betreiber (z.B. Choi (1999), Foros und Hansen (2001), Foros et al. (2001), Gorman und Malecki (2000), Laffont und Tirole (2000), Laffont et al. (2001)).

4 Eine Analyse der nationalen bzw. regionalen Marktstruktur und der staatlichen Eingriffe und Fördermaßnahmen findet sich bei Gottselig (2000) oder Fredebeul-Krein (1999). Audiovisuelle Dienstleistungen im internationalen Handel werden in Chao (1996), Footer und Graber (2000), Graber (2000b), Gottselig (2000), OECD (1986) oder WTO (1998a) untersucht.

die die spezifischen institutionellen Rahmenbedingungen der elektronischen Kommunikationsdienstleistungsmärkte berücksichtigen und die Reichweite des GATS vor dem Hintergrund der Konvergenz von Telekommunikationsdienstleistungen, audiovisuellen Dienstleistungen und Dienstleistungen der Informationstechnologie in einem systematischen Zusammenhang analysieren.[5] Die umfassende Berücksichtigung elektronischer Kommunikationsdienstleistungen innerhalb der vorliegenden Arbeit weicht daher von den sektorspezifischen Forschungsansätzen ab.

(3) In der vorliegenden Untersuchung werden Reformen vorgeschlagen, wodurch die Effizienz des internationalen Handels mit Kommunikationsdienstleistungen gefördert wird und bestehende Handelshemmnisse reduziert werden. Des Weiteren werden rechtswissenschaftliche und wirtschaftswissenschaftliche Ansätze kombiniert, sodass sich neue Lösungswege ergeben.

Die Arbeit stellt nicht nur einen Forschungsbeitrag dar, sondern gewinnt eine zusätzliche Bedeutung aufgrund der politischen Aktualität des Themas. Auf der Ministerkonferenz in Doha vom 9. bis 14. November 2001 wurde der Beginn einer neuen Welthandelsrunde beschlossen, die auch die formell seit Januar 2000 laufenden GATS-Verhandlungen umfasst. In der Ministererklärung wird ein Zeitplan festgelegt und auf die von der WTO im März 2001 beschlossenen Richtlinien für die GATS-Verhandlungen verwiesen. Bis Juni 2002 sollen erste Anfragen und bis März 2003 Angebote von Liberalisierungsverpflichtungen für den internationalen Dienstleistungshandel eingereicht werden.[6] Des Weiteren ist die Integration des elektronischen Geschäftsverkehrs in die WTO-Rechtsordnung ein wesentlicher Bestandteil der Verhandlungen. In der Ministererklärung wird ausdrücklich auf die Schaffung von Rahmenbedingungen zur Förderung des elektronischen Geschäftsverkehrs hingewiesen.[7] Darüber hinaus sind die Telekommunikationsdienstleistungen innerhalb der GATS-Verhandlungen von zentraler Bedeutung.[8]

---

5 Tietje (2000) enthält eine juristische Kommentierung des gültigen WTO-Regelwerks für elektronische Kommunikationsdienstleistungen mit starkem Bezug zum EU-Außenwirtschaftsrecht. Des Weiteren bezieht sich das Grünbuch der EU-Kommission zur Konvergenz (Kommission 1997) auf alle drei Teilsektoren. Eine Analyse der Auswirkungen der Konvergenz für die nationale Regulierung innerhalb Deutschlands enthält Hoffmann-Riem et al. (2000).

6 Ministererklärung von Doha. Vgl. WTO (2001c: Para. 15).

7 „... we recognize the importance of creating and maintaining an environment which is favourable to the future development of electronic commerce." (WTO 2001g: Para. 34).

8 So zum Beispiel die Position der deutschen Bundesregierung in den laufenden GATS-Verhandlungen (Bundestagsdrucksache 14/6702 vom 18. Juli 2001): „Die Verhandlungsziele der Bundesregierung umfassen insbesondere:

### 1.1.1 Gang der Untersuchung

Im Anschluss an die Charakterisierung des Untersuchungsgegenstands im ersten Kapitel werden im zweiten Kapitel die notwendigen technischen Grundlagen und institutionellen Besonderheiten der Märkte für Kommunikationsdienstleistungen vermittelt. Zunächst werden die Formen des internationalen Dienstleistungshandels, die physikalisch-technischen Aspekte sowie der Prozess der Konvergenz dargestellt. Anschließend werden die internationalen Märkte für Telekommunikationsdienstleistungen, Dienstleistungen der Informationstechnologie und audiovisuelle Dienstleistungen separat analysiert. Ziel ist es, die technische Funktionsweise, den institutionellen Rahmen und die resultierende Anreizstruktur und mögliche Ineffizienzen zu untersuchen. Diese Kenntnisse sind eine Voraussetzung für das weitere Verständnis der Analyse und besonders für die Diskussion der Reformvorschläge im fünften Kapitel.

Im dritten Kapitel werden die Anforderungen an ein multilaterales Regelwerk definiert. Zunächst werden die positiven Effekte einer Handelsliberalisierung und die Notwendigkeit internationaler Kooperation auf Grundlage der Außenwirtschaftstheorie und der politökonomischen Theorie diskutiert. Die Anwendbarkeit der Theorie bestreitbarer Märkte als ergänzender, wettbewerbstheoretischer Referenzmaßstab wird geprüft. Zusätzlich ermöglicht diese Theorie auch Aussagen darüber, wie eine effiziente nationale Regulierung ausgestaltet sein muss. Aufbauend auf den Erkenntnissen der Außenwirtschaftstheorie, der Theorie bestreitbarer Märkte und der Theorie der Netzwerkeffekte werden Kriterien für ein effizientes multilaterales Regelwerk hergeleitet. Die Kriterien Marktzugang, kompetitive Marktstruktur, Kompatibilität, Transparenz, Rechtssicherheit und dynamische Effizienz stellen nicht nur den analytischen Rahmen für die Untersuchung dar, sondern können darüber hinaus als Bewertungsmaßstab dienen, um in den laufenden Liberalisierungsverhandlungen eingebrachte Reformvorschläge auf ihre Effizienz und liberalisierende Wirkung hin zu überprüfen.

Die inhaltliche Ausgestaltung des bestehenden Regelwerks des GATS für Kommunikationsdienstleistungen wird im vierten Kapitel dargestellt. Anhand der im dritten Kapitel hergeleiteten Kriterien wird untersucht, ob diese im GATS ausreichend berücksichtigt sind. Die Analyse zeigt, dass einerseits Erfolge bei der Handelsliberalisierung erreicht wurden, andererseits aber weiterhin wesentliche Handelshemmnisse für den grenzüberschreitenden Handel mit Kommunikationsdienstleistungen bestehen.

---

- ausgewogenere und insgesamt höhere Liberalisierungsverpflichtungen aller WTO-Mitglieder vor allem in den Schlüsselbereichen (z.B. Finanzdienstleistungen, Telekommunikation, Handel)
- Klärung und verstärkte Rechtssicherheit für grenzüberschreitenden Dienstleistungshandel im Kontext elektronischer Handel."

Aufbauend auf die im vierten Kapitel identifizierten Problembereiche werden im fünften Kapitel Reformvorschläge diskutiert. Um eine weiter gehende Marktöffnung zu erreichen, wird eine Reform der Struktur des GATS-Vertrags vorgeschlagen. Des Weiteren werden die Probleme der Einordnung des elektronischen Geschäftsverkehrs in die WTO-Rechtsordnung, die Reform des GNS-Klassifikationsschemas sowie die Reform des Referenzpapiers für die Grundzüge nationaler Regulierung analysiert. Der in der wirtschaftswissenschaftlichen Literatur kaum beachtete rechtswissenschaftliche Ansatz der direkten Wirkung von WTO-Verpflichtungen im nationalen Recht wird als zusätzlicher Weg für eine weiter gehende Handelsliberalisierung aufgegriffen. Schließlich werden Ansätze für multilaterale Regelwerke diskutiert, die außerhalb des GATS zu einer verstärkten Berücksichtigung der geforderten Kriterien führen können. Zusätzlich wird untersucht, ob die Reformvorschläge innerhalb des Verhandlungsmandats für die neue Welthandelsrunde umgesetzt werden können. Im sechsten Kapitel werden die wesentlichen Ergebnisse der vorliegenden Untersuchung zusammengefasst.

## 1.2 Das empirische Bild

Der Untersuchungsgegenstand der vorliegenden Analyse soll im Folgenden anhand stilisierter Fakten umrissen werden. Die vorhandene Datenbasis ist allerdings sehr lückenhaft und der Sektor der Information, Technologie und Kommunikation wird in den verschiedenen Datenerhebungen unterschiedlich definiert. Zumeist sind sowohl Güter, als auch Dienstleistungen enthalten. Des Weiteren sind die Daten nicht disaggregiert erfasst, sodass sie nicht der dieser Arbeit zugrunde liegenden Definition entsprechen. Hinzu kommt das Problem, dass Zeitreihen, die eine Beurteilung des langfristigen Trends ermöglichen, kaum existieren. Darüber hinaus bestehen grundsätzliche Probleme bei der Messung internationaler Dienstleistungstransaktionen. Diese sind darauf zurückzuführen, dass Dienstleistungen oft in Kombination mit Gütern gehandelt werden und daher durch den Warenhandel und nicht separat erfasst werden. Vielfach findet internationaler Dienstleistungshandel innerhalb von Unternehmen statt, d.h., es werden zentrale Dienstleistungen an ausländische Tochterunternehmen erbracht. Dies wird in den Statistiken nur unzureichend erfasst.

### 1.2.1 Kommunikationsdienstleistungssektor in Deutschland

Der Umsatz mit Kommunikationsdienstleistungen in Deutschland ist in den letzten Jahren kontinuierlich gestiegen. Wie aus Tabelle 1 hervorgeht, betrug der

*Tabelle 1:*
Umsatz mit Kommunikationsdienstleistungen in Deutschland 1997–2002 (Mill. DM)

| | 1997 | 1998 | 1999 | 2000 | 2001[a] | 2002[a] |
|---|---|---|---|---|---|---|
| Telekommunikationsdienstleistungen (Festnetz) | 42 751 | 43 562 | 43 460 | 42 590 | 40 887 | 39 252 |
| Telekommunikationsdienstleistungen (Mobilfunk) | 9 945 | 13 157 | 16 842 | 21 894 | 27 366 | 29 866 |
| Vermittlungsdienstleistungen und Mietleitungen | 10 382 | 11 238 | 11 273 | 11 612 | 11 940 | 12 085 |
| Internetdienstleistungen | 2 996 | 3 884 | 5 339 | 7 501 | 10 876 | 14 855 |
| Kabelfernsehen | 3 196 | 3 493 | 3 718 | 3 990 | 4 348 | 4 723 |
| Summe | 69 272 | 75 335 | 80 631 | 87 586 | 95 421 | 100 780 |
| Anteil am BIP (in Prozent) | 1,89 | 2,00 | 2,09 | 2,21 | 2,36 | - |

- Nicht verfügbar. - [a]Schätzungen.

*Quelle:* EITO (2001); Deutsche Bundesbank (lfd. Jgg.); eigene Berechnungen.

Umsatz im Jahr 1997 über 69 Mrd. DM und im Jahr 2001 mehr als 95 Mrd. DM. Dies entspricht einem Marktwachstum von 37,7 Prozent innerhalb von vier Jahren. Zusätzlich ist zu berücksichtigen, dass das Marktvolumen tendenziell unterschätzt wird, denn der Umsatz beim Kabelfernsehen stellt nur einen Teilbereich audiovisueller Dienstleistungen dar. Des Weiteren beinhalten die in der Tabelle aufgeführten Internetdienstleistungen nur den Umsatz im Zusammenhang mit der reinen Vermittlungstätigkeit; Umsätze des elektronischen Geschäftsverkehrs werden in dieser Statistik nicht erfasst. Der Markt für Kommunikationsdienstleistungen wächst stärker als das Bruttoinlandsprodukt (BIP) in Deutschland. Der Anteil dieses Sektors am BIP ist von 1,89 Prozent im Jahr 1997 auf 2,36 Prozent im Jahr 2001 gestiegen.

Der Umsatz mit Kommunikationsdienstleistungen in Westeuropa ist in Tabelle 2 dargestellt. Auch hier zeigt sich deutlich, dass der Umsatz stark zugenommen hat. Betrug dieser 1997 noch 309 Mrd. DM, so ist er bis zum Jahr 2001 auf 464 Mrd. DM gestiegen. Das Wachstum von 50,4 Prozent für Westeuropa – gleiche Preissteigerungsrate unterstellt – liegt deutlich oberhalb der Wachstumsrate des deutschen Marktes für denselben Zeitraum (37,7 Prozent), d.h., der deutsche Markt für Kommunikationsdienstleistungen hat sich im europäischen Vergleich unterdurchschnittlich entwickelt. Das für Deutschland für das Jahr 2002 prognostizierte Wachstum von 5,6 Prozent liegt über dem europäischen Durchschnitt von 4,9 Prozent.

*Tabelle 2:*
Umsatz mit Kommunikationsdienstleistungen in Westeuropa[a] 1997–2002 (Mill. DM)

| | 1997 | 1998 | 1999 | 2000 | 2001[b] | 2002[b] |
|---|---|---|---|---|---|---|
| Telekommunikationsdienstleistungen (Festnetz) | 187 488 | 193 447 | 195 374 | 193 572 | 189 354 | 181 470 |
| Telekommunikationsdienstleistungen (Mobilfunk) | 55 859 | 75 585 | 99 166 | 137 219 | 167 818 | 180 895 |
| Vermittlungsdienstleistungen und Mietleitungen | 44 337 | 48 683 | 49 508 | 51 311 | 53 212 | 54 124 |
| Internetdienstleistungen | 10 315 | 13 329 | 18 393 | 25 741 | 35 639 | 49 801 |
| Kabelfernsehen | 11 131 | 12 813 | 14 434 | 16 572 | 18 842 | 21 424 |
| Summe | 309 131 | 343 856 | 376 875 | 424 417 | 464 866 | 487 714 |

[a]Westeuropa umfasst die EU-Staaten sowie Norwegen und die Schweiz. – [b]Schätzungen.

*Quelle:* EITO (2001); eigene Berechnungen.

Die Erwerbstätigenzahlen im Kommunikationsdienstleistungssektor in Deutschland sind schwierig zu ermitteln, da diese Daten nicht in der hierfür notwendigen Disaggregation vorliegen. In der amtlichen Statistik umfasst der ITK-Sektor (Information, Technologie und Kommunikation) sowohl die Dienstleistungsanbieter wie auch die Güterproduktion. Der Branchenverband BITKOM (2001b) hat für das Jahr 2000 die Erwerbstätigenzahlen im ITK-Sektor basierend auf dem Mikrozensus des Statistischen Bundesamtes und aufgrund zusätzlicher Brancheninformationen stärker disaggregiert. Danach waren im Jahr 2000 im Sektor der Information, Technolgie und Kommunikation 820 000 Personen beschäftigt. In der Güterproduktion arbeiteten 191 000 (23,3 Prozent), bei Anbietern von Telekommunikationsdienstleistungen 247 000 (30,1 Prozent) und im Sektor der Software und informationstechnologischen Dienstleistungen 382 000 (46,6 Prozent) Personen.

Neben dem Umsatzvolumen und der Anzahl der Erwerbstätigen kann der Sektor der Information, Technologie und Kommunikation durch verschiedene Kennzahlen charakterisiert werden. Hierzu zählen Informationen über die Verbreitung der Infrastruktur, wie sie in Tabelle 3 enthalten sind. Bei der Verbreitung von ISDN-Anschlüssen ist Deutschland mit 23 Anschlüssen je 100 Einwohner weltweit führend. Bei den für den schnellen Internetzugang notwendigen DSL-Anschlüssen liegt Deutschland mit 11 Anschlüssen je 1 000 Einwohner an zweiter Stelle, jedoch deutlich hinter den USA mit 35 Anschlüssen je 1 000 Einwohner. Auch bei den Fernsehkabelanschlüssen belegt Deutschland mit 55 je 100 Einwohner den zweiten Platz hinter den USA. Die Verbreitung von Mobil-

*Tabelle 3:*
Kennzahlen des ITK-Sektors im internationalen Vergleich für das Jahr 2000

| | Deutschland | Westeuropa | USA | Japan |
|---|---|---|---|---|
| ISDN-Kanäle[a] | 23 | 10 | 5 | 11 |
| DSL-Anschlüsse[b] | 11 | 7 | 35 | 2 |
| TV-Kabelanschlüsse[a] | 55 | 29 | 65 | 18 |
| Mobiltelefone[a] | 58 | 58 | 40 | 47 |
| PCs[a] | 34 | – | 65 | 32 |
| Internet-Hosts[b] | 30 | – | 212 | 31 |
| Internet-Nutzung[a] | 28 | 21 | 48 | 21 |
| ITK[c]-Investitionen[d] | 2 737 | 2 719 | 5 090 | 3 406 |
| Anteil des ITK[c]-Umsatz am BIP[e] | 5,7 | 6,3 | 8,7 | 6,5 |

– Nicht verfügbar. – [a]Je 100 Einwohner. – [b]Je 1 000 Einwohner. – [c]Güter und Dienstleistungen des ITK-Sektors erfasst. – [d]Pro-Kopf-Ausgaben in DM. – [e]In Prozent.

*Quelle:* BITKOM (2001a).

funktelefonen erreicht in Deutschland mit 58 je 100 Einwohner den europäischen Durchschnitt. Das Internet wird in Deutschland im Vergleich zu Westeuropa überproportional genutzt, jedoch deutlich weniger als in den USA.

### 1.2.2 Vergleich der Weltregionen

Der weltweite Umsatz mit Kommunikationsdienstleistungen betrug im Jahr 2000 mehr als 1 514 Mrd. DM. Wie der Vergleich der Weltregionen in Tabelle 4 zeigt, deckt der amerikanische Markt fast ein Drittel des gesamten Weltmarktes für Kommunikationsdienstleistungen ab. Da die Daten in Tabelle 4 auf derselben sektoralen Abgrenzung beruhen, wie in den Tabellen 1 und 2 gilt auch hier, dass der Sektor der Kommunikationsdienstleistungen tendenziell unterschätzt wird.

Die Möglichkeit, Kommunikationsdienstleistungen international anzubieten, hängt unter anderem von der Verbreitung des Internets und des Mobilfunks ab. Die Regionen der Welt können daher anhand dieser Kennzahlen verglichen werden (Tabellen 5 und 6). Die Zahl der Mobilfunkteilnehmer weltweit ist von ca. 87 Millionen im Jahr 1995 auf fast 728 Millionen im Jahr 2000 gestiegen. In Westeuropa ist die Zahl der Mobilfunkteilnehmer in diesen 5 Jahren fast auf das Zwölffache gewachsen, in Nordamerika nahm sie hingegen nur um den Faktor 3,3 zu. Über ein Drittel (35, 8 Prozent) der weltweiten Mobilfunkteilnehmer entfielen 2000 auf den westeuropäischen Markt. 1995 waren dies nur 26,4 Prozent.

*Tabelle 4:*
Umsatz mit Kommunikationsdienstleistungen nach Weltregionen 1999–2002 (Mill. DM)

| | 1999 | 2000 | 2002[a] |
|---|---|---|---|
| Westeuropa | 375 783 | 424 417 | 487 714 |
| Osteuropa | 25 925 | 42 256 | 57 153 |
| USA | 370 923 | 464 461 | 515 400 |
| Japan | 126 437 | 150 984 | 166 467 |
| Rest der Welt | 386 423 | 432 495 | 470 311 |
| Welt insgesamt | 1 285 491 | 1 514 612 | 1 697 046 |

[a]Prognose.

*Quelle:* EITO (2000, 2001); eigene Berechnungen.

*Tabelle 5:*
Mobilfunkteilnehmer nach Weltregionen 1995–2000 (1 000)

| | 1995 | 1996 | 1997 | 1998 | 1999 | 2000 |
|---|---|---|---|---|---|---|
| Nordamerika | 36 377 | 47 453 | 59 474 | 74 543 | 92 637 | 118 957 |
| Lateinamerika | 4 095 | 6 897 | 12 967 | 21 520 | 40 611 | 63 617 |
| Westeuropa | 23 122 | 36 003 | 56 745 | 95 343 | 162 447 | 260 903 |
| Osteuropa | 676 | 1 517 | 3 802 | 7 961 | 14 693 | 28 496 |
| Afrika | 623 | 1 100 | 1 963 | 3 621 | 7 099 | 15 372 |
| Naher Osten | 935 | 1 972 | 3 685 | 4 799 | 6 693 | 9 966 |
| Asien/Pazifik | 21 875 | 41 196 | 67 961 | 102 093 | 154 483 | 230 600 |
| Welt insgesamt | 87 703 | 136 138 | 206 497 | 309 879 | 478 663 | 727 911 |

*Quelle:* Siemens (1998, 1999, 2000, 2001).

Auch die Zahl der Internetanschlüsse (Tabelle 6) ist in allen Weltregionen stark gewachsen, nämlich von weltweit über 47 Millionen (1995) auf über 383 Millionen im Jahr 2000. Der mit Abstand größte Anteil entfällt auf die USA (38,5 Prozent im Jahr 2000).

Bisher existieren keine amtlichen Statistiken, die den Umsatz im elektronischen Geschäftsverkehr erfassen. Private Marktforschungsunternehmen und Unternehmensberatungen veröffentlichen Umsatzzahlen, die allerdings stark voneinander abweichen. Die in Tabelle 7 erfassten Umsätze sind deshalb nur als ungefähre Größenordnung zu interpretieren. Forrester Research hat zum Beispiel für Nordamerika andere Schätzungen vorgelegt, die um fast 50 Prozent oberhalb

*Tabelle 6:*
Internetanschlüsse nach Weltregionen 1995–2000 (1 000)

| | 1995 | 1996 | 1997 | 1998 | 1999 | 2000 |
|---|---|---|---|---|---|---|
| Nordamerika | 28 116 | 41 250 | 66 420 | 85 660 | 117 852 | 147 811 |
| Lateinamerika | 264 | 1 312 | 2 646 | 4 473 | 8 313 | 17 418 |
| Westeuropa | 13 746 | 12 918 | 24 586 | 36 362 | 59 819 | 99 684 |
| Osteuropa | 241 | 938 | 1 923 | 3 334 | 6 475 | 13 164 |
| Afrika | 128 | 305 | 643 | 995 | 1 696 | 2 384 |
| Naher Osten | 170 | 225 | 444 | 671 | 1 266 | 2 360 |
| Asien/Pazifik | 4 843 | 8 407 | 17 125 | 28 537 | 54 622 | 100 711 |
| Welt insgesamt | 47 508 | 65 355 | 113 786 | 166 033 | 250 043 | 383 531 |

*Quelle:* Siemens (1998, 1999, 2000, 2001).

*Tabelle 7:*
Elektronischer Geschäftsverkehr (B2B) nach Weltregionen 2000–2004 (Mrd. US-Dollar)

| | 2000 | 2001 | 2002[a] | 2003[a] | 2004[a] |
|---|---|---|---|---|---|
| Nordamerika | 159,2 | 316,8 | 563,9 | 964,3 | 1600,8 |
| Asien | 36,2 | 68,6 | 121,2 | 199,3 | 300,6 |
| Europa | 26,2 | 52,4 | 132,7 | 334,1 | 797,3 |
| Lateinamerika | 2,9 | 7,9 | 17,4 | 33,6 | 58,4 |
| Afrika/Mittlerer Osten | 1,7 | 3,2 | 5,9 | 10,6 | 17,7 |
| Summe | 226,2 | 448,9 | 841,1 | 1 541,9 | 2 774,8 |

[a]Schätzungen.

*Quelle:* eMarketer.com (2001).

der hier angegebenen Daten liegen. Aus den Schätzungen wird deutlich, dass die Bedeutung des elektronischen Geschäftsverkehrs in den nächsten Jahren weiter zunehmen wird.

### 1.2.3 Kommunikationsdienstleistungen im internationalen Handel

Bisher wurden verschiedene Kennzahlen und das Umsatzvolumen in Deutschland und in verschiedenen Weltregionen dargestellt, um den Sektor der Kommunikationsdienstleistungen zu charakterisieren. Da in der vorliegenden Arbeit aber der internationale Handel mit Kommunikationsdienstleistungen im Vordergrund steht, sollen im Folgenden die grenzüberschreitenden Handelsströme untersucht werden. Die Datenbasis hierfür ist allerdings sehr begrenzt, da international vergleichbare Informationen zum Dienstleistungshandel kaum vorliegen, nur selten einzelne Dienstleistungssektoren separat erfasst werden und auch kaum längere Zeitreihen bestehen, die eine Analyse der Entwicklungstendenz ermöglichen. Die neue Dienstleistungsstatistik der OECD kann diese Informationslücke, zumindest für einige Länder, schließen.

Die OECD-Statistik zum internationalen Dienstleistungshandel enthält grundsätzlich Zeitreihen von 1990 bis 1999 auf disaggregierter Ebene für die OECD-Länder, allerdings nur selten lückenlos. Diese Daten ermöglichen die Analyse des Sektors der Kommunikationsdienstleistungen, wie er in der vorliegenden Untersuchung definiert ist. Die Kommunikationsdienstleistungen umfassen die Untergruppen Telekommunikationsdienstleistungen (Untergruppe 247), Computer und elektronische Informationsdienstleistungen (Untergruppe 262) sowie audiovisuelle Dienstleistungen (Untergruppe 288). Die Internetdienstleistungen werden partiell durch die Telekommunikations- und die Informationsdienstleistungen erfasst.

In Tabelle 8 wird die Entwicklung des Dienstleistungshandels mit Kommunikationsdienstleistungen für die Länder Deutschland, USA, Vereinigtes König-

*Tabelle 8:*
Entwicklung des Ex- und Imports von Kommunikationsdienstleistungen für Deutschland, die USA, das Vereinigte Königreich und Italien 1989–1999 (Mill. Dollar)

| | Deutschland | | USA | | Vereinigtes Königreich | | Italien | |
|---|---|---|---|---|---|---|---|---|
| | Export | Import | Export | Import | Export | Import | Export | Import |
| 1989 | 357 | 1 085 | 4 937 | 5 300 | 942[a] | 600[a] | – | – |
| 1990 | 429 | 1 726 | 5 508 | 5 746 | 1 101[a] | 840[a] | – | – |
| 1991 | 1 437 | 3 233 | 6 950 | 6 807 | 1 183[a] | 894[a] | – | – |
| 1992 | 2 540 | 4 514 | 6 223 | 6 272 | 2 171[a] | 1 859[a] | 507a | 1 012[a] |
| 1993 | 1 128 | 3 689 | 6 644 | 6 638 | 2 244[a] | 1 837[a] | 312[a] | 996[a] |
| 1994 | 1 436 | 4 233 | 7 401 | 7 285 | 3 047[a] | 2 522[a] | 400[a] | 1 038[a] |
| 1995 | 3 281 | 6 509 | 8 206 | 7 759 | 3 142[a] | 3 388[a] | 381[a] | 1 302[a] |
| 1996 | 3 446 | 7 305 | 8 911 | 8 888 | 3 955 | 2 969 | 422[a] | 1 310[a] |
| 1997 | 4 044 | 8 246 | 10 941 | 8 903 | 4 761 | 3 281 | 449[a] | 1 281[a] |
| 1998 | 4 590 | 8 699 | 13 492 | 8 398 | 5 614 | 3 508 | 989 | 2 516 |
| 1999 | 4 396 | 10 552 | 13 678 | 7 628 | 6 344 | 3 794 | 1 613 | 3 118 |

[a]Ohne Telekommunikation.

*Quelle:* OECD (2001b).

reich und Italien im Vergleich dargestellt. In Tabelle 9 wird zusätzlich für Deutschland der Anteil der Kommunikationsdienstleistungen am gesamten Dienstleistungsim- und -export berechnet. In dem Zeitraum 1990–1999 ist der Anteil der Kommunikationsdienstleistungen am deutschen Dienstleistungsexport von 0,67 auf 5,28 Prozent und der des Dienstleistungsimports von 2,1 auf 7,84 Prozent gestiegen.

*Tabelle 9:*
Anteil der Kommunikationsdienstleistungen am deutschen Dienstleistungshandel 1990–1999 (Prozent)

| Anteil der Kommunikationsdienstleistungen am | 1990 | 1991 | 1992 | 1993 | 1994 | 1995 | 1996 | 1997 | 1998 | 1999 |
|---|---|---|---|---|---|---|---|---|---|---|
| Dienstleistungsexport | 0,67 | 2,20 | 3,68 | 1,74 | 2,16 | 3,98 | 4,03 | 4,85 | 5,49 | 5,28 |
| Dienstleistungsimport | 2,10 | 3,68 | 4,49 | 3,73 | 3,95 | 5,08 | 5,63 | 6,58 | 6,69 | 7,84 |

*Quelle:* OECD (2001b); eigene Berechnungen.

Die Entwicklung des deutschen Exports wird in Abbildung 1 dargestellt. Basierend auf den Daten der OECD wurde das reale Wachstum für den gesamten Export (Güter und Dienstleistungen), den Dienstleistungsexport sowie den Export von Kommunikationsdienstleistungen berechnet. Der Index (1991=100) steigt im Zeitraum 1991–1999 für den Export der Kommunikationsdienstleistungen auf 320, für den Dienstleistungshandel jedoch nur auf 152 und für den Export insgesamt auf 157. Dieses starke Wachstum verdeutlicht die Relevanz des Kommunikationsdienstleistungssektors für den deutschen Außenhandel. Für Deutschland sind daher positive Wachstumseffekte durch eine weitere Liberalisierung des internationalen Handels mit Kommunikationsdienstleistungen zu erwarten.

Der grenzüberschreitende Handel mit Telekommunikationsdienstleistungen kann anhand der ausgehenden Gesprächsminuten gemessen werden (Tabelle 10). Die grenzüberschreitenden Gesprächsminuten haben in den Jahren 1995–1999 kontinuierlich zugenommen. Wurden 1995 noch 61,6 Mrd. MiTT (Minutes of Telecommunications Traffic) verzeichnet, so wuchs die Anzahl der Gesprächsminuten im Jahr 1999 auf 107,8 Mrd. MiTT.

Der Sektor der Kommunikationsdienstleistungen ist nicht nur für Deutschland, sondern auch weltweit wirtschaftlich bedeutsam. Obwohl die Datengrundlage zur Messung internationaler Handelsströme im Kommunikationssektor unzu-

*Abbildung 1:*
Exportentwicklung in Deutschland 1991–1999 (in Preisen von 1995)[a]

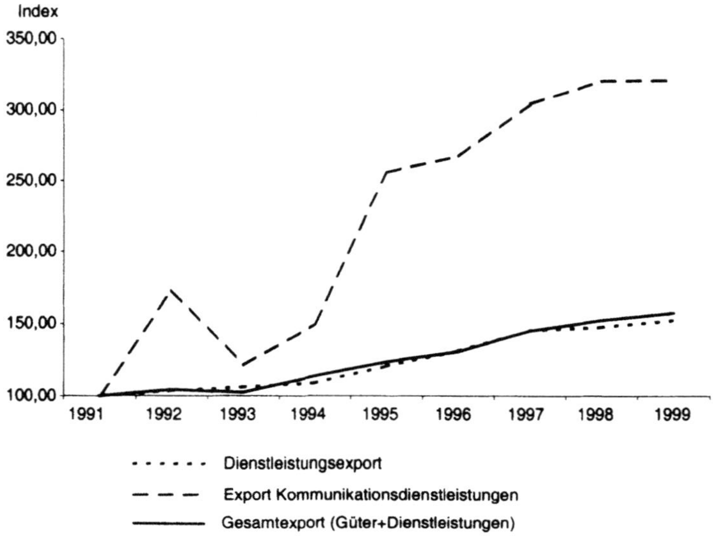


[a]Index: 1991=100; reale Exportentwicklung.

*Quelle:* OECD (2001b: 151–156); eigene Berechnungen.

*Tabelle 10:*
Grenzüberschreitende Telekommunikation 1995–1999 (ausgehender Verkehr in Mill. MiTT[a])

| | 1995 | 1996 | 1997 | 1998 | 1999 |
|---|---|---|---|---|---|
| Nordamerika | 16 535 | 22 639 | 26 986 | 30 747 | 34 417 |
| Lateinamerika | 3 201 | 3 579 | 4 225 | 4 012 | 5 056 |
| Westeuropa | 24 362 | 26 487 | 30 391 | 32 418 | 35 943 |
| Osteuropa | 3 394 | 4 208 | 4 503 | 4 647 | 5 496 |
| Afrika | 1 250 | 1 113 | 1 254 | 1 160 | 1 438 |
| Naher Osten | 2 267 | 1 820 | 1 989 | 3 371 | 3 816 |
| Asien/Pazifik | 10 590 | 11 853 | 13 150 | 17 046 | 21 634 |
| Welt insgesamt | 61 600 | 71 700 | 82 500 | 93 400 | 107 800 |

[a]Minutes of Telecommunications Traffic.

*Quelle:* ITU (2001); Siemens (1998, 1999, 2000, 2001).

reichend ist, zeigt das empirische Bild, dass der Kommunikationsdienstleistungssektor gemessen am Umsatzvolumen, an der Anzahl der Mobilfunk- und Internetteilnehmer sowie am Anteil des Außenhandels im letzten Jahrzehnt stetig gewachsen ist. Durch eine weitere Reduktion von Handelshemmnissen für den internationalen Handel mit Kommunikationsdienstleistungen sind deshalb positive Wachstumseffekte zu erwarten.[9] Diese resultieren sowohl aus der Möglichkeit, neue Exportmärkte zu erschließen, als auch aus günstigeren Importen.

---

9 Verikios und Zhang (2001) schätzen innerhalb eines allgemeinen Gleichgewichtsmodells, dass allein der statische Effekt einer Liberalisierung des internationalen Handels von Telekommunikationsdienstleistungen zu einer Steigerung des Weltinlandsprodukts von 0,1 Prozent führt. Unberücksichtigt bleiben hierbei dynamische Effekte, das starke Wachstum des ITK-Sektors sowie die Marktöffnung für Internet- und audiovisuelle Dienstleistungen. Des Weiteren beinhaltet die dem allgemeinen Gleichgewichtsmodell zugrunde liegende Datenbasis keine Daten für den Telekommunikationsdienstleistungshandel. Diese wurden lediglich anhand stilisierter Fakten konstruiert. Von daher ist zu erwarten, dass die tatsächlichen Effekte einer Liberalisierung deutlich höher ausfallen werden.

# 2 Technische und institutionelle Besonderheiten internationaler Märkte für Kommunikationsdienstleistungen

Gegenstand der vorliegenden Untersuchung ist das multilaterale Regelwerk für den internationalen Handel mit Telekommunikationsdienstleistungen, Dienstleistungen der Informationstechnologie sowie audiovisuellen Dienstleistungen. Diese Dienstleistungen sind digitalisierbar, elektronisch übermittelbar und können dieselbe Übertragungsinfrastruktur nutzen. Dadurch wird die Konvergenz der bisher getrennten Sektoren zu einer einheitlichen Form von Kommunikationsdienstleistungen möglich. Dieser technischen Konvergenz steht hingegen eine abweichende historische Entwicklung der drei Kommunikationsdienstleistungsmärkte gegenüber, die bis heute durch eine sektorspezifische Marktstruktur, divergierende institutionelle Rahmenbedingungen sowie unterschiedliche Anreizwirkungen und Ineffizienzen deutlich wird. Zum Verständnis der weiteren Analyse ist es notwendig, diese Besonderheiten zu kennen und die Märkte für Telekommunikationsdienstleistungen, Dienstleistungen der Informationstechnologie sowie audiovisuelle Dienstleistungen zunächst getrennt zu analysieren.

Die institutionelle Vielfalt und politisch motivierte, staatliche Eingriffe sind Ursachen für bestehende Handelsbarrieren im grenzüberschreitenden Handel mit Kommunikationsdienstleistungen. Des Weiteren zeigt die Untersuchung der Anreizwirkungen mögliches Marktversagen auf, wodurch regulatorische Eingriffe gerechtfertigt sein können. Die Analyse des GATS (Kapitel 4) sowie die Diskussion von Reformvorschlägen (Kapitel 5) bauen auf diesen sektorspezifischen Kenntnissen auf.

## 2.1 Grundlagen

Vor der Analyse der drei Kommunikationsdienstleistungssektoren sollen die Grundlagen des internationalen Dienstleistungshandels, der Technologie und der Medienkonvergenz dargestellt werden. Aufgrund der spezifischen Eigenschaften von Dienstleistungen resultieren andere Formen des internationalen Handels und unterschiedliche Handelshemmnisse, wodurch sich auch abweichende Anforderungen für ein internationales Regelwerk ergeben. Des Weiteren ist die Kenntnis der technischen Funktionsweise elektronischer Datennetze und der Datenübertragung eine Voraussetzung für die Analyse der Marktstruktur und möglicher Fehlanreize und Ineffizienzen. Außerdem führen verschiedene Erscheinungsformen der Konvergenz zu unterschiedlichen Konsequenzen.

### 2.1.1 Formen des internationalen Dienstleistungshandels

Internationaler Handel bedeutet, dass Wirtschaftssubjekte unterschiedlicher Länder ökonomische Transaktionen tätigen. Für den Güterhandel können die Eigenschaften eines materiellen Gutes zweifelsfrei festgestellt werden, und der Warenursprung, d.h. der Produktionsort des Gutes, und die Überschreitung einer nationalstaatlichen Grenze sind eindeutig zu ermitteln.[10] Beim internationalen Dienstleistungshandel ist dies schwieriger, denn zum einen ist die Definition einer Dienstleistung umstritten und zum anderen lässt sich der Handelsvorgang nicht an der Grenzüberschreitung eines greifbaren Objekts feststellen. Insbesondere ist der geographische Ursprung der Dienstleistungserstellung nicht immer eindeutig zu ermitteln.[11]

Eine allgemein gültige Definition von Dienstleistungen ist problematisch.[12] Zumeist wird daher der Weg der Enumeration beschritten, indem einzelne Dienstleistungen deskriptiv erfasst und in verschiedene Kategorien gegliedert werden. Je nach Untersuchungsziel kann diese Zusammenfassung einzelner Dienstleistungsgruppen unterschiedlich ausfallen.[13] Im Rahmen der GATS-Verhandlungen wurde die GNS-Klassifikation (Group of Negotiations on Services-Klassifikation) entwickelt, die auf der vorläufigen Klassifikation der Vereinten Nationen (Central Prod-

---

10 Die Ermittlung des Warenursprungs kann schwierig sein, wenn die Vorprodukte importiert wurden. Zu klären ist dann, wie viel Mehrwert in einem Land geschaffen werden muss, um ein Gut als heimisches Produkt zu klassifizieren (local content rule).

11 Bietet beispielsweise ein amerikanischer Anbieter auf seiner Homepage eine Dienstleistung an (z.B. Informationen, die gegen Bezahlung aus dem Internet heruntergeladen werden können), so kann jeder Internetnutzer weltweit diese Information beziehen. Fraglich ist, ob diese Dienstleistung in dem Land erbracht wird, in dem die Information heruntergeladen wird, oder in dem der Anbieter sie bereit stellt. Komplexer wird es, wenn ein amerikanischer Anbieter eine Dienstleistung anbietet, der Server aber nicht in Amerika, sondern in einem Drittland steht. Fraglich ist, ob es sich dann um eine Dienstleistung des amerikanischen Anbieters, des Landes, in dem der Server steht, oder um eine Dienstleistung aus dem Land, in dem die Information aus dem Internet genommen wird, handelt.

12 Vgl. die Diskussion der Definitionsproblematik in Krancke (1999: 2–8).

13 In der Literatur werden unterschiedliche Definitionen und Klassifizierungen für Dienstleistungen diskutiert. Vgl. z.B. Delaunay und Gadrey (1991), Hill (1977), Kater (1995), Koehler (1999), Kögel (1999), Melvin (1989, 1995a), Nicolaidis (1989), Riddle (1986), Stibora und Vaal (1995).

uct Classification (CPC)) aufbaut und die für die vorliegende Untersuchung maßgeblich ist.

Die GNS-Klassifikation besteht aus 12 Hauptkategorien mit insgesamt 155 Unterkategorien sich nicht überlappender Dienstleistungssektoren (WTO 1991). Zu den zwölf Hauptkategorien zählen die unternehmerischen und berufsbezogenen Dienstleistungen (z.B. Rechtsanwälte, Wirtschaftsprüfer, Forschung, Maklertätigkeit, Leasingtätigkeit), Kommunikationsdienstleistungen (z.B. Post- und Kurierdienste, Telekommunikation, audiovisuelle Dienstleistungen), Bau- und Montagedienstleistungen, Vertriebsdienstleistungen (z.B. Groß- und Einzelhandel), Bildungsdienstleistungen (z.B. Schule, Universität), Umweltdienstleistungen (z.B. Recycling), Finanzdienstleistungen (z.B. Bank- und Versicherungsdienstleistungen), medizinische und soziale Dienstleistungen (z.B. Krankenhaus, Altenheim), Tourismus und Reisedienstleistungen (z.B. Hotels, Reiseveranstalter), Erholung–Kultur–Sport (z.B. Theater, Büchereien, Freizeitaktivitäten), Transportdienstleistungen (Land-, Wasser- und Lufttransport) sowie weitere nicht aufgeschlüsselte Dienstleistungen.

Die vorliegende Analyse umfasst Kommunikationsdienstleistungen, die über elektronische Kommunikationsnetze gehandelt werden können (Telekommunikation, Dienstleistungen der Informationstechnologie und audiovisuelle Dienstleistungen). Nach der GNS-Klassifikation sind dies die Unterkategorien 2.C (telecommunication services) und 2.D (audiovisual services). Die Unterkategorien 2.A (postal services) und 2.B (courier services) sind nicht Gegenstand dieser Untersuchung, da diese Dienstleistungen nicht über elektronische Kommunikationsnetze gehandelt werden können. Innerhalb des GNS-Klassifikationsschemas sind Dienstleistungen der Informationstechnologie nicht als eigenständige Kategorie aufgeführt. Die dadurch verursachte Unsicherheit im internationalen Handel und entstehende Handelshemmnisse werden in dieser Arbeit weitergehend analysiert.

Aus der Heterogenität des Dienstleistungssektors ergibt sich für einzelne Dienstleistungen eine unterschiedliche Art und Weise des grenzüberschreitenden Handels. Verschiedene wissenschaftliche Untersuchungen haben diesen Unterschied zum internationalen Güterhandel analysiert,[14] und Artikel I des GATS berücksichtigt diese Ergebnisse. Vier unterschiedliche Erbringungsarten internationaler Dienstleistungstransaktionen[15] werden unterschieden:

---

14 Erste Ansätze gehen auf Bhagwati (1984) und Sampson und Snape (1985) zurück. Auch Sapir und Winter (1994) greifen auf diese Unterscheidung zurück.

15 Sapir und Winter (1994: 275) weisen darauf hin, dass eine begriffliche Unterscheidung zwischen „Dienstleistungstransaktionen" und „Dienstleistungshandel" vorgenommen werden kann. Unter Dienstleistungstransaktionen werden alle vier Typologien, unter Dienstleistungshandel nur die erste Typologie des grenzüberschreitenden Handels subsumiert. Diese begriffliche Unterscheidung hat sich in der Literatur nicht durchgesetzt, und die beiden Begriffe werden synonym verwandt. Auch in der vorliegenden Arbeit

(1) *Grenzüberschreitender Handel.* Dienstleistungen, die nicht die simultane, physische Anwesenheit von Dienstleistungserbringer und Dienstleistungsnachfrager verlangen, können analog zum Güterhandel international ausgetauscht werden. Es ist keine Faktorwanderung nötig. Konsument und Produzent bleiben in ihrem Land. Diese Dienstleistungen können auch als „ungebundene" Dienstleistungen (separated services) bezeichnet werden, da sie unabhängig von der Person des Dienstleistungsanbieters erbracht werden.[16] Jede Dienstleistungserbringung, die über internationale Kommunikationsnetze (z.B. Telefon, Fax, Internet) übermittelt wird, fällt unter diese Typologie des Dienstleistungshandels. Auch zum Güterhandel komplementäre Dienstleistungen, wie z.B. Transport, Post und Kurierdienste, können ohne Faktorwanderungen erbracht werden.

(2) *Konsum im Ausland.* Diese Form des internationalen Dienstleistungshandels stellt darauf ab, eine Dienstleistung in einem anderen Land nachzufragen und zu konsumieren. In diesem Fall findet eine temporäre Wanderung des Nachfragers zum Dienstleistungsanbieter statt. Dazu zählen z.B. der Tourismusbereich, einige Bildungsdienstleistungen (Studium an einer ausländischen Universität) oder Hafen- und Flughafendienstleistungen.

(3) *Kommerzielle Präsenz.*[17] Einige Dienstleistungen können nur grenzüberschreitend angeboten werden, falls der Dienstleistungsanbieter die Möglichkeit erhält, in dem Importland eine Tochtergesellschaft zu gründen, eine Niederlassung aufzubauen oder eine (Mehrheits-)Beteiligung an einem heimischen Unternehmen zu erwerben. Dies trifft auf Dienstleistungen zu, die durch eine häufige und intensive Interaktion zwischen Dienstleistungserbringer und Nachfra-

---

wird der Begriff des Dienstleistungshandels als alle Typologien umfassender Begriff verstanden und synonym zu dem Begriff der Dienstleistungstransaktionen benutzt.

16 Sampson und Snape (1985: 173) führen den Begriff der „separated services" ein und greifen damit den von Bhagwati (1984) eingeführten Gedanken des „disembodiment effects" in anderer Form auf.

17 Nach herkömmlicher Definition ist diese Erbringungsart nicht mehr dem internationalen Handel zuzuordnen, da mit der ausländischen Direktinvestition und der langfristigen Präsenz im Gastland der Status eines (Handels-)Inländers erworben wird. Werden durch eine Auslandsniederlassung Geschäfte innerhalb des Gastlandes getätigt, sind dies wirtschaftliche Aktivitäten zwischen Inländern. Gegen diese Interpretation kann eingewandt werden, dass für einige Dienstleistungen die kommerzielle Präsenz die einzige Möglichkeit des Dienstleistungsangebots darstellt (z.B. Transportdienstleistungen oder Baudienstleistungen innerhalb des Importlandes). Der Dienstleistungsanbieter hat nicht die freie Wahl – wie dies bei Gütern prinzipiell möglich ist –, entweder im Heimatland zu produzieren und dann zu exportieren oder im Gastland eine eigenständige Produktion aufzubauen. Daher ist die kommerzielle Präsenz und die temporäre Anwesenheit natürlicher Personen eine Erbringungsart des internationalen Dienstleistungshandels. Vgl. Koehler (1999: 40–42).

ger geprägt sind (z.B. Bank- und Versicherungsdienstleistungen[18] oder Transportdienstleistungen innerhalb eines Landes).

(4) *Anwesenheit natürlicher Personen.* Diese Handelsform umfasst die Möglichkeit der temporären Anwesenheit natürlicher Personen zum Zwecke der Dienstleistungserbringung im Gastland. Es findet eine Faktorwanderung des Dienstleistungsanbieters zum Nachfrager statt. Zahlreiche humankapitalintensive Dienstleistungen sind von der Person des Dienstleistungserbringers nicht zu trennen, und für das Angebot dieser Dienstleistungen ist die physische Anwesenheit im Gastland unerlässlich (z.B. Ingenieurdienstleistungen, Wissenschaftler, Künstler). Auch bei arbeitsintensiven Dienstleistungen (z.B. Baudienstleistungen) kann die Anwesenheit natürlicher Personen eine Voraussetzung für die Dienstleistungserbringung darstellen.[19]

### 2.1.2 Physikalisch-technische Aspekte elektronischer Kommunikationsmedien

Die Analyse internationaler Kommunikationsmärkte und des multilateralen Regelwerks für den grenzüberschreitenden Handel von Kommunikationsdienstleistungen setzt technische Grundkenntnisse voraus, die nachfolgend dargestellt werden.[20] Zur Systematisierung wird zwischen dem Netztyp, der Übertragungstechnik, dem Übertragungsmedium und der Übertragungskapazität bei verschiedenen Technologien unterschieden.

#### *2.1.2.1 Netztyp*

Es existieren Verteil- und Vermittlungsnetze. In einem Verteilnetz werden die Signale ausschließlich in eine Richtung übertragen; die angeschlossenen Teilnehmer können weder untereinander, noch mit dem Sender kommunizieren. Verteilnetze

---

18 Die technologische Entwicklung führt dazu, dass z.B. für die Finanzdienstleistungen auch ein grenzüberschreitender Handel ohne eine kommerzielle Präsenz möglich wird (z.B. Internetbanking). Diese Veränderungen und ihre Auswirkungen auf den internationalen Handel werden in der vorliegenden Arbeit weitergehend untersucht.

19 Im Rahmen der GATS-Verhandlungen sind besonders bei der Anwesenheit natürlicher Personen für die arbeitsintensiven Dienstleistungen (d.h. gering qualifizierte Arbeitnehmer) Gegensätze zwischen den Industrienationen und den Entwicklungsländern deutlich geworden. Eine umfassende Analyse der Problematik des grenzüberschreitenden Personenverkehrs im Rahmen des GATS liefert Koehler (1999: 160–237) und Chanda (2001). Selbst innerhalb der Europäischen Union zeigt das Beispiel der deutschen Entsenderichtlinie, wie schwierig eine Einigung in diesem Bereich ist.

20 Für eine ausführliche Darstellung vgl. Krancke (2000b: 2–14).

sind die typischen Übertragungsnetze der Massenkommunikation, wie z.B. Rundfunk und Fernsehen.[21] Netzwerkexternalitäten können nur in indirekter Form, d.h. durch die Existenz von Größenvorteilen, auftreten (Klodt et al. 1995: 40–49).

In Vermittlungsnetzen ist eine bidirektionale Signalübertragung zwischen allen angeschlossenen Teilnehmern möglich. Sie dienen der Individualkommunikation zwischen zwei oder mehr Teilnehmern, wie z.B. der Sprachtelefonie, der Datenfernübertragung und den darauf aufbauenden Dienstleistungen. Die Signalübertragungen eines Vermittlungsnetzes haben aus ökonomischer Sichtweise den Charakter eines Klubgutes. Netzwerkexternalitäten treten sowohl in direkter Form, d.h. durch den Reziprozitätseffekt,[22] als auch in indirekter Form, d.h. durch die Existenz von Größenvorteilen, auf (Klodt et al. 1995: 40–49). Es kann zu negativen Effekten (Staukosten) kommen, falls die Teilnehmerzahl die Netzkapazität übersteigt. Neben diesen reinen Netzformen existieren Kombinationen, so genannte Hybridnetze, in denen eine individuelle Kommunikation zwischen Sender und Empfänger möglich ist, aber der Datenfluss in eine Richtung überwiegt (z.B. Asymmetric Digital Subscriber Line (ADSL)).

Vermittlungsnetze beinhalten verstärkt zusätzliche Dienstleistungen, die es ermöglichen, die Netzbetreiberebene und die Diensteebene zu trennen. Diensteanbieter können durch den Einsatz von Vermittlungsrechnern eigene Telekommunikationsdienstleistungen auf der bestehenden Netzinfrastruktur anbieten. Die Nachfrager müssen sich durch eine entsprechende Netzvorwahl einwählen und können dann das Angebot des Diensteanbieters nutzen (Langenfurth 1999: 8).

#### 2.1.2.2 *Übertragungstechnik*

Die Signale können entweder analog oder digital übertragen werden. Bei analoger Technik werden die Signale als kontinuierliche elektrische Schwingung übertragen, die der Frequenz des Ursprungssignals (z.B. Musik oder Sprache) entspricht. Bei digitaler Technologie wird ein analoges Ursprungssignal in einen Binärkode transformiert, welches als binäre Signalkombination übermittelt wird. Die Übertragungsqualität digitaler Signale ist deutlich besser, da das bei der analogen Übertragung auftretende Frequenzrauschen entfällt. Des Weiteren können Signalelemente regeneriert und verlorengegangene Elemente über Zusatzinformationen wiederhergestellt werden. Die Übertragungsgeschwindigkeit digitaler Signale ist größer, weil eine Entkopplung der Ursprungs- und Übertragungsfrequenz möglich ist; die benö-

---

21 Die Kabelfernsehinfrastruktur oder das Stromnetz sind bestehende Verteilnetze, die nach technischen Umbauten auch für bidirektionale Kommunikation genutzt werden können. Die notwendigen Technologien befinden sich in der Erprobungsphase.

22 Der Reziprozitätseffekt resultiert daraus, dass jede zusätzliche Vermittlungsmöglichkeit, die durch einen weiteren Teilnehmer entsteht, einen positiven Nutzen stiftet.

tigte Bandbreite ist allerdings höher, als bei einer analogen Übertragung (Klodt et al. 1995: 27).

Die digitale Übermittlung ermöglicht die Nutzung eines einheitlichen Netzes für unterschiedliche Übertragungsinhalte (Ton, Bild, Daten). Größen- und Verbundvorteile können realisiert werden, und es besteht die technische Voraussetzung zur Konvergenz bisher separierter Kommunikationsdienstleistungen (Telekommunikationsdienstleistungen, Dienstleistungen der Informationstechnologien sowie audiovisuelle Dienstleistungen). Die digitale Technologie kann die Trennung zwischen Individualkommunikation und Massenkommunikation aufheben; stattdessen entstehen Multimediadienste.

Die Übertragungstechnik wird zusätzlich in Leitungs- und Paketvermittlung unterschieden. Bei einer Leitungsvermittlung wird ein Übertragungskanal zwischen zwei Endpunkten fest reserviert (z.B. „traditionelle" Sprachtelefonie); Signale oder Daten anderer Teilnehmer können nicht gleichzeitig über diesen Kanal gesendet werden. Da aber nur in seltenen Fällen die gesamte Kapazität in beiden Richtungen genutzt wird, liegt ein Teil der reservierten Kapazität brach. Andererseits gewährleistet dieses Verfahren, dass keinerlei Informationen verloren gehen und dass keine zeitlichen Verzögerungen bei der Übermittlung entstehen. Es eignet sich daher besonders für Sprach- und Bewegtbildübertragung.

Bei der Paketvermittlung werden die zu übermittelnden Daten in einzelne Datenpakete aufgeteilt und mit einer digital kodierten Zusatzmitteilung in das Netz eingespeist. Die Zusatzmitteilung enthält die notwendigen Informationen, damit die Datenpakete an dem richtigen Zielpunkt ankommen und dort in der richtigen Reihenfolge wieder zusammengesetzt werden. Bei der Paketvermittlung kann es im Vergleich zu der Leitungsvermittlung zu einer besseren Ausnutzung der Netzkapazität kommen, da durch die Bündelung von Paketen mehrerer Teilnehmer stochastische Durchmischungsvorteile genutzt werden können. Des Weiteren können die einzelnen Datenpakete über verschiedene Strecken zu ihrem Zielpunkt gelangen, sodass bei technischen Problemen oder Überlastung einzelner Strecken automatisch andere Wege genutzt werden.[23] Dieses Verfahren ist für Echtzeitübertragung weniger geeignet, da einzelne Datenpakete unterschiedlich schnell übermittelt werden und auch ein Verlust einzelner Datenpakete nicht auszuschließen ist.

#### *2.1.2.3 Übertragungsmedium*

Als Übertragungsmedium dienen kabelgebundene und kabellose Verbindungen. Die Kabelverbindungen können auf Kupferdoppelader-, Kupferkoaxial- oder Glasfaserkabel basieren. Aufgrund höherer Errichtungs- und Betriebskosten eines Glas-

---

23 Vgl. Klodt et al. (1995: 28–29) und Lee und Sharma (1998: 15–16).

fasernetzes sowie der hohen Kapazität ist der Einsatz von Glasfaserkabeln nur auf Strecken mit hoher Bündelung rentabel (insbesondere Fernverbindungen oder Interkontinentalkabel). Die wachsende Nachfrage nach kapazitätsintensiven Multimediaanwendungen führt zu dem Ausbau des Glasfasernetzes auf bisher weniger rentablen Strecken.

Die kabellosen Verbindungen können in terrestrische und in satellitengestützte Funkverbindungen unterschieden werden. Die gebräuchlichste Struktur einer terrestrischen Mobilfunkverbindung ist die eines zellularen Netzes, bei dem ein zu versorgendes Gebiet durch mehrere Funkzellen abgedeckt wird.[24] Der Standort eines Teilnehmers innerhalb der abgedeckten Fläche wird durch Verständigung zwischen dem Mobilfunkendgerät und den Funkzellen ermittelt. Ein Teilnehmer kann erreicht werden, ohne dass der Anrufer den Standort des Empfängers kennt. Die maximale Teilnehmerzahl pro Funkzelle stellt den Engpass in der Versorgung dar. In stark frequentierten Regionen kann deshalb eine Zellteilung nötig sein, um den Kapazitätsengpass zu lösen. Da aber das Frequenzspektrum begrenzt ist, kann die Kapazität nicht endlos erweitert werden. Die Verbindungserstellung zwischen einem Mobilfunkteilnehmer und einem weiteren Partner, sei es innerhalb eines Funk- oder Festnetzes, benötigt einen Übergangspunkt von den einzelnen Funkzellen zu der Festnetzinfrastruktur, sodass ein Gespräch über die bestehende Festnetzinfrastruktur an einen beliebigen Endteilnehmer weitergeleitet werden kann (Langenfurth 1999: 13).

Für zellulare Funknetze existieren unterschiedliche Standards. Die Mobilfunknetze innerhalb Europas basieren auf dem GSM-Standard (Groupe Spéciale Mobile) oder dem DCS-Standard (Digital Cellular Standard), die sich hinsichtlich des genutzten Frequenzbereichs unterscheiden. Die Wahl des Frequenzbereichs hat ökonomische Konsequenzen, da die Reichweite eines Funksignals bei gegebener Feldstärke mit der Höhe des Frequenzbandes abnimmt (Klodt et al. 1995: 29). Dies bedeutet, dass für ein flächendeckendes Mobilfunknetz ohne „Funklöcher" mehr Funkzellen nötig sind, d.h., die Investitionskosten steigen. Aufgrund der zahlreichen Funkzellen hat das Netz im Hochfrequenzbereich aber auch eine höhere Kapazität, d.h., die maximale Anzahl der Mobilfunkteilnehmer ist größer (Nietz 1999). Den höheren Investitionskosten können daher auch höhere Gebühreneinnahmen gegenüberstehen. Als zukünftiger Standard befindet sich derzeit der UMTS-Standard (Universal Mobile Telecommunications System) in der Entwicklung; die Markteinführung ist für Mitte 2003 geplant. Durch UMTS werden Übertragungsraten von bis zu 2 Mbit/s erreicht, die auch den mobilen Empfang von Bewegtbildern ermöglichen.

---

24 Eine terrestrische Funkverbindung kann auch als Richtfunkstrecke oder „local loop" ausgebaut sein.

Die für satellitengestützte Funknetze benötigten Satelliten können auf der geostationären Erdumlaufbahn (35 768 km Höhe) oder auf einer niedrigerer Umlaufhöhe positioniert sein. Erstere bewegen sich nicht im Verhältnis zur Erdoberfläche und decken daher immer dasselbe Segment der Erde ab. Satelliten auf einer geringeren Umlaufhöhe verändern ihre Position relativ zur Erdoberfläche; zur lückenlosen Abdeckung der Erdoberfläche werden daher mehrere die Erde in geringerer Höhe umkreisende Satelliten benötigt. Die Anzahl der Satelliten hängt von der gewählten Umlaufhöhe ab: je niedriger die Umlaufhöhe, desto größer die Zahl der Satelliten. Satellitensysteme können zwei Punkte der Erde in Form einer Richtfunkstrecke verbinden (Interkontinentalverbindung), zur Ausstrahlung von Diensten der Massenkommunikation (Fernsehen und Radio) oder auch zur mobilen Individualkommunikation genutzt werden.

#### 2.1.2.4 *Übertragungskapazität*

Die Übertragungskapazität (Zeichenübertragungsgeschwindigkeit gemessen in bit/s)[25] hängt positiv von der innerhalb des Trägermediums zur Signalübertragung realisierbaren Frequenzbandbreite ab. Die Grenzen der technologischen Entwicklung sind durch physikalische Gesetzmäßigkeiten vorgegeben. So kann beispielsweise die Übertragungsrate innerhalb eines Glasfaserkabels die Frequenz des Lichtes (1012 Hz) nicht überschreiten; die Übertragungskapazität kann deshalb theoretisch maximal 953,67 Gbit/s betragen (Klodt et al. 1995: 31). Ein Vergleich mit den derzeitigen Übertragungsraten verdeutlicht jedoch, dass der physikalisch mögliche Entwicklungsspielraum noch nicht erreicht ist. Eine weitere technologische Entwicklungsschranke ergibt sich bei Mobilfunknetzen durch das begrenzte Frequenzspektrum. Das für Übertragungen zur Verfügung stehende Frequenzband kann nicht beliebig erweitert werden. Vielmehr kommt es in der technologischen Entwicklung darauf an, ein gegebenes Frequenzband effizient zu nutzen, wozu je nach benötigter Diensteanforderung unterschiedliche Verfahren zum Einsatz kommen.

### 2.1.3 Konvergenz der Kommunikationsdienstleistungen

Der Begriff der „Konvergenz", „Medienkonvergenz" oder „Konvergenz der Kommunikationsdienstleistungen" kann unterschiedlich definiert und in verschiedene Ebenen unterteilt werden.[26] Die technische Konvergenz bildet die Grundlage für

---

25 1 Kilobit (Kbit) = $2^{10}$ Bit; 1 Megabit (Mbit) = $2^{20}$ Bit; 1 Gigabit (Gbit) = $2^{30}$ Bit.

26 Vgl. Hoffmann-Riem et al. (2000), Katz (1996) oder Kommission (1997).

weitere Formen der Konvergenz. Technische Konvergenz bedeutet zum einen die Digitalisierung der Übertragungstechnik verbunden mit der Kompatibilität unterschiedlicher Übertragungsnetze. Verschiedene Kommunikationsdienstleistungen können dieselbe Übertragungsinfrastruktur nutzen, wie z.B. Telekommunikationsnetze, Fernsehkabelnetze, Satellitennetze, Funknetze oder das Stromnetz. Die Trennung von Massenkommunikation und Individualkommunikation entfällt. Zum anderen wird unter technischer Konvergenz die Konvergenz der Endgeräte verstanden, d.h., ein Multimediaterminal ersetzt unterschiedliche Gerätschaften wie Telefon, Computer oder Fernseher. Die zweite Form der technischen Konvergenz ist aus gesamtwirtschaftlicher Sicht unbedeutend, wohingegen die erste Form eine tief greifende Veränderung darstellt, denn die einzelnen Netztypen sind derzeit verschiedenen Dienstleistungen zugeordnet und unterschiedlich reguliert.

Aufgrund der technischen Konvergenz kommt es zu einer Markt- und Dienstleistungskonvergenz. Bisher wurden verschiedene Kommunikationsdienstleistungen auf getrennten Netzen angeboten und konnten daher auch unterschiedlich reguliert werden. Das Fernsehen wurde über Satellit oder eine Fernsehkabelinfrastruktur ausgestrahlt, Telekommunikation diente ausschließlich der Sprachübertragung, und Datenübermittlungen wurden über eigenständige Netzinfrastrukturen geleitet. Die digitalisierte Übermittlung aller Kommunikationsdienstleistungen auf einer einheitlichen Netzinfrastruktur ermöglicht die parallele Nutzung unterschiedlicher Dienstleistungen, sodass Bildtelefonie möglich wird oder dass Fernsehprogramme individuell gestaltet oder unterbrochen werden können. Die Trennung in unterschiedliche Märkte für verschiedene Kommunikationsdienstleistungen entfällt.

Die technische Konvergenz und die Dienstleistungskonvergenz stellt die bisherige Politik und insbesondere gültige nationale wie internationale Regelwerke in Frage. Zweifelhaft ist, ob die bestehenden sektorspezifischen Regulierungen weiterhin Bestand haben können, denn die gültigen Regelungen führen bei Konvergenz zu Fehlanreizen und Ineffizienz. Es ist daher zu untersuchen, ob eine derzeitige Regulierung auf weitere Dienstleistungssektoren ausgedehnt werden sollte, ob eine Regelung reformiert werden kann oder ob sie vollständig überflüssig ist und eine Markteintrittsbarriere darstellt.[27]

## 2.2 Telekommunikationsdienstleistungen

Die staatlichen Telekommunikationsmonopole sind in den meisten Industrienationen aufgelöst worden; es herrscht Wettbewerb zwischen konkurrierenden Anbie-

---

27 Vgl. auch Kommission (1997), Grewlich (1999, 2000) oder Werle und Müller (2000).

tern. In vielen Entwicklungs- und Schwellenländern bestehen dagegen staatliche Telekommunikationsmonopole fort. Des Weiteren ersetzt die Mobilfunkkommunikation zunehmend traditionelle Festnetzanschlüsse. Das unterschiedliche Ausmaß der nationalen Marktliberalisierung und die Verbreitung der Mobilfunkkommunikation wirken sich auf die Struktur internationaler Telekommunikation aus.

### 2.2.1 Nationale Marktform und Grundstruktur internationaler Telekommunikation

Die Grundstruktur internationaler Telekommunikation unterscheidet sich, je nachdem ob eine Telekommunikationsverbindung zwischen zwei monopolistischen Märkten, einem liberalisierten und einem monopolistischen Markt oder zwischen zwei liberalisierten Märkten zustande kommt. Es ergeben sich verschiedene Wettbewerbsstrukturen für das Angebot von internationalen Telekommunikationsdienstleistungen, andere internationale Verrechnungsarten und ein unterschiedlicher Einfluss auf Anreizstruktur und Effizienz. Der folgende Abschnitt untersucht diese Unterschiede anhand einer Telekommunikationsverbindung zwischen zwei Kommunikationsteilnehmern in verschiedenen Ländern in Abhängigkeit von der nationalen Marktform.

#### *2.2.1.1 Beidseitige nationale Monopole*

Die Telekommunikationsverbindung zwischen zwei Teilnehmern in unterschiedlichen Ländern kann in einzelne Bestandteile gegliedert werden, denen eine komplementäre Dienstleistung zugeordnet wird. Diese wird entweder von dem Telekommunikationsunternehmen des sendenden oder des empfangenden Landes und eventuell eines Transitlandes erbracht (z.B. Vermittlung, Weiterleitung, Verkauf der Endgeräte etc.). Die Telekommunikationsunternehmen sind in beiden Ländern aufeinander angewiesen, um grenzüberschreitende Telekommunikationsdienstleistungen zu erbringen. Der nationale Monopolanbieter muss innerhalb des empfangenden Landes die Netzinfrastruktur und die komplementären Dienstleistungen des dortigen Monopolisten nutzen, da sonst keine Verbindung zum Endkunden im Ausland erstellt werden kann.[28]

---

28 Abbildung 2 zeigt die Erstellung einer Telekommunikationsverbindung ausgehend von einem sendenden Land. Ist die Verbindung zwischen den Endgeräten in beiden Ländern hergestellt, ist der Kommunikationsfluss in beide Richtungen über die erstellte Verbindung möglich.

Eine internationale Telekommunikationsverbindung, wie in Abbildung 2 dargestellt, besteht aus folgenden Elementen:[29]

(1) *Endgerät (EG):* Endgerät eines Kunden innerhalb eines Landes (z.B. Telefon, Fax, Computer),
(2) *Nationale Leitung (NL):* Telekommunikationsleitungen innerhalb eines Landes,
(3) *Internationale Leitung (IL):* Telekommunikationsleitungen zwischen Ländern,
(4) *Nationale Vermittlungsstelle (NV):* erstellt eine Verbindung zwischen zwei Geräten (Endgeräten oder weitere Vermittlungsstellen) innerhalb eines Landes,
(5) *Internationale Vermittlungsstelle (IV):* vermittelt eine Verbindung aus dem nationalen Netz in die internationale Leitung bzw. umgekehrt,
(6) *Transitvermittlungsstelle (TV):* vermittelt eine Verbindung zwischen zwei internationalen Leitungen.

*Abbildung 2:*
Internationale Telekommunikationsverbindung zwischen nationalen Monopolisten

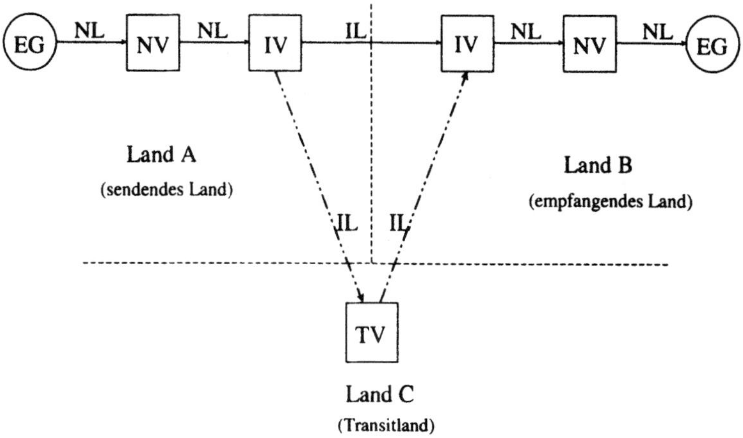


*Quelle:* Eigene Darstellung.

Die internationale Verbindung verursacht Kosten bei den Unternehmen des sendenden (Land A) und des empfangenden Landes (Land B) sowie eventuell ei-

29 Vgl. Schwandt (1995, 1996). Es wird nicht die gesamte Netzstruktur innerhalb eines Landes dargestellt, sondern vereinfachend eine nationale Vermittlungsstelle angenommen. In der Realität existiert innerhalb eines Landes eine mehrstufige Netzstruktur (z.B. Zugangsnetz, Vermittlungsnetz, Übertragungsnetz, regionale Transportnetze) mit entsprechend zahlreichen Vermittlungsstellen. Dies beeinflusst nicht die Struktur internationaler Telekommunikation und bleibt deshalb zur Vereinfachung der weiteren Analyse unberücksichtigt.

nes Transitlandes (Land C).[30] Die Erträge fallen aber nur bei dem Unternehmen des sendenden Landes an, welches die Gebühr für die internationale Verbindungserstellung von dem Endkunden in Land A erhält. Das Unternehmen in Land B wird das einkommende Gespräch an den Empfänger nur dann weiter vermitteln, wenn die Kosten von dem Telekommunikationsunternehmen in Land A getragen werden. Es muss daher zu einer Verrechnung zwischen den beteiligten Unternehmen kommen. Das hierfür gültige internationale Verrechnungssystem, das so genannte „accounting rate system“, basiert auf bilateralen Verträgen zwischen zwei monopolistischen Telekommunikationsunternehmen aus verschiedenen Ländern,[31] in denen die Unternehmen den Preis für eine internationalen Telekommunikationsverbindung und die Aufteilung des von jedem Unternehmen zu zahlenden Anteils festlegen.[32] Vereinfacht werden diese bilateralen Vereinbarungen durch Empfehlungen der International Telecommunications Union (ITU). Im Regelfall wird der Verrechnungspreis auf dem Verhandlungswege festgelegt (synthetisches Verfahren). Es besteht aber auch die Möglichkeit, Verrechnungspreise aufgrund von Kostenstudien zu berechnen.[33]

Das internationale Verrechnungssystem (accounting rate system) ist wie folgt strukturiert:

- Die *Verbindungskosten* (accounting rate) sind die zwischen den Telekommunikationsunternehmen ausgehandelten Kostensätze, die die gesamten durchschnittlichen Kosten einer internationalen Telekommunikationsverbindung abdecken.[34]

---

30 Dieselbe Struktur trifft zu, wenn es sich nicht um ein Transitland, sondern um eine Satellitenverbindung handelt.

31 Es ist wichtig, zwischen den Telekommunikationsunternehmen und dem Staat zu unterscheiden, sobald mehr als ein Unternehmen im Markt agiert. Die Verrechnungspreise werden zwischen den Unternehmen, nicht den Staaten ausgehandelt. Im Fall eines staatlichen Monopolunternehmens ist diese Trennung irrelevant.

32 Zunächst wird hier von einer monopolistischen Marktstruktur in beiden Ländern ausgegangen. Bei vollständig kompetitiven Telekommunikationsmärkten können die Unternehmen das internationale Verrechnungssystem umgehen; in der Übergangsphase vom Monopol zu kompetitiven Marktstrukturen kann das Verrechnungssystem aber zu Fehlallokation und Fehlanreizen führen.

33 Aufgrund der Liberalisierung der nationalen Telekommunikationsmärkte verliert das Verrechnungssystem zunehmend an Bedeutung. Deshalb soll an dieser Stelle auf eine ausführliche Diskussion der unterschiedlichen Berechnungsmethoden verzichtet werden. Vgl. Schwandt (1995, 1996) oder ITU (1999).

34 Die synthetisch festgelegten Verbindungskosten liegen jedoch deutlich oberhalb der tatsächlichen Kosten. Vgl. Stern und Kelly (1997: 139).

- Die Verbindungskosten werden zwischen den beteiligten Telekommunikationsanbietern nach einem vereinbarten Schlüssel aufgeteilt (meist 50:50). Der so errechnete *Verrechnungspreis* (settlement rate) ist der resultierende Preis, den das Telekommunikationsunternehmen des sendenden Landes an das Telekommunikationsunternehmen des empfangenden Landes für die Weitervermittlung innerhalb des empfangenden Landes entrichten muss.
- Der *Endpreis* (collection charge) ist der Preis, den das Telekommunikationsunternehmen des sendenden Landes seinem Kunden für die Bereitstellung der internationalen Verbindung in Rechnung stellt. Theoretisch dürfte dieser Preis die Verbindungskosten nicht wesentlich übersteigen; das Telekommunikationsunternehmen kann die Endpreise jedoch frei festlegen.[35]

Die ausgehandelten Verrechnungspreise stellen für die Telekommunikationsunternehmen sowohl Kosten als auch Erträge dar, je nachdem ob sie eine nationale Verbindung international weiter vermitteln (Kosten) oder ob sie ein eingehendes internationales Gespräch innerhalb des eigenen Netzes an den Endkunden weiterleiten (Ertrag). Differiert die Menge der ein- und ausgehenden internationalen Telekommunikationsverbindungen zwischen zwei Nationen, besteht für das Telekommunikationsunternehmen, welches mehr eingehende Verbindungen verzeichnet, der Anreiz, einen hohen Verrechnungspreis auszuhandeln, da dies für das Unternehmen mehr Erträge als Kosten bringt. Ein Land, welches mehr ausgehende Verbindungen verzeichnet, wird im Gegensatz dazu auf niedrige Verrechnungspreise drängen, um die Kosten zu senken.

Die synthetisch festgelegten Kostensätze für die gesamten Verbindungskosten einer internationalen Telekommunikationsverbindung waren in der Vergangenheit stets höher, als die tatsächlichen Kosten internationaler Telekommunikation.[36] Dies ist darauf zurückzuführen, dass die bilateral ausgehandelten Verrechnungspreise das Ergebnis eines Verhandlungsprozesses sind, und Verhandlungsmacht und -geschick einzelner Telekommunikationsunternehmen ausschlaggebend sein können. Des Weiteren können hohe Verrechnungspreise aufgrund der monopolistischen Marktstruktur an die Endkonsumenten weitergegeben werden. Die mangelnde Anpassung (Neuverhandlung) der Verrechnungspreise trotz stark gesunkener Kosten aufgrund technologischen Fortschritts sowie die Geheimhaltung der ausgehandelten Preise tragen zu den hohen Kosten internationaler Telekommunikation bei.

---

[35] Die obere Preisgrenze wird durch staatliche Monopolauflagen begrenzt; in liberalisierten Märkten sorgt der Wettbewerb für Preissenkungsdruck.

[36] Vgl. Stern und Kelly (1997: 139) oder Schwandt (1996: 40–42).

### *2.2.1.2 Einseitige nationale Marktliberalisierung*

Im Folgenden wird davon ausgegangen, dass die internationale Telekommunikationsverbindung zwischen Teilnehmern in zwei Ländern zustande kommt, von denen eines den nationalen Telekommunikationsmarkt liberalisiert hat, das andere jedoch weiterhin nur einen nationalen Monopolanbieter für Telekommunikationsdienste besitzt.[37] In dem liberalisierten Markt können die neuen Wettbewerber internationale Telekommunikationsdienste weiterhin nur über das Netz des bisherigen Monopolisten anbieten; das internationale Verrechnungssystem bleibt bestehen. Die Marktliberalisierung bezieht sich zunächst nur auf Anbieter innerhalb des Landes; ausländische Konkurrenz im heimischen Markt ist nicht zugelassen.[38] Unter diesen Rahmenbedingungen sind unterschiedliche Formen des Wettbewerbs um das Angebot von internationalen Telekommunikationsdienstleistungen möglich.

#### 2.2.1.2.1 Wettbewerbsformen

##### *2.2.1.2.1.1 Preiswettbewerb*

Die nationale Marktliberalisierung führt zum Markteintritt neuer Anbieter und zum Angebot von kostengünstigeren und/oder qualitativ höherwertigeren nationalen Telekommunikationsdienstleistungen. Dies gilt jedoch nur mit Einschränkungen für internationale Telekommunikationsdienstleistungen, denn die Konkurrenten des ehemaligen Monopolisten sind an die Infrastruktur des Monopolisten und das internationale Verrechnungssystem gebunden. Der vom Kunden zu entrichtende Endpreis für internationale Telekommunikationsdienste liegt im Monopol oberhalb der durch das internationale Verrechnungssystem festgelegten Verbindungskosten (Ineffizienzen der Monopolpreisbildung). Innerhalb des liberalisierten Telekommunikationsmarktes können die Wettbewerber des ehemaligen Monopolisten diese

---

37 Auf die vielfältigen Deregulierungs-, Reregulierungs- und Privatisierungsmaßnahmen, die zur Einführung von Wettbewerb auf nationalen Telekommunikationsmärkten notwendig sind, soll hier nicht näher eingegangen werden; es wird davon ausgegangen, dass Wettbewerb herrscht. Für eine Analyse der nationalen Marktliberalisierung vgl. z.B. Bohne (1998), Kiessling (1998), Klodt et al. (1995), Melody (1999), OECD (1999b).

38 Wie im Folgenden gezeigt wird, können sich bei einseitiger Marktliberalisierung Allokationsverzerrungen zugunsten des Anbieters im monopolistischen Markt ergeben. Diese statischen Effekte würden sich dadurch, dass der Monopolist vollen Marktzugang zu dem liberalisierten Markt erhält, zunächst noch verstärken. Bei einer dynamischen Betrachtung überwiegen hingegen die Innovations- und Effizienzgewinne (vgl. auch die Ausführungen in Abschnitt 2.2.1.2.2). Es ist daher eine realistische Annahme, diese Form des Wettbewerbs zunächst auszuschließen. Darüber hinaus entspricht dies auch der wirtschaftspolitischen Realität, was sich unter anderem an der Forderung der USA zeigt, Markzutritt zum amerikanischen Telekommunikationsmarkt an eine Reziprozitätsverpflichtung zu koppeln.

Differenz für Preiswettbewerb nutzen. Die Preise für internationale Telekommunikationsdienste sinken, und der Endpreis nähert sich den ausgehandelten Verbindungskosten an. Die innerhalb des Verrechnungssystems festgelegten Verbindungskosten können von den neuen Wettbewerbern hingegen nicht beeinflusst werden, da diese zwischen dem dominanten inländischen Anbieter und dem ausländischen Monopolisten ausgehandelt werden. Sind die tatsächlichen Kosten internationaler Telekommunikation geringer als die innerhalb des internationalen Verrechnungssystems künstlich bestimmten Verbindungskosten, verdient der dominante inländische Anbieter (Ex-Monopolist) an den internationalen Telekommunikationsdienstleistungen seiner Konkurrenten mit.

*2.2.1.2.1.2 Rückrufwettbewerb (Call-back-Dienste)*

Eine Telekommunikationsverbindung von Land A nach B oder von Land B nach A ist aus Konsumentensicht ein homogenes Gut. Der Rückrufwettbewerb nutzt dies aus, indem der Anruf von Land A initiiert wird, die Verbindungserstellung und Tarifierung aber von Land B aus ausgeht. Die Transaktionskosten für den Anbieter von internationalen Rückrufdienstleistungen sind gering, da elektronische Vermittlungsrechner automatisch den Anrufer identifizieren können und unmittelbar einen Rückruf veranlassen.

Die Ursache für solchen Rückrufwettbewerb liegt in unterschiedlich hohen Endpreisen in den beteiligten Ländern, die ein Arbitrageverhalten auslösen. Die Tarifunterschiede für internationale Telekommunikationsdienstleistungen zwischen den Ländern nehmen zu, da der Wettbewerb in dem liberalisierten ausländischen Markt zu geringeren Preisen führt, während der inländische Monopolist nach wie vor Monopolpreise verlangt. Der Rückrufwettbewerb bewirkt, dass die Anzahl der ausgehenden internationalen Gespräche aus dem Land, welches den nationalen Telekommunikationsmarkt liberalisiert hat, zunimmt. Diese Wettbewerbsform ist für den Endkunden im monopolistischen Markt, der die günstigere Rückrufdienstleistung in Anspruch nimmt, vorteilhaft. Auch der nationale Monopolist kann durch diesem Rückrufwettbewerb gewinnen, obwohl er Marktanteile verliert, denn er erhält den ausgehandelten Verrechnungspreis für die Weiterleitung der eingehenden Gespräche. Übersteigen die Verrechnungspreiseinnahmen die Verluste aufgrund der gesunkenen nationalen Nachfrage nach internationalen Telekommunikationsdiensten,[39] besteht kein Anreiz für den Monopolisten, seine Gebühren zu senken (Graack 1996: 10–20).

Die USA haben als erstes Land ihren nationalen Telekommunikationsmarkt liberalisiert. Der Preiswettbewerb führte zu sinkenden Preisen, und die Anbieter in

39 Diese Annahme ist realistisch, denn die ausgehandelten Verbindungskosten innerhalb des Verrechnungssystems lagen in der Vergangenheit deutlich oberhalb der tatsächlichen Kosten. Vgl. Stern und Kelly (1997: 139).

den USA boten als erste Rückrufdienstleistungen an. Die Auswirkungen zeigen sich deutlich an der stark gestiegenen Differenz zwischen eingehenden und ausgehenden Gesprächen. Im Jahr 1995 betrug diese Differenz 8,6 Mrd. Minuten, was einem Defizit in Verrechnungspreiszahlungen in Höhe von 5,1 Mrd. Dollar entsprach (Stern und Kelly 1997: 126–134). 1999 betrug die Differenz zwischen eingehenden und ausgehenden Gesprächen sogar 17,6 Mrd. Minuten (ITU 2001: 170).

###### *2.2.1.2.1.3 Transitwettbewerb*

Bei Transitwettbewerb wird eine längere Weitervermittlungsstrecke über verschiedene Länder und nicht die direkte Verbindung zwischen zwei Staaten gewählt. Dies ist vorteilhaft, wenn die zu zahlenden Verrechnungspreise an die Transitländer geringer sind als bei einer direkten Verbindung. Dies kann zum einen darauf zurückzuführen sein, dass die Kostenstruktur der Unternehmen in den Transitländern aufgrund einer besseren Technologie und/oder Größenvorteilen günstiger ist. Zum anderen kann der unterschiedliche Verrechnungspreis auf Marktmacht bei den Verhandlungen mit anderen Netzbetreibern zurückzuführen sein. Der Transitwettbewerb nutzt die Arbitragemöglichkeiten innerhalb des bestehenden Verrechnungssystems, indem die Strecke mit den niedrigsten Verrechnungspreisen gewählt wird.

Der Transitwettbewerb bezieht sich ausschließlich auf die internationale Vermittlung, denn um den Endkunden zu erreichen, ist das nationale Netz nicht substituierbar. Es besteht eine Tendenz zu sinkenden Verrechnungspreisen, da der umgangene Netzbetreiber die Einnahmen verliert. Im Zeitablauf werden sich daher die Verbindungskosten den tatsächlichen Kosten annähern. Auf die Endpreise wirkt sich diese Wettbewerbsform nur indirekt in Form gesunkener Zwischenpreise aus (Melody 2000).

###### *2.2.1.2.1.4 Drittland-Wettbewerb*

Der Drittland-Wettbewerb ist eine Kombination aus Rückruf- und Transitwettbewerb. Ein Teilnehmer aus Land A fragt eine internationale Telekommunikationsverbindung zu einem Teilnehmer in Land C nach. Statt der direkten Verbindung und der damit verbundenen Zahlung der vereinbarten Verrechnungspreise zwischen den Unternehmen in Land A und C veranlasst der Kunde in A einen Rückruf vom Telekommunikationsunternehmen in Land B. Das Unternehmen in B erstellt außerdem die Verbindung von Land B zu dem Teilnehmer in Land C. Der Gesprächsverlauf geht somit von Land A über Land B zu dem Endkunden in Land C. Das Unternehmen in Land B zahlt die vereinbarten Verrechnungspreise an die Unternehmen in Land A und Land C. Der Telekommunikationsanbieter in Land B stellt dem Teilnehmer in Land A die Kosten für die Verbindungserstellung in Rechnung.

Diese Art des Wettbewerbs ist für den Endverbraucher in A vorteilhaft, solange der Endpreis $P_{ABC}$ niedriger als der Endpreis $P_{AC}$ des heimischen Anbieters ist. Der Monopolanbieter in Land A hat einen Anreiz, seinen Endpreis $P_{AC}$ zu senken, um gegenüber den Telekommunikationsanbietern aus Land B konkurrenzfähig zu sein.[40] Der Preissenkungsspielraum des Monopolisten in Land A ergibt sich zum einen aus Kosteneinsparungen innerhalb des eigenen Unternehmens (Einsatz effizienterer Technologien, Senkung der Gemeinkosten etc.) und zum anderen aus dem an Netzbetreiber C zu leistenden Verrechnungspreis.

#### 2.2.1.2.2 Anreizstruktur und Ineffizienzen

##### *2.2.1.2.2.1 Wohlfahrtseffekte des internationalen Verrechnungssystems*

Innerhalb eines Zwei-Länder-Modells können die Wohlfahrtswirkungen unilateral kostenorientierter Preise bei weiterhin bestehendem Verrechnungssystem analysiert werden (Graack 1996: 8–10). Angenommen sei ein im Inland weiterhin bestehendes nationales Monopol, während der ausländische Markt durch Wettbewerb gekennzeichnet ist. Der Wettbewerb führt zu einer sukzessiven Preissenkung für internationale Telekommunikationsdienstleistungen im Ausland (Preiswettbewerb); dies bewirkt eine steigende Nachfrage. Im Ausland nimmt die Konsumentenrente zu und die Produzentenrente ab, und es ergibt sich eine gesamtwirtschaftliche Wohlfahrtssteigerung, da die Ineffizienzen der Monopolpreisbildung abgebaut werden. Weiterhin kann angenommen werden, dass aufgrund des Wettbewerbs ein zusätzliches Angebot an neuen, innovativen Dienstleistungen entsteht und dadurch die Nachfrage nach internationalen Telekommunikationsdienstleistungen zusätzlich zum reinen Preiseffekt ansteigt. Des Weiteren bewirkt der Rückrufwettbewerb, dass die Konsumenten des Inlandes die kostengünstigeren internationalen Telekommunikationsdienste der ausländischen Anbieter nachfragen.

Die nationale Marktliberalisierung innerhalb des Auslandes führt insgesamt zu einem Anstieg der Nachfrage nach internationalen Telekommunikationsdienstleistungen im Ausland und einem Anstieg der eingehenden internationalen Telekommunikationsverbindungen im Inland. Der inländische Monopolist verdient an den eingehenden Gesprächen, solange die Einnahmen aus dem Verrechnungssystem oberhalb der tatsächlichen Kosten der Weiterleitung liegen. Es kommt daher beim Angebot von internationalen Telekommunikationsdiensten zwischen einem monopolistischen und einem kompetitiven Markt zur Umverteilung der Produzentenrente von den Anbietern im liberalisierten Markt zu den Konsumenten und dem natio-

40 Dies setzt voraus, dass die Unternehmen in Land A und Land B einen geringen Verrechnungspreis ausgehandelt haben, sodass nicht der Fall eintreten kann, dass die Verrechnungspreiseinnahmen aus der Verbindung zu Land B den Verlust aus der entgangenen Verbindung von Land A zu Land C überkompensieren könnten.

nalen Monopolisten (Galbi 1998a und Schwandt 1996: 135–143). Für den Anbieter von Rückrufdienstleistungen ist dieses Geschäft gewinnbringend, solange die tatsächlichen Kosten unterhalb der ausgehandelten Verbindungskosten liegen (Melody 2000).

Die Telekommunikationsunternehmen des kompetitiven Marktes haben Interesse an sinkenden und den tatsächlichen Kosten entsprechenden Verrechnungspreisen, um günstigere internationale Telekommunikationsdienstleistungen anbieten zu können und um die Rentenumverteilung an den Monopolisten zu vermeiden.[41] Andererseits besteht unter diesen Voraussetzungen kein Anreiz für den nationalen Monopolisten, niedrigeren Verrechnungspreisen zuzustimmen, da sie zu zusätzlichen Einnahmen führen.[42]

#### 2.2.1.2.2.2 *Wettbewerb auf Drittmärkten*

Die gestiegenen Einnahmen des nationalen Monopolisten aufgrund der Rentenumverteilung erhöhen seine Liquidität und können daher Wettbewerbsvorteile auf Drittmärkten mit sich bringen. Berücksichtigt man allerdings die dynamischen Effekte des Wettbewerbs, wird der Innovations- und Rationalisierungsdruck zum Angebot von qualitativ höherwertigen Telekommunikationsdienstleistungen und auch zu Gewinnsteigerungen der Telekommunikationsanbieter im Ausland führen, wodurch deren Wettbewerbsposition auf Drittmärkten gestärkt wird.[43]

#### 2.2.1.2.2.3 *Verhandlungsmacht*

Entfällt die Annahme, dass die ausländischen Unternehmen die Netzinfrastruktur eines dominanten Anbieters für internationale Telekommunikationsdienste nutzen müssen und daher derselbe Verrechnungspreis für alle Unternehmen gilt, ergeben sich zusätzliche Verzerrungen. Der inländische Monopolist besitzt eine stärkere Verhandlungsposition gegenüber jedem einzelnen Telekommunikationsanbieter im Ausland, da alle Anbieter auf den Monopolisten zur Weiterleitung internationaler Telekommunikationsverbindungen angewiesen sind, der Monopolist aber zwischen den konkurrierenden Anbietern des Auslandes wählen kann (Bronckers und Larouche (1997: 12).

---

41 Daher fordern insbesondere die USA eine Reform des internationalen Verrechnungssystems und haben Richtlinien für die maximale Höhe der Verbindungskosten festgelegt. Vgl. Stanley (2000).

42 Dies setzt voraus, dass die zusätzlichen Verrechnungspreiseinnahmen der Weiterleitung eingehender internationaler Telekommunikationsverbindungen größer sind, als die Einnahmeverluste aufgrund des Rückrufwettbewerbs.

43 Die indirekte Subventionierung ausländischer Monopolisten durch Unternehmen, die auf Wettbewerbsmärkten agieren, ist ein Argument für die Forderung nach Reziprozität bei den multilateralen Verhandlungen für eine Liberalisierung des internationalen Dienstleistungshandels für Telekommunikationsdienste.

*2.2.1.2.2.4 Netzinfrastruktur*

Der Transitwettbewerb kann zu einem ineffizienten Ausbau der internationalen Telekommunikationsinfrastruktur führen, da die ein- und ausgehenden Gespräche ein Verkehrsaufkommen auf bestimmten Strecken suggerieren, welches sich nur durch die ausgehandelten Verrechnungspreise ergibt und nicht die tatsächlichen Nachfrageverhältnisse widerspiegelt. Investitionen in die internationale Telekommunikationsinfrastruktur müssen daher diesen Verrechnungspreiseffekt berücksichtigen.

### *2.2.1.3 Beidseitige nationale Marktliberalisierung*

In beidseitig liberalisierten Telekommunikationsmärkten können Unternehmen das Netz des Ex-Monopolisten nutzen, eine eigene Netzinfrastruktur aufbauen oder Netzkapazität von verschiedenen Anbietern anmieten und weiter vermarkten. Unter diesen Voraussetzungen sind unterschiedliche Wettbewerbsformen um internationale Telekommunikationsdienstleistungen möglich, und das internationale Verrechnungssystem kann umgangen werden.

#### 2.2.1.3.1 Wettbewerbsformen

*2.2.1.3.1.1 Weiterverkaufswettbewerb*

Unter Weiterverkaufswettbewerb wird die Weitervermarktung von Mietleitungen verstanden.[44] Mietet ein Anbieter eine internationale Verbindungsstrecke, kann durch diese Wettbewerbsform das Verrechnungssystem umgangen werden. Anstelle des Verrechnungspreises zahlt das Unternehmen die Mietleitungsgebühr an den Eigentümer und ein Entgelt für den Netzzugang und die Weiterleitung innerhalb der nationalen Netze. Diese Wettbewerbsform ist sinnvoll, wenn die Mietpreise für Leitungskapazität auf einer festgelegten Strecke günstiger sind als die Abrechnung im Rahmen des Verrechnungssystems.

Inwieweit es zu Weiterverkaufswettbewerb kommt, hängt entscheidend von der Höhe der Mietleitungsgebühr sowie den Nutzungsentgelten zur Weiterleitung in den nationalen Netzen ab. Es entsteht ein Preissenkungsdruck für den dominanten Anbieter internationaler Telekommunikation (den Ex-Monopolisten) und ein Anreiz, niedrigere Verrechnungspreise auszuhandeln, damit ein größerer Spielraum für Preissenkungen besteht bzw. eine Gewinnsteigerung möglich ist.

---

44 Beim Weiterverkaufswettbewerb kann zwischen direktem Weiterverkauf (direct resale) – der Endkonsument wird direkt an eine Mietleitung angeschlossen – und einfachem Weiterverkauf (simple resale) – das öffentliche Telefonnetz wird als letztes Verbindungsstück zum Endkonsumenten genutzt, aber die Verbindung läuft dazwischen über eine angemietete Leitung eines privaten Anbieters – unterschieden werden. Vgl. Schwandt (1996: 147–151).

##### 2.2.1.3.1.2 Strategische Allianzen

Durch eine strategische Allianz zwischen zwei oder mehr Telekommunikationsunternehmen aus verschiedenen Ländern können Synergieeffekte im Bereich der internationalen Telekommunikation entstehen. Die Partner können untereinander Preise für die internationale Verrechnung festlegen, die den tatsächlichen Kosten entsprechen und so das internationale Verrechnungssystem umgehen. Jedes Unternehmen kann günstigere internationale Telekommunikationsdienstleistungen anbieten und/oder seinen Gewinn steigern. Inwieweit die Produzenten- und die Konsumentenrente steigt, hängt von der Wettbewerbsintensität innerhalb der nationalen Märkte ab.

Diese Kooperationsform führt tendenziell zu sinkenden Kosten für internationale Telekommunikationsdienstleistungen und steigert die ökonomische Effizienz der grenzüberschreitenden Telekommunikation. Aus wettbewerbspolitischer Sicht sind diese strategischen Allianzen dann bedenklich, wenn sie eine marktbeherrschende Stellung erlangen und keine konkurrierenden Allianzen existieren.

##### 2.2.1.3.1.3 Internationale Expansion

Durch ausländische Direktinvestitionen kann das Verrechnungssystem vollständig umgangen werden, wenn die gesamte Vermittlung internationaler Telekommunikationsdienste innerhalb eines Unternehmens verbleibt. Es besteht innerhalb der multinationalen Unternehmung ein Anreiz zu Effizienzsteigerungen, da diese vollständig zugunsten des eigenen Unternehmens wirksam werden. Darüber hinaus muss die Effizienzsteigerung (z.B. bessere Organisationsformen oder technische Innovationen) nicht nach außen transparent gemacht werden. Ob durch die internationale Expansion die Tarife für internationale Telekommunikation für den Endkonsumenten sinken, hängt von der Wettbewerbsintensität ab.

##### 2.2.1.3.1.4 Internationaler Wettbewerb ohne eigene Netzinfrastruktur

Wettbewerb um das Angebot von internationalen Telekommunikationsdiensten ist auch für Unternehmen möglich, die nicht über eine eigene (inter-)nationale Netzinfrastruktur verfügen. Voraussetzung hierfür ist eine nationale Regulierung des Telekommunikationsmarktes, die nicht zwischen In- und Ausländern diskriminiert, und die die Netzinfrastrukturbetreiber dazu verpflichtet, den Netzzugang und die Netznutzung (Weiterleitung) zu gewährleisten. Voraussetzung für den Wettbewerb ist, dass die Preise für die Netznutzung den tatsächlichen Kosten entsprechen, um den Netzbetreibern keinen Wettbewerbsvorteil zu gewähren.

##### 2.2.1.3.1.5 Infrastrukturwettbewerb

Internationaler Infrastrukturwettbewerb bedeutet, dass nicht die Telekommunikationsnetze eines dominanten Anbieters genutzt werden müssen, sondern für ausländische Unternehmen die Alternative besteht, eigene Netzstrecken aufzubauen und diese an beliebigen Punkten innerhalb des Inlandes mit der bestehenden Netzinfrastruktur zusammenzuschalten. Das ausländische Unternehmen kann dann frei entscheiden, ob es kostengünstiger ist, Teile der bestehenden Netzinfrastruktur zu nutzen (z.B. für das letzte Stück zum Endverbraucher innerhalb des Ortsnetzbereichs), oder ob kostengünstigere eigene Verbindungsstrecken aufgebaut werden sollten. Voraussetzung für diese Wettbewerbsform ist die Verpflichtung des nationalen Netzinfrastrukturbetreibers zur Netzzusammenschaltung, die technische Spezifikation der Netzübergänge, das Wegerecht zum Infrastrukturaufbau und die Weiterleitung innerhalb des nationalen Netzes zu kostenorientierten Preisen.

#### 2.2.1.3.2 Anreizstruktur und Ineffizienzen

##### *2.2.1.3.2.1 Wohlfahrtseffekte des internationalen Verrechnungssystems*

Unternehmen, die internationale Telekommunikationsdienstleistungen zwischen zwei liberalisierten Märkten anbieten, können das Verrechnungssystem umgehen. Dennoch geben Verrechnungspreise, die sich nicht an den tatsächlichen Kosten orientieren, falsche Preissignale. Die Unternehmen entwickeln Umgehungsstrategien, die nicht immer die ökonomisch effizientesten Lösungen sind und zu gesamtwirtschaftlichen Wohlfahrtsverlusten führen können.[45] Des Weiteren bleiben die Preise für internationale Telekommunikation aufgrund überhöhter Verrechnungspreise auf hohem Niveau fixiert; die Preise für Endkonsumenten reduzieren sich nur dann, wenn die Unternehmen das Verrechnungssystem umgehen und die sinkenden Kosten auch an die Endkonsumenten weitergeben. Da Telekommunikationsdienstleistungen wesentliche Inputfaktoren für den internationalen Handel mit anderen Dienstleistungen und Gütern sind, wirken überhöhte Preise für internationale Telekommunikationsdienstleistungen wie eine Besteuerung nachgelagerter Sektoren.

##### *2.2.1.3.2.2 Netzinfrastruktur*

Durch Infrastrukturwettbewerb kann das Verrechnungssystem umgangen werden, denn jeder Anbieter kann bei zu hohen Verrechnungspreisen eine eigene grenzüberschreitende Netzinfrastruktur aufbauen und dadurch unternehmensintern kostengünstigere Strukturen schaffen. Der Aufbau einer solchen Infrastruktur ist jedoch mit erheblichen Kosten verbunden. Aus gesamtwirtschaftlicher Sicht können zu hohe Verrechnungspreise den Ausbau einer wohlfahrtsoptimalen Netzinfrastruktur verhindern, da aufgrund falscher Preissignale Überkapazitäten entstehen können.

---

45 Galbi (1998b) analysiert die Wohlfahrtsauswirkungen von Strategien zur Umgehung des internationalen Verrechnungssystems.

### 2.2.2 Übertragungsmedium und Grundstruktur internationaler Telekommunikation

Die Grundstruktur internationaler Telekommunikation ist nicht nur von der nationalen Marktform, sondern ebenso von dem gewählten Übertragungsmedium abhängig. Der Anteil der Mobilfunkkommunikation[46] am gesamten Telekommunikationsaufkommen hat stark zugenommen. In einigen Ländern übersteigt die Anzahl der Mobilfunkanschlüsse die der Festnetzanschlüsse; dementsprechend hat auch die Kommunikation zwischen zwei Mobilfunkanschlüssen bzw. zwischen Festnetz- und Mobilfunkanschluss zugenommen. Eine grenzüberschreitende Mobilfunkverbindung wirft zusätzliche Probleme hinsichtlich der internationalen Weiterleitung und Verrechnung auf. Inwieweit diese Entwicklung die Struktur internationaler Telekommunikation verändert und ob sich spezifische Erfordernisse an ein multilaterales Regelwerk ergeben, soll im Folgenden analysiert werden.

Die Marktstruktur auf Mobilfunkmärkten unterscheidet sich von der des Festnetzes. Wettbewerb findet nicht zwischen Anbietern unter Nutzung derselben Infrastruktur statt – wie beim Festnetz –, sondern zwischen Anbietern mit unterschiedlichen, eigenen Netzinfrastrukturen. Aufgrund begrenzter Verfügbarkeit von Funkfrequenzen ist die Anzahl der Anbieter begrenzt. Die Mobilfunkmärkte weisen daher eine Oligopolstruktur auf.[47]

Mobilfunknetze sind durch hohe „lock in"-Effekte gekennzeichnet. Ein Wechsel des Mobilfunkanbieters ist mit hohen Kosten verbunden, da die Endgeräte nicht kompatibel sind (anderes Frequenzband), eine Nummernportabilität (derzeit noch) nicht möglich ist und die Mobilfunkverträge lange Vertragsbindungen aufweisen. Des Weiteren existieren auf Mobilfunkmärkten „first mover"-Vorteile, d.h., Unternehmen, die zuerst eine flächendeckende Infrastruktur aufgebaut haben, gewinnen leichter Neukunden. Beide Effekte führen dazu, dass später in den Markt eintretende Anbieter nur sehr schwer neue Kunden gewinnen können.[48] Daher erfordern kompetitive Mobilfunkmärkte den möglichst zeitgleichen Aufbau einer Mobilfunkinfrastruktur durch mehrere konkurrierende Anbieter; effiziente Verfahren zur Lizenzvergabe und die Allokation der Funkfrequenzen sind mit entscheidend.

---

46 Wird im Folgenden der Begriff „Mobilfunk" oder „Mobilfunkkommunikation" genutzt, so bezieht sich dies auf ein zellulares Mobilfunknetz. Satellitengestützte Mobilfunkkommunikation ist bisher von untergeordneter Bedeutung.

47 Die Anzahl der nationalen Anbieter in den OECD Ländern liegt zwischen zwei und sieben. Vgl. OECD (2000a: 76).

48 Vgl. Schwarz-Schilling und Stumpf (1999: 22–25). Ein Beispiel ist auch der deutsche Mobilfunkmarkt, in dem die ersten beiden Anbieter im Markt nach wie vor einem Marktanteil von zusammen über 80 Prozent besitzen. Nach Angaben der Regulierungsbehörde betrugen die Marktanteile im 3. Quartal 2001 für T-Mobil 40,9 Prozent und für VodafoneD2 (früher Mannesmann) 39,4 Prozent.

Die Mobilfunkunternehmen bieten unterschiedliche Tarifstrukturen an. Den Kunden interessieren primär die Kosten, die er selbst zu tragen hat (Grundgebühr, Verbindungskosten zu anderen Mobilfunknetzen, Verbindungskosten zu Festnetzanschlüssen); weniger relevant sind die Kosten, die andere tragen müssen, um ihn mobil zu erreichen (z.B. Verbindung vom Festnetz zum Mobilfunknetz). Herrscht im Festnetz kein intensiver Wettbewerb um die Weiterleitung von Festnetzverbindungen in Mobilfunknetze, kann es zu überhöhten Preisen kommen. Die Mobilfunkanbieter haben den Anreiz, für die Weiterleitung von Mobilfunkgesprächen zu einem Teilnehmer im Festnetz einen günstigen Tarif auszuhandeln, da sie diesen Vorteil an ihre Kunden weitergeben können, nicht jedoch für die umgekehrte Richtung. Dies führt dazu, dass die Kosten für die Weiterleitung eines Mobilfunkgesprächs zu einem Endkunden im Festnetz deutlich geringer sind, als in die umgekehrte Richtung (OECD 2000a: 44–52). Des Weiteren sind die Tarife für die Verbindung vom Fest- zum Mobilnetz innerhalb eines Landes weltweit unterschiedlich; dies hat Auswirkungen auf die Struktur internationaler Telekommunikation im Mobilfunkmarkt und die internationale Verrechnung.

Für die internationale Verrechnung von Mobilfunkverbindungen zwischen Ländern müssen zwei Ebenen unterschieden werden: zum einen die Möglichkeit für einen Mobilfunkkunden aus Land A, sich in das Mobilfunknetz des Landes B einzuwählen (so genanntes *Roaming*) und zum anderen die internationale Weiterleitung aus Land B über die Festnetzinfrastruktur in das Land A. Das Verrechnungssystem unterscheidet nicht, ob der Empfänger und/oder Sender im anderen Land über ein Mobilfunknetz oder das Festnetz erreicht wird; es entstehen keine zusätzlichen Gebühren dafür, dass das aus dem Ausland kommende Gespräch in ein nationales Mobilfunknetz weitergeleitet wird (OECD 2000a: 53). Zusätzliche Gebühren entstehen durch das Roaming, die durch Abkommen zwischen den Mobilfunkanbietern unterschiedlicher Länder festgelegt werden. Unzureichender Wettbewerb auf dem Mobilfunkmarkt im Ausland kann dazu führen, dass der inländische Mobilfunkanbieter nicht zwischen unterschiedlichen Partnern für ein Roaming-Abkommen wählen und der ausländische Anbieter hohe Gebühren durchsetzen kann. Die Höhe der Roaming-Gebühren hängt stark von der Wettbewerbsintensität auf den ausländischen Märkten ab; eine nationale Preisregulierung im Inland kann hohe Roaming-Gebühren nur begrenzt beeinflussen (OECD 2000a: 23–28 und Sutherland 2001).

Die derzeitige internationale Verrechnung bei Mobilfunkverbindungen kann zu Ineffizienzen führen, die sich aufgrund des bestehenden internationalen Verrechnungssystems und der Kosten für die nationale Weitervermittlung vom Festnetz zum Mobilnetz ergeben. Die Anbieter von Mobilfunkdiensten haben nur einen geringen Anreiz, niedrige Gebühren für eine Verbindung vom Festnetz zum Mobilnetz auszuhandeln; die Gebühren sind daher sehr hoch (OECD 2000a: 54). Parallel dazu wird bei der Terminierung einer internationalen Verbindung in ein nationales

Mobilfunknetz oder ein nationales Festnetz nicht unterschieden; es gilt derselbe Verrechnungspreis. Liegt der Verrechnungspreis unterhalb der Kosten, die ein nationaler Festnetzbetreiber für die Weiterleitung eines nationalen Festnetzgesprächs in ein nationales Mobilfunknetz an den Mobilfunkbetreiber zu bezahlen hat, so besteht ein Anreiz, nationale Festnetz-zu-Mobil-Verbindungen über das Ausland umzuleiten, um über den Verrechnungspreis hinausgehende Kosten zu vermeiden (so genanntes *Tromboning*) (OECD 2000a: 53–55).

Der zunehmende Wettbewerb um internationale Festnetz-Telekommunikation führt tendenziell zu sinkenden internationalen Verrechnungspreisen und damit zu günstigeren Kommunikationstarifen für den Endkonsumenten. Sind gleichzeitig die nationalen Festnetz-zu-Mobil-Verrechnungstarife auf hohem Niveau fixiert, entsteht der Anreiz zum Tromboning. Es stellt sich daher die Frage, ob das Verrechnungssystem zwischen der Terminierung in ein Mobilfunknetz und ein Festnetz unterscheiden sollte oder ob nicht die Kosten für eine nationale Verbindung vom Fest- zum Mobilnetz aufgrund der Anreizstruktur der Mobilfunkanbieter deutlich oberhalb der tatsächlichen Kosten liegen.[49]

## 2.3 Dienstleistungen der Informationstechnologie

Die Dienstleistungen der Informationstechnologie sind nicht in der GNS-Klassifikation enthalten und können unterschiedlich definiert werden. Für die weitere Analyse werden die Dienstleistungen der Informationstechnologie in die Internetdienstleistungen, die sich auf die Netzinfrastruktur und die für die Datenübermittlung notwendigen Dienstleistungen beziehen, und die Dienstleistungen des elektronischen Geschäftsverkehrs, die eine Geschäftstätigkeit unter Benutzung des Internets beinhalten, unterteilt. Die Computerdienstleistungen, d.h. die installierte Software beim Endkunden, sind nicht Bestandteil der Kommunikationsdienstleistungen und nicht Gegenstand dieser Untersuchung. Die Software des Konsumenten ist für die vorliegende Analyse nicht bedeutsam, denn die benutzte Software sagt nichts über den gewählten Internet-Zugangsanbieter aus. Von der weltweit meistgenutzten Internetzugangssoftware, dem Microsoftprodukt „Internet-Explorer", kann trotzdem ein beliebiger Zugangsanbieter gewählt werden, wie z.B. t-online, AOL oder Freenet. Die Internetdienstleistungen und die Dienstleistungen des elektronischen Geschäftsverkehrs werden im Folgenden untersucht, um die unterschiedlichen Strukturen darzustellen, Anreize zu analysieren und notwendigen Regulierungsbedarf bzw. ineffiziente staatliche Eingriffe aufzuzeigen.

---

49 Vgl. auch die Diskussion in Samarajiva (2001).

### 2.3.1 Technische Struktur und institutioneller Rahmen des Internets

Der Ursprung des Internets liegt in dem Ende der sechziger Jahre aufgebauten ARPAnet (Advanced Research Projects Administration), einem Datenkommunikationsnetz zwischen US-Militäreinrichtungen und Forschungszentren. In den siebziger Jahren entwickelte sich das ARPAnet immer mehr zu einem Wissenschaftsnetz. Mitte der achtziger Jahre übernahm die National Science Foundation (NSF) die Kontrolle über das Internet und baute es zu einem Wissenschaftsnetzwerk zwischen Universitäten und Forschungseinrichtungen aus.[50] Aufgrund der privaten Nachfrage für ähnliche Kommunikationssysteme investierten private Telekommunikationsunternehmen seit Ende der achtziger Jahre in den Aufbau einer eigenen Datennetzinfrastruktur, die über Schnittstellen mit dem NSF-Netz verbunden wurden. 1995 wurde das NSF-Netz privatisiert.

Das Internet ermöglicht eine Kommunikation zwischen Computern zum Austausch von Daten auf Grundlage einer digitalen Netzstruktur mit Paketvermittlung. Die Datenpakete bestehen aus dem so genannten *Header*, der die notwendigen Informationen für die Datenweiterleitung und Datenzusammensetzung enthält, sowie den eigentlichen Daten. Die im *Header* enthaltenen Informationen verwenden das weltweit einheitliche Protokoll TCP/IP (Transport Control Protocol/Internet Protocol). Jeder Computer oder Vermittlungsrechner im Internet besitzt eine Internetadresse – die so genannte IP-Adresse –, die aus zwölf Ziffern besteht. Da dieser Zahlencode benutzerunfreundlich ist, existiert zusätzlich ein Namensregister – das so genannte Domaine-Name-System (DNS) –, welches jeder Internetadresse einen Namen zuordnet. Dem Namen „OECD.ORG" ist zum Beispiel die Internetadresse 193.51.65.17 zugeordnet. Die Internetadressen und die Domain-Namen müssen weltweit einzigartig sein (OECD 1998).

Das Namensregister ist hierarchisch aufgebaut. Die Namen der ersten Ebene – so genannte Top-Level Domain Names (TLDs) – sind zum einen 244 aus zwei Buchstaben bestehende Länderzeichen[51] und zum anderen länderunabhängige Sonderzeichen, die sich auf die Art der Organisation oder Institution beziehen.[52]

---

50 Vgl. Gorman und Malecki (2000: 114–115) oder Lee und Sharma (1998: 13–15).

51 Dies sind die so genannten ccTLDs (Country Code Top-Level Domain Names) wie z.B.: .de, .us, .uk. Die Buchstabencodes basieren auf der internationalen Norm ISO-3166-1.

52 Dies sind die so genannten gTLDs (Generic Top-Level Domain Names) wie z.B.: .org, .edu, .com, .net, .mil, .gov, .int. Die gTLDs .gov und .mil stehen nur für us-amerikanische staatliche Stellen (.gov) und Militäreinrichtungen (.mil). Dennoch werden sie zu den gTLDs gezählt, da sie sich auf die Art der Organisation beziehen und keine Abkürzung für einen Nationalstaat darstellen. Seit Ende 2001 sind sieben neue gTLDs hinzugekommen. Diese lauten: .aero, .biz, .coop, .info, .museum, .name und .pro. Vgl. hierzu diverse Berichte der ICANN (http://www.icann.org/tlds).

Auf den nächsten Ebenen können beliebige weitere Namen vergeben werden, solange sie weltweit einzigartig und eindeutig sind. Die Namen werden dezentral vergeben, werden aber in einem zentralen Register erfasst. Dieser so genannte Root Server A in Virginia, USA, enthält alle weltweit vergebenen Namen und die dazugehörigen Internetadressen. Die Informationen des Root Servers A werden auf 12 weiteren autorisierten Tochterrechnern zur Verfügung gestellt, um eine Überlastung des Zentralrechners zu vermeiden (Mueller 2000: 5–7; OECD 1998: 8–18).

Aufgrund der zentralen Bedeutung der Namensvergabe stellt sich die Frage nach den Eigentumsrechten an diesen Namen und dem Vergabeverfahren. Bis zur Privatisierung der Netzinfrastruktur 1995 wurde das Internet von der US-Regierung mit Steuermitteln finanziert. Dementsprechend war auch die Namensvergabe eine hoheitliche Aufgabe. Diese wurde von der US-Regierung an eine private Institution, die Network Solutions Inc. (NSI) delegiert. Bis zur Privatisierung 1995 wurden die Namen kostenlos und auf der Basis „first-come-first-serve" vergeben. 1995 genehmigte die US-Regierung die kommerzielle Vergabe der Domain-Namen. Die nationalen Registrierungsstellen, die die jeweiligen Länder-Domain-Namen verwalteten – in Deutschland z.B. die Denic eG in Frankfurt für die Verwaltung von .de –, gingen ebenfalls dazu über, für die Namensregistrierung ein Entgelt zu verlangen. Dadurch wurden exklusive Monopolrechte für den lukrativen Markt der Namensvergabe geschaffen.

Seit 1998 wird die Kontrolle über die weltweite Namensvergabe von der Internet Corporation for Assigned Names and Numbers (ICANN) wahrgenommen; an dem Vergabegrundsatz „first-come-first-serve" hat sich jedoch nichts geändert. Alle weiteren Unternehmen, die Internetnamen vergeben, wie z.B. die Verwaltung der nationalen Internetadressen und Namen, müssen von der ICANN autorisiert sein. Die ICANN verfügt über das zentrale Namensregister des Root Server A.

Die ICANN ist formal ein privatwirtschaftliches Unternehmen, das ein weltweites Recht auf die Vergabe und Verwaltung der Internetadressen besitzt. Die Struktur der ICANN ähnelt aber eher einer internationalen Organisation. Der Gründung der ICANN sind heftige Diskussionen und Streitigkeiten auf nationaler und internationaler Ebene zwischen Staaten, Verbänden und internationalen Organisationen vorausgegangen, da das Recht, über die weltweite Vergabe von Namen im Internet zu entscheiden, erhebliche Tragweite besitzt.[53] An der Gründung der ICANN haben sowohl die Nationalstaaten, als auch internationale Organisationen – insbesondere die International Telecommunications Union (ITU) und die World Intellectual Property Organization (WIPO) –, private Unternehmen und gesellschaftliche Verbände mitgewirkt.

---

53 Einen sehr guten Überblick über die Problematik der Namensvergabe im Internet sowie über die Entstehungsgeschichte der ICANN liefert Mueller (2000) oder Hofmann (2000).

Das Direktorium der ICANN besteht aus 19 Mitgliedern, die von den vier Unterorganisationen gewählt werden: der DNSO (Domain Name Supporting Organization), zuständig für die Namensvergabe, der ASO (Address Supporting Organization), zuständig für die Adressvergabe, der PSO (Protocol Supporting Organization), zuständig für die Standardisierung und dem „at large membership"[54], ein Repräsentationsorgan aller weltweiten individuellen Internetnutzer. Die weltweite und gesellschaftspolitische Verantwortlichkeit der ICANN soll dadurch erreicht werden, dass im Vorstand Vertreter unterschiedlicher Regionen der Welt repräsentiert sind und dass zusätzlich ein Beratungsgremium mit Vertretern nationaler Regierungen existiert. Durch formale Abstimmungsverfahren und Mitwirkungsrechte werden alle verschiedenen Interessengruppen an der Beschlussfassung beteiligt. Des Weiteren wurde ein Streitschlichtungsverfahren eingeführt, um Probleme bei Marken- und Namensrechten international zu lösen; dieses wurde maßgeblich von der WIPO entwickelt.[55]

Als weltweites Kommunikationsmedium ist das Internet darauf angewiesen, dass in wesentlichen Bereichen weltweit einheitliche technische Standards gelten. Seit den Anfängen des Internets wurde diese technische Standardisierung und Harmonisierung in Form von „request for comments" erreicht, die von Jon Postel, einem der Pioniere des Internets, ediert und verwaltet wurden. Neue technologische Entwicklungen und Verbesserungsvorschläge wurden in dieser Serie im Internet veröffentlicht und alle interessierten Personen, ob Entwicklungsingenieur oder Nutzer, konnten die Vorschläge kommentieren. Fand eine Innovation eine überwiegend positive Resonanz, so wurde sie von allen implementiert und dadurch freiwillig als Standard akzeptiert. Die Transparenz des Verfahrens und die Möglichkeit der weltweiten Beteiligung aller interessierten Internetnutzer war ein elementarer Bestandteil des Standardisierungsverfahrens. Da das Internet zu diesem Zeitpunkt überwiegend ein Forschungsnetzwerk war, beteiligten sich Ingenieure universitärer Einrichtungen an diesem Standardisierungsprozess (Hofmann 2000: 70–71).

Anfang der neunziger Jahre entwickelte sich aus diesem informellen Standardisierungsverfahren die IETF (Internet Engineering Task Force). Die IETF war nach wie vor eine informelle Organisation ohne rechtlichen Status. Geleitet wurde sie von einem Steuerungsausschuss, der die verschiedenen Arbeitsgruppen, die sich mit unterschiedlichen technischen Fragen beschäftigten, koordinierte. Der Prozess der freiwilligen Standardisierung blieb im Wesentlichen unverändert, wurde aber

---

54 Im Herbst 2000 wurden die regionalen Mitglieder des Vorstands der ICANN von der „at large membership"-Organsiation per Direktwahl aller weltweiten Internetnutzer über eine „Internet-Wahl" gewählt.

55 Für nähere Informationen über die Aufgaben und Struktur der ICANN vgl. http://www.icann.org.

erstmalig schriftlich fixiert.[56] In der IETF wirkten allerdings nicht nur Ingenieure universitärer Forschungseinrichtungen mit, sondern zunehmend übernahm die Industrie eine führende Rolle; die großen Computerhersteller wie IBM, Sun, Hewlett-Packard, Lucent oder Cisco waren maßgeblich vertreten.[57]

Die technische Standardisierung im Internet ist mit der Gründung der ICANN von dieser übernommen worden; zuständig ist die PSO. Das Gründungsprotokoll der PSO wurde nicht nur von Vertretern der IETF und der ICANN unterzeichnet, sondern auch von Vertretern der ITU und der ETSI (European Telecommunications Standards Institute). Dies deutet darauf hin, dass in Zukunft der Einfluss internationaler Organisationen und nationalstaatlicher Behörden zunehmen wird. Im Gründungsdokument wird allerdings weiterhin darauf verwiesen, dass es sich um einen freiwilligen, jedem zugänglichen Standardisierungsprozess handelt.[58]

Die Datenvermittlung im Internet wird von Vermittlungsrechnern – so genannten Routern – gesteuert, die ihre Adressinformationen von dem Root Server A beziehen. Nicht alle Vermittlungsrechner sind weltweit untereinander verbunden, sodass die Daten nicht immer über den geographisch kürzesten Weg geleitet werden. Eine geographisch längere Strecke kann dennoch die zeitlich schnellste sein, wenn die Übertragungskapazität der entsprechenden Leitung höher ist.[59] Der Vermittlungsrechner liest die Zieladresse eines Datenpaketes und leitet es dann zum nächsten Vermittlungsrechner weiter, der dichter am Zielpunkt liegt. Je nach Netzstruktur, Kapazität und Verkehrsaufkommen berechnet jeder Vermittlungsrechner für jedes Datenpaket neu, welche Strecke aktuell am schnellsten ist.

Um eine vollständige Netzzusammenschaltung zu gewährleisten, existieren Netzschnittstellen zwischen den Datennetzen unterschiedlicher Anbieter. Jeder Internetinfrastrukturbetreiber war in der Vergangenheit verpflichtet, die Daten aus den Datennetzen seiner Konkurrenten kostenlos in seinen eigenen Netzen weiterzuleiten. Die gestiegene Nachfrage seit Anfang der neunziger Jahre führte insbesondere an den Netzzugängen und Netzschnittstellen zu einer Überlastung der Infrastruktur, denn Internetdatennetze unterschiedlicher Kapazität und Geschwindigkeit existierten parallel, aber nach wie vor bestanden gleichberechtigte Netzüber-

---

56 Vgl. http://www.ietf.org/rfc/rfc2026.txt (besucht am 20.03.2002).

57 Vgl. http://www.ietf.org/html.charters/wg-dir.html (besucht am 20.03.2002). Auf dieser Seite sind alle Arbeitsgruppen und ihre Mitglieder aufgeführt.

58 Im Gründungsdokument heißt es: „open, international, voluntary technical standard and technical specification development organization". Vgl. http://www.icann.org/ pso/psomou.htm (besucht am 20.03.2002).

59 Ein Großteil der innereuropäischen Internetdatenübertragung wird über Amerika geleitet. Vgl. OECD (1998: 19–24). Erst in jüngster Zeit entstehen innereuropäische Backbone-Strukturen.

gänge. Aufgrund der Überlastung legten die großen Netzbetreiber eigenständige Netzübergänge untereinander fest und verpflichteten sich nur gegenseitig zu einer kostenlosen Datenweiterleitung (so genanntes *Peering*). Kleine, regionale Netzbetreiber sind auf *Transit* angewiesen, d.h., sie zahlen dafür, dass ihr Netz weiterhin mit der Netzinfrastruktur der großen Anbieter verbunden bleibt und ihre Daten weitergeleitet werden. Sie sind damit nicht mehr gleichberechtigte Netzbetreiber (OECD 1999a: 15–19). Des Weiteren haben sich unterschiedliche Marktsegmente der Infrastruktur- und Inhalteebene herausgebildet, die von verschiedenen Unternehmen oder von einem Komplettanbieter bedient werden. Dies hat Auswirkungen auf die Anreizstruktur und Wettbewerbsintensität.[60]

Auf der Infrastrukturebene des Internets existieren heute drei unterschiedliche Anbietertypen bzw. Marktsegmente:

(1) *Internet Backbone Provider (IBP):* IBP sind große Netzinfrastrukturbetreiber – zumeist identisch mit den großen Telekommunikationsunternehmen –, die aufgrund ihrer Kapazität das „Rückgrat" des Internets bilden und die Daten weltweit vermitteln können.[61] Im Folgenden werden diese Anbieter als „Backbone-Betreiber" bezeichnet.
(2) *Internet Service Provider (ISP)*: ISP sind entweder lokale und regionale Netzinfrastrukturbetreiber, die nur für einen regional begrenzten Bereich die Daten über eine eigene Netzinfrastruktur leiten können, oder Unternehmen, die ausschließlich die Dienstleistungen des Internetzugangs ohne eigene Infrastruktur anbieten.[62] Im Folgenden werden diese Unternehmen als „kleine Anbieter" bezeichnet.
(3) *Web Hosting Companies (Host):* Diese Unternehmen „beheimaten" Internetseiten unterschiedlicher Unternehmen und Anbieter und stellen die Inhalte im

---

60 Eine umfangreiche Darstellung findet sich in Crémer et al. (2000), Gorman und Malecki (2000) Gupta et al. (2001), Kende (2000) und OECD (1999a). Vgl. auch die Ausführungen in dem folgenden Abschnitt 2.3.1.2.

61 Die genaue Anzahl der weltweiten Backbone-Anbieter ist nicht exakt zu ermitteln, da die Zusammenschaltungsvereinbarungen der Backbone-Anbieter nicht veröffentlicht werden. Zu den fünf größten internationalen Internetinfrastrukturanbietern zählen Cable&Wireless, Worldcom, Sprint, AT&T und Genuity. Vgl. Kende (2000: 7).

62 Es kann zusätzlich unterschieden werden nach Anbietern mit eigener Infrastruktur (Internet Service Provider) oder Zugangsanbietern ohne eigene Infrastruktur (Internet Access Provider). So z.B. Gorman und Malecki (2000: 115-116) oder Lux und Heinen (1997). Diese Unterteilung ist für die weitere Analyse irrelevant, denn sowohl die kleineren Internetinfrastrukturbetreiber als auch die reinen Internetzugangsanbieter sind auf Transit-Abkommen mit größeren Netzbetreibern angewiesen, d.h., die Anreizwirkungen und das Wettbewerbsverhalten sind identisch.

Netz bereit. Sie besitzen keine eigenständige Infrastruktur, sondern sind direkt mit den Backbone-Betreibern verbunden.[63]

Die Netzzusammenschaltung und Datenweiterleitung zwischen den unterschiedlichen Internetinfrastrukturbetreibern basiert auf einem Peering- oder Transit-Abkommen. Ein Peering-Abkommen ist durch folgende Eigenschaften gekennzeichnet (Kende 2000: 4–8):

- Peering-Partner tauschen untereinander Daten aus, die von Kunden eines Anbieters stammen und zu einem Kunden des Peering-Partners gesendet werden sollen. Es findet keine Weiterleitung an Kunden eines dritten Netzbetreibers statt, mit denen der Ursprungsanbieter kein Peering-Abkommen besitzt.
- Die Peering-Partner tauschen ihre Daten kostenfrei aus. Gleichzeitig gilt das „bill and keep"-Prinzip, d.h., ausschließlich der sendende Anbieter erhält die Gebühren von seinen Kunden. Dies führt zum so genannten „hot potato routing", wonach die Daten zum frühestmöglichen Zeitpunkt in das Netz des Peering-Partners übermittelt werden, sodass dieser die Kosten für den größten Teil der Weitervermittlung bis zum Ziel trägt, ohne dabei etwas zu verdienen. Solange die Peering-Partner ungefähr gleich große Infrastrukturen besitzen und die Daten-Verkehrsbilanz ausgeglichen ist, ist dieses Verfahren für beide Partner vorteilhaft. Ist dies jedoch nicht gewährleistet, können sich Fehlanreize ergeben.
- Peering-Partner verpflichten sich gegenseitig nur zu einem „best effort", d.h., sie gewähren keine wechselseitige Garantie für die unverzögerte und fehlerfreie Datenweiterleitung. Dies hat Auswirkungen auf das Wettbewerbsverhalten.

Ein Transit-Abkommen zwischen zwei Internetinfrastrukturbetreibern ist durch eine hierarchische Struktur gekennzeichnet, bei der ein Netzbetreiber einen anderen größeren Netzbetreiber dafür bezahlt, dass dieser die Daten weiterleitet. Der zahlende Transitnehmer kauft damit die Weiterleitung seiner Daten an das gesamte Netz; der weiterleitende Transitgeber muss die Daten nicht nur an seine direkten Kunden, sondern auch an die aller Peering-Partner vermitteln.

Abbildung 3 stellt die Netzinfrastruktur des Internets dar. Die getrennten Ebenen der Backbone-Betreiber und der kleinen Anbieter werden deutlich. Des Weiteren sind die unterschiedlichen Schwerpunkte einzelner Backbone-Betreiber

---

63 Die Inhalte der Internetseiten sind in der vorliegenden Analyse nicht von Bedeutung. Dies können sowohl reine Informationsseiten wie auch Angebote gegen Bezahlung sein (z.B. Bankdienstleistungen, Ticketverkauf, Handelsplattformen).

*Abbildung 3:*
Internetinfrastruktur

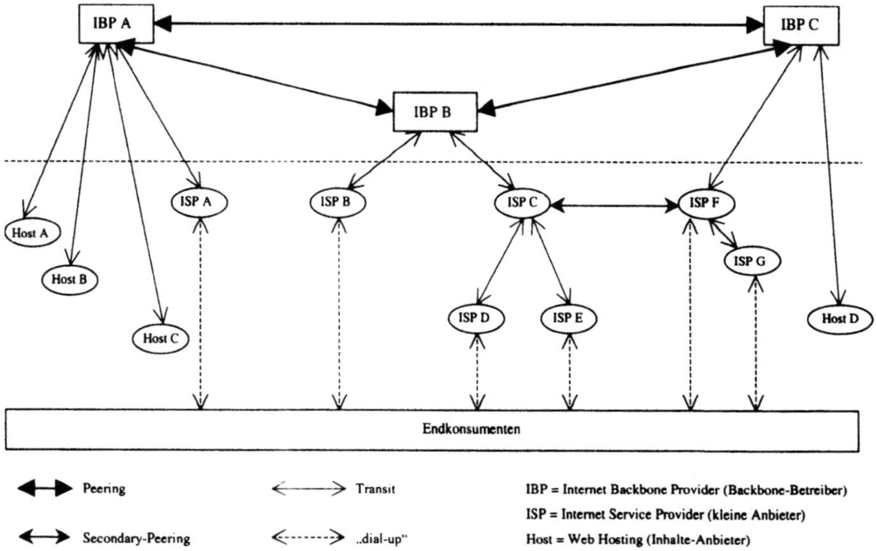


*Quelle:* Eigene Darstellung.

zu erkennen. Diese Konzentration auf verschiedene Marktsegmente wirkt sich auf die Anreiz- und Wettbewerbsstruktur aus, die im folgenden Abschnitt analysiert wird.

### 2.3.2 Anreizstruktur und mögliche Ineffizienzen der Verkehrsführung im Internet

Das entscheidende Charakteristikum des Internets ist die weltweite Vernetzung und Netzzusammenschaltung: Von jedem Punkt der Welt kann jeder Computer am Netz erreicht werden. Im Internet bestehen sowohl direkte Netzwerkexternalitäten, d.h., je mehr Teilnehmer erreichbar sind, desto höher ist der individuelle Nutzen, als auch indirekte Netzwerkexternalitäten, d.h., je mehr Teilnehmer angeschlossen sind, um so größere Anreize bestehen für zusätzliche Angebote im Internet und desto höher ist der individuelle Nutzen (Kende 2000). Die Privatisierung und Kommerzialisierung des Internets hat die Anreizstrukturen der privaten Internetinfrastrukturanbieter beeinflusst, und es ist möglich, dass die marktlichen Anreize allein keine weltweite Netzzusammenschaltung gewährleisten können.[64]

Ob eine Netzzusammenschaltung über ein Peering- oder Transit-Abkommen erreicht wird, ist nicht entscheidend. Wichtig ist, dass sich nicht aufgrund fehlender Peering- oder Transit-Abkommen ineffiziente Streckenverläufe ergeben, die zu zeitlichen Verzögerungen oder Qualitätsverlusten bei der Datenvermittlung führen. Gleich große Anbieter mit ähnlichem Verkehrsaufkommen haben einen Anreiz, untereinander Peering-Abkommen zu schließen. Verfügen hingegen zwei Anbieter über eine unterschiedlich große Infrastruktur, kommt es bei einem Peering-Abkommen zu einem Trittbrettfahrerverhalten: Der kleinere Anbieter nutzt die Infrastruktur des größeren Anbieters, ohne dass dieser hierfür kompensiert wird. Wachsen zwei bisher gleich große Anbieter unterschiedlich stark, hat der kleinere Anbieter den Anreiz, das Peering-Abkommen aufrecht zu erhalten, der große Anbieter bevorzugt den Wechsel zu einem Transit-Abkommen.

Die Asymmetrie zwischen zwei Netzbetreibern kann sich auch aufgrund unterschiedlichen Datenaufkommens ergeben. Spezialisiert sich ein Backbone-Betreiber darauf, Inhalte-Anbieter und ein anderer darauf Endverbraucher zu gewinnen, so sind die Datenmengen verschieden, denn Anfragen und E-Mails eines Endkunden sind im Regelfall weniger umfangreich als die Übermittlung der abgefragten Datenseiten. Auch hier taucht das Trittbrettfahrerproblem auf. Allerdings müssen Backbone-Betreiber auf beiden Seiten Kunden gewinnen: Sie müssen sowohl Inhalte bereitstellen als auch Nachfrager dieser Inhalte an sich binden. Insofern besteht auch der Anreiz, einen asymmetrischen Datenfluss zu tolerieren, sofern dies den Zugang zu Inhalten für die Endkunden sichert.

Um sich für ein Peering-Abkommen zu qualifizieren, ist eine Mindestgröße erforderlich, damit dieses Abkommen für beide Backbone-Betreiber vorteilhaft ist.[65] Durch einen großen Kundenstamm wird die Verhandlungsposition für ein Peering-Abkommen gestärkt. Zum Kundenstamm zählen sowohl Endkunden und Inhalte-Anbieter als auch weitere über Transit-Abkommen gebundene kleinere Netzbetreiber. Da jeder Backbone-Betreiber seinen Peering-Status halten möchte und als gleichberechtigter Partner akzeptiert werden will, besteht für jeden Backbone-Betreiber ein Anreiz, zusätzliche Transit-Abkommen mit zahlreichen regionalen, klei-

---

64 Die folgende Argumentation stützt sich auf neueste modelltheoretische Untersuchungen. Dieselbe Problematik der Netzzusammenschaltung und Anreizstrukturen im Internet ist ohne modelltheoretische Fundierung schon von Bailey (1995) und Srinagesh (1995) analysiert worden.

65 Die objektive Ermittlung dieser Mindestgröße ist schwierig, da viele unterschiedliche Kriterien berücksichtigt werden müssen (z.B. Netzgröße, Netzstruktur, Kapazität, Kundenstamm, Kundenstruktur). Kende (2000: 8) beschreibt die Peering-Entscheidung eines Unternehmens wie folgt: „that companies will peer when they perceive equal benefit from peering based on their subjective terms, rather than any objective terms“.

neren Netzbetreibern zu schließen. Die Transitgebühren für die kleineren Anbieter werden daher nicht die tatsächlichen Kosten übersteigen, solange zwischen den Backbone-Betreibern intensiver Wettbewerb besteht. Bei zu hohen Transitgebühren eines Backbone-Betreibers könnten kleinere Anbieter zur Konkurrenz wechseln, und der Kundenstamm des Backbone-Betreibers sinkt (Kende 2000: 6–8; OECD 1999a: 20).

Der marktliche Anreiz für wettbewerbskonformes Verhalten der Backbone-Betreiber gegenüber kleineren Anbietern ist hinreichend stark, solange Wettbewerb zwischen den Backbone-Betreibern herrscht. Allerdings ist auch eine Kooperation zwischen den Backbone-Betreibern notwendig, um kompatible Routingpläne und die Erreichbarkeit aller Adressen zu gewährleisten und damit maximale positive Netzwerkexternalitäten zu ermöglichen. Diese Zusammenarbeit bietet aber Ansatzpunkte für kollusives, wettbewerbsbehinderndes Verhalten. Herrscht kein intensiver Wettbewerb zwischen den Backbone-Betreibern, können diese ihre dominante Stellung ausnutzen und verschiedene wohlfahrtsmindernde Strategien umsetzen.[66]

#### 2.3.2.1 Fehlende Netzzusammenschaltung

Existieren auf der Ebene der Backbone-Betreiber nur zwei asymmetrische Konkurrenten, kann es zu wettbewerbsbehinderndem Verhalten kommen. Bei asymmetrischen Netzwerken ist der Anreiz des größeren Backbone-Betreibers zur Netzzusammenschaltung gering bzw. besteht der Anreiz, die Qualität der Zusammenschaltung zu reduzieren.[67] Es ergeben sich zwei gegenläufige Effekte: (1) Die Gesamtnachfrage geht aufgrund der gesunkenen Qualität zurück (fehlende oder schlechte Zusammenschaltung); (2) es kommt aufgrund der Asymmetrien zu Qualitätsunterschieden zwischen den Anbietern. Die Stärke des zweiten Effekts und damit die Wirksamkeit einer solchen Politik eines dominanten Backbone-Betreibers hängt von der Intensität der Netzwerkeffekte ab, wie z.B. von der Netzgröße, den Inhalteangeboten oder der Kundenstruktur (Crémer et al. 2000). Durch eine solche Politik sinkt der Konsumentennutzen und die gesamtwirtschaftliche Wohl-

---

66 Vgl. Dogan (2001), Foros und Kind (2000), Foros et al. (2001) oder Laffont et al. (2001).

67 Die einfachste Form der Qualitätsreduktion der Zusammenschaltung ist die „Nichtinvestition" in Erweiterung und Erneuerung. Das dynamische Marktumfeld erfordert ständige Kapazitätserweiterung und Erneuerung, sodass diese Strategie automatisch zur Qualitätsreduktion führt. Zusätzlich ist eine solche Politik in einem wettbewerbsrechtlichen Verfahren schwer nachweisbar (Crémer et al. 2000: 456). Eine andere Strategie (targeted degradation strategy) kann auch bei der Existenz von mehr als zwei Anbietern zu denselben Effekten führen, wenn gezielt einzelne Anbieter durch eine Qualitätsverschlechterung der Netzzusammenschaltung aus dem Markt gedrängt werden (Foros und Kind 2000).

fahrt, denn es werden nicht alle positiven Netzwerkexternalitäten realisiert.[68] Dieser Fehlanreiz besteht nicht, wenn mehrere Backbone-Betreiber existieren und keiner mehr als die Hälfte des Marktes abdeckt, denn ein einzelner Backbone-Betreiber kann unter diesen Rahmenbedingungen nicht durch eine gezielte Vermeidung der Netzzusammenschaltung gewinnen (Kende 2000).

#### 2.3.2.2 *Vertikale Integration*

Die vertikale Integration internationaler Backbone-Betreiber mit regionalen Infrastrukturanbietern kann zu wettbewerbswidrigem Verhalten führen. Ist ein Backbone-Betreiber vertikal mit einem kleinen Anbieter integriert, besteht der Anreiz, den unternehmensinternen Anbieter bessere Rahmenbedingungen zu bieten als seinen Konkurrenten. Dies kann durch unterschiedliche Preisgestaltung und/oder Qualitätsunterschiede geschehen. Die Wirksamkeit dieser Strategie hängt davon ab, inwieweit die anderen kleinen Anbieter tatsächlich auf den integrierten Backbone-Betreiber angewiesen sind oder ob Wettbewerb zwischen mehreren Backbone-Betreibern herrscht (Forus und Kind 2000; Foros et al. 2001).

Obwohl die Gefahr der Wettbewerbsbehinderung besteht, gibt es unternehmerische Gründe, warum Backbone-Betreiber in lokale Märkte vordringen. Das Internetverkehrsaufkommen verändert sich dahingehend, dass zunehmend der Verkehr innerhalb einer Region (z.B. Europa oder Asien) vermittelt wird. Dies ist nicht nur auf die gesteigerte Effizienz aufgrund kürzerer Strecken, sondern auch auf sprachliche und kulturelle Gründe zurückzuführen. Die Backbone-Betreiber verlieren daher einen Teil des internationalen Verkehrs, da diesen große regionale Anbieter übernehmen. Die Geschäftsstrategie, mit solchen Anbietern zu kooperieren und an dem regionalen Geschäft zu partizipieren, liegt daher nahe (Crémer et al. 2000; Foros und Kind 2000: 9).

#### 2.3.2.3 *Preisbildung für Netzzusammenschaltung*

Die Höhe der Gebühren für die Netzzusammenschaltung und Transit-Abkommen beeinflussen den Wettbewerb. Hohe Gebühren haben dieselbe Wirkung wie die oben beschriebene Strategie der Reduktion der Zusammenschaltungsqualität (Foros und Hansen 2001). Bereits bei sehr geringen Größenunterschieden zwischen zwei Backbone-Betreibern werden alle kleinen Anbieter den größeren Back-

---

[68] Foros und Hansen (2001) kommen in ihrem Modellansatz zu dem Ergebnis, dass kleine Anbieter einen Anreiz haben können, eine hohe Zusammenschaltungsqualität aufrecht zu erhalten, da dies die Wettbewerbsintensität reduziert. Das Ergebnis kommt maßgeblich dadurch zustande, dass eine vollständige Mobilität der Kunden angenommen wird, wodurch die Intensität der Netzwerkexternalitäten abnimmt und der Vorteil des „lock-in"-Effekts eines größeren Kundenstamms entfällt.

bone-Betreiber als Partner für ein Transit-Abkommen wählen, auch wenn dieser einen höheren Preis verlangt, nämlich in Höhe des Vorteils aufgrund seiner positiven Netzwerkexternalitäten. Die Existenz eines zweiten Backbone-Betreibers hat einen disziplinierenden Effekt auf den dominanten Anbieter, sodass dieser zwar einen Preisaufschlag, aber keinen Monopolpreis verlangen kann (Dogan 2001: 10).

Die Gebühren für eine Netzzusammenschaltung bzw. für ein Transit-Abkommen müssen den tatsächlichen Kosten entsprechen. Diese sind aufgrund der Netzwerkexternalitäten nicht einfach zu ermitteln, denn es ergeben sich Zielkonflikte und gegensätzliche Anreize. Eine hohe Zusammenschaltungsgebühr senkt einerseits die Nachfrage und damit auch den Anreiz, neue Produkte bereitzustellen; damit nehmen die positive Netzwerkexternalitäten ab, und die Wohlfahrt sinkt. Andererseits bieten hohe Preise einen Anreiz zur technischen Innovation, um die bestehende Infrastruktur effizienter zu nutzen. Es werden Komprimierungstechniken entwickelt und so die Übermittlungszeit optimiert.[69]

Die wohlfahrtsoptimale Ermittlung der Transitgebühren anhand von Ramsey-Preisen[70] berücksichtigt nicht nur die Gesamtkosten sondern auch die Nachfrageelastizitäten – höhere Belastung der unelastischen Nachfrage – und die Netzwerkexternalitäten, d.h., diejenigen Marktteilnehmer mit positiven Netzwerkexternalitäten zahlen geringere Preise gemäß der Höhe der Netzwerkexternalitäten. Die gesamten Netzwerkexternalitäten ergeben sich aber erst aus dem wechselseitigen Einfluss beider Marktsegmente (Inhalteanbieter und Endkunden). Die Backbone-Betreiber müssen dies bei der Festlegung der Gebühren berücksichtigen und entsprechend die Gesamtkosten zwischen den Marktsegmenten aufteilen. Die für solche Ramsey-Preise notwendigen Informationen sind allerdings in der Praxis schwierig zu ermitteln.[71]

Eine weitere Problematik ergibt sich daraus, dass die Preisbildung *im* Netz, d.h. die Bezahlung für die Nutzung individueller Inhalte, die Preise für die Nutzung *des* Netzes beeinflusst. Erhält ein Inhalte-Anbieter direkte Zahlungen vom Endkunden, kann der Backbone-Betreiber vom Endkonsumenten nur ein geringeres Entgelt, da-

---

69 Vgl. Laffont et al. (2001: 2, 22). Die Entwicklung verschiedener Technologien zur Umrüstung bestehender Infrastrukturen (z.B. WDM oder ADSL) bestätigen diese theoretische Überlegung. Besonders im Bereich des Ortsnetzes werden aufgrund der noch sehr hohen Gebühren andere Techniken getestet (Umrüstung des Kabelnetzes, Stromnetzes oder von Satellitenverbindungen).

70 Die aus der Optimalsteuertheorie stammende Ramsey-Regel besagt, dass die Steuersätze umgekehrt proportional zur Nachfrageelastizität sein müssen, d.h., je geringer die Preiselastizität ist, umso höher sollte der Steuersatz sein.

71 Die theoretische Analyse der Anreize und der ökonomisch optimalen Preisbildung muss auch die Datenverfügbarkeit und die technologische Umsetzbarkeit berücksichtigen. Die ökonomisch und theoretisch optimale Preisbildung darf nicht zu einem großen technischen Mehraufwand führen, der die Effizienz der Datenübermittlung reduziert. Vgl. Gupta et al. (2001).

für vom Inhalte-Anbieter ein höheres Entgelt für die Datenvermittlung verlangen. Dies ergibt sich daraus, dass der Endkonsument eine maximale Zahlungsbereitschaft für das Gesamtprodukt (Inhalt und Weitervermittlung) besitzt; die Aufteilung zwischen Backbone-Betreiber und Inhalte-Anbieter ist für den Endkunden irrelevant.[72]

#### *2.3.2.4 Wirtschaftspolitische Relevanz der Anreizstrukturen*

Die dargestellten Anreizstrukturen können dazu führen, dass einzelne Unternehmen ihre Markposition wettbewerbsbehindernd ausnutzen. Vor diesem Hintergrund wird die Notwendigkeit einer Regulierung des Internets diskutiert.[73] Im Gegensatz zu den hier dargestellten modelltheoretischen Ergebnissen, die eine Regulierung nahe legen, funktioniert der Wettbewerb um und in der Internetinfrastruktur bislang erstaunlich gut. Zur Zeit sind keine Wettbewerbsbehinderungen zwischen den Backbone-Betreibern untereinander und gegenüber den kleineren Zugangsanbietern festzustellen, d.h., die Märkte für Internetinfrastrukturdienstleistungen sind ohne staatliche Eingriffe effizient.[74] Ob die Regulierungsfreiheit der Vergangenheit auch in Zukunft möglich ist, hängt wesentlich von der Wettbewerbsintensität zwischen den Backbone-Betreibern, dem (endogenen) Wachstum einzelner Backbone-Betreiber, zukünftigen Kapazitätsengpässen und dem Wachstum des Marktes für Internetdienstleistungen insgesamt ab.[75] Inwieweit das GATS mögliche Regelungsvorgaben enthalten sollte, wird in Abschnitt 5.4 weitergehend analysiert.

### 2.3.3 Elektronischer Geschäftsverkehr

Zum Verständnis der Funktionsweise des grenzüberschreitenden elektronischen Geschäftsverkehrs sollen die Ebenen, der Virtualisierungsgrad und die Wertschöpfungskette des elektronischen Geschäftsverkehrs dargestellt werden. Die verschiedenen Definitionsansätze verdeutlichen, dass sehr unterschiedliche Prozesse unter

---

72 Vgl. Gupta et al. (2001) und Laffont et al. (2001). Vgl. auch die Ausführungen zur Wertschöpfungskette des elektronischen Geschäftsverkehrs im folgenden Abschnitt.

73 Sakar (1997: 497) kommt zu dem Ergebnis: „While it may be difficult to predict the exact form of pricing that is likely to be implemented in the future, it seems amply clear that as the Internet evolves there will be a definite role for oversight agencies and regulators“. Im Gegensatz argumentiert Kende (2000: 39): „In sum, this paper argues that any traditional telecommunications regulation of Internet backbone interconnection is made unnecessary by a competitive backbone market“.

74 Diese Aussage kann nicht auf die Ebene der Endverbrauchersoftware ausgedehnt werden, wie durch den Microsoftfall deutlich wird.

75 Zu demselben Ergebnis kommen auch OECD (1999a, 2000c) und Sailer (2001).

dem Begriff „elektronischer Geschäftsverkehr" subsumiert werden können. Diese Kenntnisse sind notwendig, um die resultierenden Handelsbarrieren zu identifizieren und die Probleme der Einordnung des elektronischen Geschäftsverkehrs in die WTO-Rechtsordnung (vgl. hierzu Abschnitt 5.2) verstehen zu können.

#### *2.3.3.1 Ebenen des elektronischen Geschäftsverkehrs*

Der elektronische Geschäftsverkehr kann in verschiedene Ebenen unterteilt werden, je nachdem zwischen welchen Akteuren eine Interaktion stattfindet:

- B2B (Business to Business): B2B bezieht sich auf die Interaktion zwischen Unternehmen, insbesondere auf den Einkauf und Verkauf von Zwischenprodukten und Dienstleistungen. Die B2B-Marktplätze sind zumeist auf eine Branche spezialisiert, sodass ein Einkäufer die Angebote aller wesentlichen Zulieferer einholen kann und ein Verkäufer alle potentiellen Abnehmer seiner Branche erreicht. Die Akteure auf B2B-Marktplätzen können weitestgehend digitalisiert sein, d.h., Rechner steuern selbständig den Produktionsprozess und den notwendigen Einkauf von Vorprodukten.
- B2C (Business to Consumer): Bei B2C werden Produkte oder Dienstleistungen von Unternehmen an Endverbraucher verkauft. Die Bestellung des Kunden liegt in digitalisierter Form vor und kann ausgewertet, gespeichert und weitergeleitet werden. Der gesamte Geschäftsvorgang des Verkäufers – vom Einkauf über die Produktion bis hin zum Vertrieb und Zahlungsabwicklung – kann elektronisch gesteuert und überwacht werden. Dies ermöglicht eine individuelle Produktion anhand der Käuferwünsche, und die Kundeninformationen können für ein zielgerichtetes, persönliches Marketing („one to one"-Marketing) genutzt werden.
- C2C (Consumer to Consumer): Bei C2C interagieren Endkonsumenten untereinander; die beteiligten Personen sind sowohl Käufer als auch Verkäufer. Die digitale Handelsplattform ermöglicht es den Konsumenten, ihre Produkte zum Verkauf anzubieten und gleichzeitig andere Produkte oder Dienstleistungen einzukaufen.
- C2B (Consumer to Business): Bei C2B bündeln die Endverbraucher ihre Nachfragemacht, um dadurch Großkundenrabatte zu nutzen. Auf einer elektronischen Handelsplattform können sich ohne hohe Transaktionskosten Endverbraucher vereinigen, um gemeinsam als Käufer aufzutreten.
- G2C / C2G (Government to Consumer/Consumer to Government): Öffentliche Ämter können über das Internet Verwaltungsdienstleistungen anbieten; auch Bürger können beispielsweise ihre Steuererklärung über das Internet abgeben. Dies hat Vorteile für die Bürger – Behördengänge werden überflüssig – und für die öffentliche Verwaltung – die Informationen liegen in digitali-

sierter Form vor und können ohne zusätzliche Eingabetätigkeit weiter bearbeitet werden.

- G2B / B2G (Government to Business/Business to Government): Öffentliche Aufträge (Ausschreibungsverfahren) könnten über das Internet vergeben werden, wodurch nicht nur die Transparenz erhöht und die Transaktionskosten gesenkt, sondern darüber hinaus ein erweiterter Bieterkreis erreicht werden könnte. Außerdem könnten Unternehmen auf elektronischem Wege die von staatlichen Stellen geforderten Informationen bereitstellen, um den Bearbeitungsprozess (z.B. Zollabfertigungsverfahren, Steuerabführungen, Sozialversicherungsbeiträge usw.) zu beschleunigen oder zu automatisieren.

#### *2.3.3.2 Digitalisierungsgrad des elektronischen Geschäftsverkehrs*

Zur Definition des elektronischen Geschäftsverkehrs kann auf den Digitalisierungsgrad abgestellt werden. Die Akteure im elektronischen Geschäftsverkehr können sowohl Personen (physisch) wie auch Computer (digital) sein. Einige Handelsvorgänge können vollständig digitalisiert und virtualisiert sein, andere erreichen nur eine partielle Virtualisierung und damit eine geringe Unterscheidung zu herkömmlichen Transaktionen.

Der Akteur, die Markttransaktion und das Produkt können einen unterschiedlichen Digitalisierungsgrad erreichen. Je nach Digitalisierungsgrad ergibt sich eine andere Form des elektronischen Geschäftsverkehrs, die sich unterschiedlich stark von bisher bekannten Markttransaktionen unterscheidet. Anhand des Würfeldiagramms in Abbildung 4 können diese unterschiedlichen Formen dargestellt werden. Der linke untere Würfel zeigt den Extremfall rein physischen Handels: die physische Markttransaktion physischer Akteure und ein physisches Produkt. Der rechte obere Würfel zeigt den anderen Extremfall der vollständigen Digitalisierung. Zwischen diesen beiden Extrema sind Mischformen des elektronischen Geschäftsverkehrs denkbar; diese sind in Tabelle 11 dargestellt. Der wesentliche Unterschied zwischen traditionellen Transaktionen (Beispiele 1-4 in Tabelle 11) und neuen elektronischen Transaktionen (Beispiele 5-8 in Tabelle 11) ist die Digitalisierung und Virtualisierung des Marktplatzes. Durch diese Digitalisierung ergeben sich neue Formen der Interaktion zwischen Käufer und Verkäufer und damit eine qualitative Veränderung.

Wird lediglich die Markttransaktion digitalisiert (Beispiel 5 in Tabelle 11), so besteht eine Ähnlichkeit zu gewohnten Transaktionen: die Bestellung per Telefon und Fax. In dieser Interpretation wäre der elektronische Geschäftsverkehr lediglich ein neuer Vertriebskanal. Tatsächlich bringt aber bereits diese Form des elektronischen Geschäftsverkehrs neue Geschäftsfelder mit sich, da die Transaktionskosten sinken. Interaktionen zwischen Käufer und Verkäufer, die in der Vergangenheit

*Abbildung 4:*
Digitalisierungsgrad des elektronischen Geschäftsverkehrs

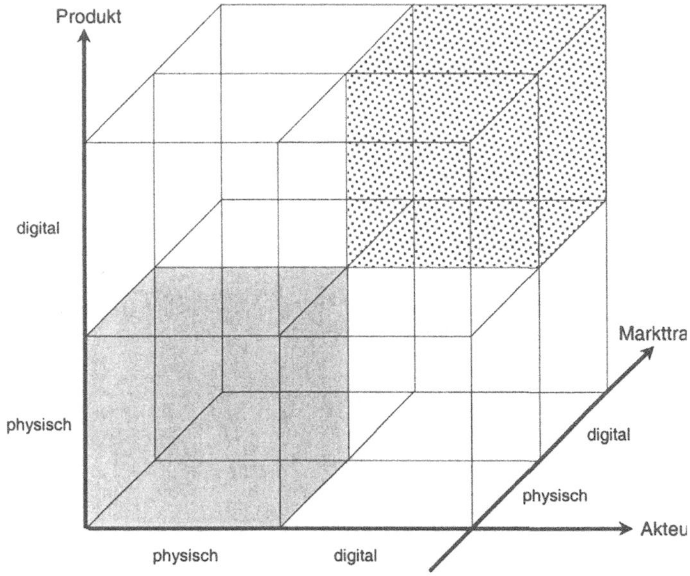


*Quelle:* Eigene Darstellung; angelehnt an Choi et al. (1997: 18).

aufgrund prohibitiv hoher Transaktionskosten unrentabel waren, werden möglich.[76]

Wird nicht nur die Markttransaktion digitalisiert, sondern zusätzlich ein digitalisierbares Produkt oder Dienstleistung gehandelt, so kann der vollständige Geschäftsvorgang inklusive der Lieferung elektronisch abgewickelt werden (Beispiel 6 in Tabelle 11). Die digitalisierte Lieferung bringt eine stärkere qualitative Veränderung mit sich, als wenn lediglich die Markttransaktion über elektronische Medien abgewickelt wird, denn die Erfassung des grenzüberschreitenden Handelsvorganges, z.B. zwecks Besteuerung, Zollerhebung, Handelsbeschränkung oder Erfüllung staatlicher Auflagen, wird schwierig.

Ist der handelnde Akteur keine Person, sondern ein Computer (Beispiel 7 und 8 in Tabelle 11), ist eine vollständige Digitalisierung und Steuerung eines komplexen

76 Die durch den elektronischen Geschäftsverkehr gesunkenen Transaktionskosten können andererseits durch hohe Transportkosten physischer Güter steigen. Ob die Transaktionskosten insgesamt sinken, hängt daher auch von der Preisentwicklung bei komplementären Dienstleistungen ab.

*Tabelle 11:*
Formen des elektronischen Geschäftsverkehrs in Abhängigkeit vom Digitalisierungsgrad

| | Produkt | Markttransaktion | Akteur | Charakteristika | Beispiel |
|---|---|---|---|---|---|
| | | | | *Traditionelle (physische) Marktplätze* | |
| 1) | Ph | Ph | Ph | Physischer Marktplatz und Akteur (= traditioneller Einkauf physischer Produkte) | Kauf von Lebensmitteln in einem Supermarkt |
| 2) | D | Ph | Ph | Physischer Marktplatz und Akteur (= traditioneller Einkauf digitalisierbarer Produkte) | Kauf von Computersoftware in einem Geschäft |
| 3) | D | Ph | D | Ein digitaler Akteur auf einem physischen Marktplatz macht wenig Sinn. | |
| 4) | Ph | Ph | D | Ein digitaler Akteur auf einem physischen Marktplatz macht wenig Sinn. | |
| | | | | *Virtuelle Marktplätze* | |
| 5) | Ph | D | Ph | Virtueller Marktplatz, bei dem die Person des Käufers physische (Vor-)Produkte bestellt, Zahlungsverkehr digital, Lieferung physisch | B2C-Plattform: Konsument bestellt ein Produkt über das Internet (z.B. Möbel)<br>C2C-Plattform: Internetauktion mit physischen Produkten<br>C2B-Plattform: Einkaufsgemeinschaften für physische Produkte |
| 6) | D | D | Ph | Virtueller Marktplatz, bei dem die Person des Käufers digitale (Vor-) Produkte bestellt, Zahlungsverkehr digital, Lieferung digital | B2C-Plattform: Kauf und Lieferung von Software oder Musik über Internet |
| 7) | Ph | D | D | Virtueller Marktplatz, bei dem ein Computer automatisch physische (Vor-)Produkte bestellt, Zahlungsverkehr digital, Lieferung physisch | B2B-Plattform: Computergesteuerte Bestellung von Vorprodukten für die Fertigung |
| 8) | D | D | D | Virtueller Marktplatz, bei dem ein Computer automatisch digitale (Vor-)Produkte bestellt, Zahlungsverkehr digital, Lieferung digital | B2B-Plattform: Rechnergestützter Einkauf, Lieferung und Implementierung von Computersoftware |

Ph = Physisch; D = Digital.

*Quelle:* Eigene Darstellung.

Produktionsprozesses möglich. Ein Endkunde (Person) kann per Internet eine Bestellung aufgeben und gibt seine Wünsche im Internet an. Ein Rechner veranlasst aufgrund dieser digitalen Informationen die notwendigen Anforderungen an Zulieferbetriebe, die diese ihrerseits direkt in die Produktion einfließen lassen können, um eine fristgerechte Lieferung zu gewährleisten. In einem weitergehenden Schritt entstehen daraus digitale, intelligente Agenten, die eigenständig im Internet Verhandlungen führen, Produkte vergleichen oder Informationen auswählen und auswerten. Die Implementierung dieser selbstständig agierenden digitalen Agenten wirft allerdings eine Vielzahl rechtlicher und ökonomischer Probleme auf.[77]

Im elektronischen Geschäftsverkehr kann nur ein Teil der bestellten Güter über das Internet übermittelt werden. Der elektronische Handel kann daher den traditionellen Güterhandel nicht vollständig ersetzen, denn materielle Güter müssen nach wie vor physisch geliefert werden. Für den grenzüberschreitenden Handel bedeutet dies, dass solche notwendigen Komplementaritäten bei der Liberalisierung berücksichtigt werden müssen.

Der grenzüberschreitende elektronische Geschäftsverkehr mit Dienstleistungen kann stärker digitalisiert werden, als dies bei Gütern der Fall ist. Beratungsdienstleistungen, Computerdienstleistungen, Kommunikationsdienstleistungen oder Finanzdienstleistungen können größtenteils über das Internet gehandelt werden. Gerade in diesem Bereich ist ein starkes Wachstum des elektronischen Geschäftsverkehrs zu erwarten. Im grenzüberschreitenden Dienstleistungshandel wurden 1995 bereits 30 Prozent aller Transaktionen elektronisch abgewickelt; dies sind 6 Prozent des gesamten internationalen Handels (Mattoo und Schuknecht 2000: 5–6).

#### 2.3.3.3 *Wertschöpfungskette des elektronischen Geschäftsverkehrs*

Das Charakteristikum multimedialer Anwendungen ist die Integration separierter Dienstleistungen.[78] Hierdurch ergibt sich eine komplexe Wertschöpfungskette für multimediale Dienstleistungen. Zur analytischen Darstellung kann diese in ver-

---

77 Ein digitaler Agent handelt auf der Grundlage programmierter Anweisungen. Insofern kann auch das Handeln eines digitalen Agenten letztlich auf menschliches Handeln zurückgeführt werden. Allerdings ermöglichen die Programmstrukturen und die Entwicklungen im Bereich künstlicher Intelligenz zunehmend die Übernahme komplexer Entscheidungsprozesse durch digitale Agenten. Vgl. OECD (2000b: 151–166).

78 Die neue Wertschöpfungskette multimedialer Anwendungen aufgrund der Konvergenz wird von vielen Autoren aus unterschiedlicher Perspektive beleuchtet. Vgl. stellvertretend Kommission (1997), Foros und Kind (2000), Melody (1999) oder Middelhoff (1998).

schiedene Teilsegmente gegliedert werden; diese Marktsegmente sind allerdings nicht vollständig überschneidungsfrei. Es können drei Gruppen von Dienstleistungen der Wertschöpfungskette identifiziert werden: Telekommunikation und Infrastruktur, Dienstleistungen der Informationstechnologie sowie Inhalte (Tabelle 12).

*Tabelle 12:*
Bestandteile der Wertschöpfungskette des elektronischen Geschäftsverkehrs

| Telekommunikation und Internetinfrastruktur | Dienstleistungen der Informationstechnologie | Inhalt |
|---|---|---|
| Kabelnetze<br>Computerhardware<br>Vermittlungsrechner (Router)<br>Lokaler Zugang (letzte Meile)<br>Weltweite Weiterleitung, Internet Backbone Provider (IBP) | Vermittlungssoftware[a]<br>Internet Service Provider (ISP)<br>Suchprogramme (Browser)<br>Bereitstellung (Web Hosting )<br>B2B/B2C-Plattformen<br>Zusätzliche Dienstleistungen | Verkauf von Produkten und Dienstleistungen<br>Fernsehen und Radio<br>Video-on-Demand<br>Finanzdienstleistungen<br>Bildung<br>Information |

[a]Dies ist die notwendige Software, um das Internet funktionsfähig zu halten und die Daten weltweit weiter zu vermitteln (Software für die Router).

*Quelle:* Eigene Darstellung.

Durch diese Multimediawertschöpfungskette wachsen Märkte zusammen, entstehen neue Anbieter, werden strategische Allianzen eingegangen und fusionieren Unternehmen der vor- und nachgelagerten Stufe, die alle Elemente der Wertschöpfungskette anbieten. Der Konsument ist an der multimedialen Dienstleistung und nicht an den Teildienstleistungen interessiert. Er wird einen speziellen Inhalt nachfragen und die anderen Komponenten der Wertschöpfungskette als notwendige Komplemente betrachten. Dennoch ist es aus ökonomischer und regulatorischer Sicht bedeutsam, diese Teilleistungen zu untersuchen, denn der Preis, den der Endverbraucher für eine multimediale Anwendung zahlt, wird auf die einzelnen, an der Erbringung beteiligten Dienstleister aufgeteilt. Unterschiedlich starker Wettbewerb auf den Märkten für die notwendigen Teildienstleistungen, staatliche (Preis-)Regulierung, die Existenz von Engpassfaktoren oder Marktmacht einzelner Anbieter von Teildienstleistungen dieser Wertschöpfungskette beeinflussen die Einnahme- und Gewinnsituation sowie die Anreizstruktur für Innovation und Investitionen auf den unterschiedlichen Ebenen der Wertschöpfungskette.

## 2.4 Audiovisuelle Dienstleistungen

Die Berücksichtigung der Spezifika audiovisueller Dienstleistungen ist bedeutsam für eine erfolgreiche GATS-Reform. Gegen Ende der Uruguay-Runde haben die Liberalisierungsverhandlungen für audiovisuelle Dienstleistungen den Abschluss des GATS fast verhindert (Tietje 2000: Rdnr. 60–62; Croome 1999). Die audiovisuellen Dienstleistungen stellen einen ökonomisch bedeutsamen Wirtschaftssektor dar. Allerdings wird vielfach nicht nur die wirtschaftliche Funktion, sondern ebenso die gesellschaftliche und kulturelle Bedeutung betont. Diese nichtökonomische Funktion ist die Ursache für vielfältige staatliche Eingriffe (Kommission 1999b: 71; Hoskins et al. 1997; WTO 1998a). Im Folgenden werden die Eigenschaften audiovisueller Dienstleistungen diskutiert und die resultierenden Probleme für den grenzüberschreitenden Handel dargestellt.

### 2.4.1 Eigenschaften audiovisueller Dienstleistungen

#### *2.4.1.1 Ökonomische Besonderheiten*

Der audiovisuelle Dienstleistungssektor ist durch ökonomische Besonderheiten gekennzeichnet:

- Audiovisuelle Dienstleistungen, insbesondere die Filmproduktion, sind durch hohe Fixkosten (Produktionskosten) und geringe marginale Kosten gekennzeichnet. Des Weiteren zeichnen sich Filmproduktionen durch eine Nichtrivalität im Konsum aus. Ein einmal produzierter Film kann zu geringen Grenzkosten vielfach gesendet, kopiert und vermarktet werden.
- Audiovisuellen Dienstleistungen wird ein „cultural discount" unterstellt, wonach Konsumenten innerhalb eines Landes eine Präferenz für Produktionen aus dem eigenen Land besitzen. Dies führt dazu, dass die Größe des Heimatmarktes die internationale Wettbewerbsfähigkeit audiovisueller Dienstleistungen wesentlich bestimmt, denn auf dem nationalen Markt können die Produktionskosten eingespielt werden, sodass beim internationalen Vertrieb niedrigere Preise verlangt werden können. Zusätzlich ermöglicht ein größerer Heimatmarkt größere Produktionsbudgets, wodurch die Qualität der Produktionen steigt und aufwendigere Vertriebs- und Marketingstrategien möglich werden (Fredebeul-Krein 1999: 116–117). Diese Argumentation setzt allerdings voraus, dass der Erfolg audiovisueller Produktionen maßgeblich von der Höhe der Produktionsbudgets abhängt.
- Für den grenzüberschreitenden Dienstleistungshandel ist besonders der internationale Vertrieb und die Ausstrahlung von audiovisuellen Produktionen von

Bedeutung. Die amerikanischen Filmstudios und Medienkonzerne[79] vertreiben ihre Produktionen im nationalen Rahmen zentral durch die MPAA (Motion Picture Association of America) und international durch die MPA (Motion Picture Association). Die MPA/MPAA besitzen Exklusivverträge mit Sendeanstalten und Kinoketten, die verpflichtet sind, nur ihre Produktionen abzunehmen. In Europa ist der Markt für audiovisuelle Güter und Dienstleistungen hingegen stark segmentiert, und es existieren keine großen Anbieter, die Produktion, Distribution und Ausstrahlung von audiovisuellen Produktionen aus einer Hand anbieten (Footer und Graber 2000: 137–138; Liebherr 1999: 12).

Die staatlichen Eingriffe bei audiovisuellen Dienstleistungen bedürfen aus ökonomischer Sicht der besonderen Rechtfertigung, da grundsätzlich eine marktwirtschaftliche Organisation für eine optimale Ressourcenallokation sorgt und die gesamtwirtschaftliche Wohlfahrt maximiert. Des Weiteren beeinflussen staatliche Interventionen den grenzüberschreitenden Handel und können zu zahlreichen Handelsbarrieren führen. Liegt aufgrund von Marktunvollkommenheiten ein Marktversagen vor, so könnte eine ökonomisch fundierte Rechtfertigung für staatliche Intervention bestehen (Footer und Graber 2000: 135; Fredebeul-Krein 1999: 114–121):

- *Preisdiskriminierung und Dumping*: Aufgrund der geringen Grenzkosten zusätzlicher Kopien können audiovisuelle Produktionen, deren Herstellungskosten durch den Absatz im nationalen Markt gedeckt sind, zu geringeren Preisen international vertrieben werden. Der Preis für Filmrechte in einem Land hängt aber nicht nur von den Herstellungskosten, sondern auch von dem Einkommen und der Nachfragestruktur innerhalb des Importlandes ab. Diese Form der internationalen Preisdiskriminierung ist daher kein Dumping, sondern das Ergebnis gewinnmaximierenden Verhaltens des Anbieters von audiovisuellen Dienstleistungen. Solange der potentielle Markteintritt konkurrierender Anbieter möglich ist, kann aus dem Angebot preisgünstiger audiovisueller Produktionen keine Monopolstellung erwachsen.
- *Marktunvollkommenheit aufgrund von versunkenen Kosten*: Sind für Produktion, Vertrieb und Ausstrahlung audiovisueller Produktionen irreversible Anfangsinvestitionen nötig, so besteht die Möglichkeit für etablierte Anbieter, Preise oberhalb des Wettbewerbsniveaus zu verlangen. Diese Argumentation geht davon aus, dass die Märkte für audiovisuelle Dienstleistungen aufgrund hoher Anfangsinvestitionen nicht bestreitbar sind. Die für die Herstellung au-

---

79 Die großen amerikanischen Filmstudios und Medienkonzerne sind Buena Vista International, Columbia TriStar, Metro-Goldwyn-Mayer Studios, Paramount Pictures, Twentieth Century Fox, Universal International und Time Warner mit ihren zahlreichen Tochterunternehmen. Vgl. Footer und Graber (2000: 137–138).

diovisueller Produktionen notwendigen Gerätschaften können aber auch gemietet werden; hohe Anfangsinvestitionen sind nicht zwangsläufig notwendig. Die zahlreichen privaten Radio- und Fernsehsender zeigen, dass die Anfangsinvestitionen auch hier kein Hindernis darstellen. Eine mangelnde Bestreitbarkeit audiovisueller Märkte ist eher aufgrund staatlicher Barrieren als aufgrund hoher versunkener Kosten gegeben.

- *Marktversagen bei der Finanzierung audiovisueller Produktionen:* Staatliche Subventionen für die Herstellung audiovisueller Produktionen werden damit begründet, dass der Markt für Produktionsfinanzierung unvollkommen ist. Die Finanzierung einer audiovisuellen Produktion ist mit einem hohen Risiko verbunden, da die Herstellungskosten nicht mit der Zuschauerzahl korrelieren, die Erlöse schwer abschätzbar sind, audiovisuelle Produktionen schnell an Aktualität und Zuschauerattraktivität verlieren und ein einmal produzierter Film nicht anderweitig verwendet werden kann. Zusätzlich existieren Informationsasymmetrien zwischen Finanzgeber und Produzent, woraus ein opportunistisches Verhalten des Produzenten resultieren kann (Moral Hazard). Die Informationsasymmetrie und Risikoabschätzung existieren auch bei anderen Risikofinanzierungen – z.B. bei Internet- oder Biotechnologieunternehmen –, sodass nicht automatisch auf ein Marktversagen geschlossen werden kann. Vielmehr wird das höhere Risiko der Finanzierung durch erhöhte Renditeerwartungen kompensiert. Die staatlichen Subventionen führen zu Fehlanreizen, da die Produzenten sich nicht an den Bedürfnissen des Marktes und an ökonomischer Effizienz orientieren müssen.
- *Marktkonzentration und Marktmacht:* Kommt es bei audiovisuellen Dienstleistungen zu einer Marktkonzentrationen, kann der Wettbewerb behindert werden. Der zentrale Vertrieb über eine Agentur (wie die MPAA) und die Vertragsbindung von Sendeanstalten und Kinos an einen Vertreiber ist wettbewerbspolitisch bedenklich. Gegen diese Form der Marktkonzentration kann aber auf Grundlage des allgemeinen Wettbewerbsrechts vorgegangen werden.

#### 2.4.1.2 Gesellschaftspolitische Funktion

Das Angebot der Rundfunkveranstalter des Fernsehens und Radios wird nicht nur unter marktwirtschaftlichen Kriterien beurteilt, sondern soll einen gesellschaftspolitischen Auftrag erfüllen. In demokratischen Staaten gewährleisten die Medien des Fernsehens und Radios die freie, individuelle und öffentliche Kommunikation und dienen dem Schutz der Meinungsvielfalt und Meinungsbildungsfreiheit. Der Zugang zu diesen Medien steht allen gesellschaftlichen Gruppen gleichermaßen offen, damit partikulare Meinungen und Interessen veröffentlicht werden können und Chancengleichheit hinsichtlich ihrer Verbreitung besteht.

Dem demokratischen Nationalstaat obliegt die Verpflichtung, diese freie, individuelle und öffentliche Meinungsvielfalt zu garantieren. Dies kann regulatorische Eingriffe in marktwirtschaftliche Prozesse erfordern, um eine zu starke Konzentration im Medienbereich zu unterbinden. Des Weiteren muss ein Ausgleich zwischen freier Meinungsäußerung einerseits und individuellen und gesellschaftlichen Schutzbereichen andererseits gefunden werden – z.B. Schutz der Persönlichkeit, Verbraucherschutz, Jugendschutz oder Verhinderung von politischem Extremismus, Volksverhetzung und Rassendiskriminierung. Auch soziale Ziele, wie z.B. die Bereitstellung eines breit gefächerten Programmangebots audiovisueller Dienste für alle Bevölkerungsschichten unabhängig vom Einkommen oder allgemeine staatliche Ziele können durch Radio und Fernsehen gefördert werden (Hoffmann-Riem et al. 2000: 37–48).

In totalitären Systemen dienen audiovisuelle Dienstleistungen nicht der Meinungsvielfalt und -freiheit, sondern der gezielten (Des-)Information zur gesellschaftlichen Meinungsmanipulation und Sicherung des Machterhalts des Staats- und Regierungssystems. Auch wenn die Interessenlage der Regierung in totalitären und demokratischen Staaten hinsichtlich der Regulierung audiovisueller Dienstleistungen entgegengesetzt ist, so ist ihnen gemein, dass sie diesem Sektor eine gesellschaftspolitische Funktion zuerkennen.

#### *2.4.1.3 Kulturelle Funktion*

Audiovisuelle Dienstleistungen sollen neben der gesellschaftspolitischen Funktion zusätzlich einen kulturellen Auftrag zur Wahrung der nationalen Kultur und Identität erfüllen. Diese Argumentation wurde in den Verhandlungen der Uruguay-Runde vor allem von der Europäischen Union – insbesondere durch Frankreich – und Kanada vertreten. In den USA werden dagegen audiovisuelle Dienstleistungen als kommerzielle Unterhaltungsdienstleistungen und nicht als Kulturgut aufgefasst (Graber 2000a und Pfetsch 2000). Stellen audiovisuelle Dienstleistungen ein Kulturgut und nicht eine kommerzielle Dienstleistung dar, besitzen sie den Charakter eines „meritorischen Gutes". Diese Definition als meritorisches Gut, welches bei einer marktwirtschaftlichen Koordination in einem geringeren Umfang bereitgestellt wird als gesamtwirtschaftlich wünschenswert, kann zur Rechtfertigung staatlicher Regulierungseingriffe bis hin zu einer staatlichen Bereitstellung führen.[80]

---

80 Der Begriff des „meritorischen Gutes" wurde von Musgrave (1957) eingeführt und seitdem kontrovers diskutiert. Dieser normative Ansatz widerspricht dem positiven neoklassischen Theorieansatz, denn bei der Bereitstellung meritorischer Güter setzt sich der Staat über die individuellen Konsumentenpräferenzen hinweg, da er den „wahren Nutzen" meritorischer Güter besser beurteilen kann. Zur ausführlichen Diskussion der Meritorik vgl. z.B. Tietzel und Müller (1998).

Wird der Erhalt der Kultur vor ökonomische Interessen gestellt, so muss „die Kultur“ eines Landes eindeutig definiert sein. Dies ist schwierig, da kulturelle Güter und Dienstleistungen sowohl nichtkommerzielle wie auch kommerzielle Elemente enthalten (Gottselig 2000: 2–4). Bei ersterem steht das Künstlerische oder die Einzigartigkeit im Vordergrund, wie z.B. bei Theatern, Museen, Galerien, Konzerten, Opern, Ballett oder auch Nationalparks und Naturdenkmälern. Die kommerzielle Kultur stellt hingegen einen gewichtigen Wirtschaftsfaktor dar, und die Unternehmen orientieren sich nicht primär an künstlerischen und kulturellen Gesichtspunkten, sondern an ökonomischer Effizienz und Gewinnmaximierung (z.B. Filmproduktion- und Vertrieb, Kinos, Fernsehstationen oder Radiosender).

Besonders problematisch ist die Definition von „Kultur“ im europäischen Kontext, denn die EU ist eine Union verschiedener Staaten mit unterschiedlichen historischen, gesellschaftlichen, politischen und auch kulturellen Errungenschaften. Auch wenn verschiedene Elemente einer europäischen politischen Kultur und Identität angegeben werden können, so ist damit nicht geklärt, wie sich diese Elemente im Angebot audiovisueller Dienstleistungen widerspiegeln können.[81]

Durch eine statische Definition wird Kultur als nicht veränderbar verstanden. Ist Kultur hingegen gesellschaftlichen, politischen und historischen Veränderungen unterworfen, so kann auch eine marktwirtschaftliche Organisation des audiovisuellen Sektors die Kultur eines Landes nicht zerstören, sondern begleitet diesen fortwährenden Adaptionsprozess. Der Marktmechanismus bringt Angebot und Nachfrage in Übereinstimmung, und es werden die audiovisuellen Dienstleistungen angeboten, die von den Bürgern gewünscht werden. Das Angebot kultureller audiovisueller Produktionen in einem Land ist daher ein Spiegelbild der Gesellschaft und des Konsumverhaltens. Zu beachten ist auch, dass die nichtkommerziellen kulturellen Dienstleistungen und Güter (z.B. Theateraufführungen, Konzerte, Museen oder Naturdenkmäler) durch das marktwirtschaftliche Angebot audiovisueller Dienstleistungen nicht betroffen sind.

### 2.4.2 Audiovisuelle Dienstleistungen im internationalen Handel

Das Angebot von und der grenzüberschreitende Handel mit audiovisuellen Dienstleistungen wird nicht nur als eine marktwirtschaftliche Transaktion gesehen. Aus dieser Argumentation heraus resultieren vielfältige Eingriffe in den Marktmecha-

81 Pfetsch (2000) führt folgende fünf Elemente für die Herausbildung einer europäischen politischen Kultur und Identität an: das europäische Erbe gemeinsamer Werte, sich ergänzende nationale Kulturen, gemeinsame Institutionen, eine gemeinsame Außen- und Sicherheitspolitik, ein föderales Politiksystem, das die Vielfalt mit der Einheit verbindet.

nismus und Barrieren im internationalen Handel. Der in den GATS-Verhandlungen während der Uruguay-Runde wiederholt vorgebrachte „Kulturvorbehalt" wird damit begründet, dass die kulturelle Funktion audiovisueller Dienstleistungen wichtiger sei, als die durch eine Liberalisierung induzierte Effizienzsteigerung. Als Argument wird außerdem angeführt, dass aufgrund des Schutzes der nationalen Kultur die gesellschaftliche Stabilität gefördert und damit eine Voraussetzung für ökonomische Entwicklung gelegt wird (Footer und Graber 2000: 135). Allerdings kann der Kulturvorbehalt auch dazu benutzt werden, Protektionismus und industriepolitische Eingriffe zu verdecken.

Die Glaubwürdigkeit der EU hinsichtlich ihrer Argumentation für den Kulturvorbehalt im internationalen Handel ist zweifelhaft. Einerseits fördert die EU die Dienstleistungsfreiheit innerhalb der EU und die Verwirklichung des EU Binnenmarktes, insbesondere auch für den audiovisuellen Dienstleistungssektor. In ihrer Argumentation betont die EU die ökonomische Bedeutung audiovisueller Dienstleistungen und nicht die kulturelle Funktion. Andererseits wird im Außenverhältnis gegenüber Drittstaaten, wie z.B. innerhalb der WTO, argumentiert, dass es sich bei audiovisuellen Dienstleistungen nicht primär um ökonomische, sondern um kulturelle Güter und Dienstleistungen handle (Tietje 2000: Rdnr. 76–77). Dieser Widerspruch deutet darauf hin, dass die EU den Kulturvorbehalt nur als Vorwand für protektionistisches Verhalten gegenüber den Handelspartnern nutzt.

Obwohl audiovisuellen Dienstleistungen eine kulturelle Funktion beigemessen wird, rechtfertigt dies nicht eine weitreichende Handelsbeschränkung. Zum einen stellt sich die Frage, ob der „kulturelle Inhalt" von Filmen tatsächlich anhand des Produktionslandes oder der Nationalität des Regisseurs oder Produzenten festgestellt werden kann, oder ob nicht vielmehr die Art des Films (Literaturverfilmung, Science Fiction, Show, Western, Naturfilme, Kriminalfilme etc.), und die Qualität des Drehbuchs, der Schauspieler und der Umsetzung entscheidend sind. Zum anderen können durch weniger restriktive Eingriffe kulturpolitische Ziele umgesetzt werden, wie z.B. die Förderung eines kulturellen Spartenkanals (z.B. ARTE).

Aufgrund der technologischen Entwicklung stellt die Übertragungskapazität zukünftig keinen Engpassfaktor mehr dar, sodass (unbegrenzt) neue Spartenkanälen entstehen können. Dies reduziert die Notwendigkeit und Effektivität kulturpolitisch motivierter Eingriffe, da die Konsumenten frei zwischen unterschiedlichen Programmen wählen können. Des Weiteren kann die europäische Integration und die Osterweiterung der EU bewirken, dass die Position Frankreichs als Verfechter des Kulturvorbehalts innerhalb der EU geschwächt wird und sich ein neuer Konsens innerhalb der EU herausbildet (Chao 1996). Dies könnte die Grundlage dafür bilden, dass die Bedeutung des Kulturvorbehalts abnimmt und eine Liberalisierung des grenzüberschreitenden Handels mit audiovisuellen Dienstleistungen möglich wird. Allerdings hat die EU wiederholt die kulturelle und gesellschaftspolitische

Funktion der audiovisuellen Dienstleistungen betont, insbesondere auch in Zusammenhang mit neuen WTO-Verhandlungen.[82]

## 2.5 Zwischenergebnis

Die bisherige Analyse hat gezeigt, dass die internationalen Märkte für Telekommunikationsdienstleistungen, Dienstleistungen der Informationstechnologie und audiovisuelle Dienstleistungen technische und institutionelle Besonderheiten aufweisen. Dies führt zu unterschiedlichen Anreizstrukturen und kann vor dem Hintergrund der Konvergenz Ineffizienzen verursachen. Im Weiteren wird untersucht, ob das bestehende internationale Regelwerk den technischen und institutionellen Besonderheiten internationaler Märkte für Kommunikationsdienstleistungen ausreichend Rechnung trägt. Dafür werden im folgenden Kapitel Kriterien abgeleitet, die ein effizientes internationales Regelwerk zur Liberalisierung des grenzüberschreitenden Handels mit Kommunikationsdienstleistungen erfüllen sollte. Diese Anforderungen werden aus der Außenwirtschaftstheorie und der Theorie bestreitbarer Märkte begründet und berücksichtigen die in diesem Kapitel untersuchten Marktbesonderheiten. Anhand der Kriterien wird im vierten Kapitel das GATS analysiert.

---

82 So z.B. in Kommission (1999a: 2): „Die audiovisuellen Medien spielen eine wesentliche Rolle bei der Übermittlung sozialer und kultureller Werte, und es stehen daher wichtige öffentliche Interessen auf dem Spiel... Was die Außenbeziehungen anbelangt und im Hinblick auf künftige Handelsverhandlungen im Rahmen der WTO ist es von vorrangiger Bedeutung für die Gemeinschaft und ihre Mitgliedstaaten, ihren Handlungsspielraum im audiovisuellen Sektor beizubehalten, wenn Europa seine kulturelle und sprachliche Vielfalt bewahren soll."

# 3 Anforderungen an ein multilaterales Regelwerk

Zur Beantwortung der Frage, ob das bestehende multilaterale Regelwerk des GATS ökonomisch effizient ist, ob es die im vorherigen Kapitel dargestellten Besonderheiten der internationalen Märkte für Kommunikationsdienstleistungen berücksichtigt und ob es zur Liberalisierung des internationalen Handels mit Kommunikationsdienstleistungen beiträgt, bedarf es eines theoretisch fundierten Referenzsystems. Im Folgenden soll deshalb untersucht werden, welche Anforderungen an ein internationales Regelwerk gestellt werden müssen, damit der freie grenzüberschreitende Handel mit Kommunikationsdienstleistungen möglich ist. Die vorliegende ökonomische Untersuchung orientiert sich hierbei an dem Ziel der Effizienz und Wohlfahrtsmaximierung; nichtökonomische Zielsetzungen bleiben bei der Herleitung der Kriterien unberücksichtigt.[83]

Die Herleitung von Kriterien für ein multilaterales Regelwerk unterstellt implizit die Vorteilhaftigkeit des freien Welthandels und einer zwischenstaatlichen Kooperation.[84] Die dieser Annahme zugrunde liegenden Argumente der Außenwirtschaftstheorie sowie der Ordnungstheorie und der politischen Ökonomie werden dargestellt, wobei auch die theoretische Modellierung des Dienstleistungshandels berücksichtigt wird. Die Implikationen dieser theoretischen Erkenntnisse für die Handelspolitik und die Grundprinzipien einer Welthandelsordnung werden diskutiert. Darüber hinaus wird untersucht, ob diese Prinzipien ausreichen, um auch zukünftig die Reduktion von Hemmnissen im grenzüberschreitenden (Dienstleistungs-)Handel zu erreichen, wenn die Bedeutung von Grenzbarrieren abnimmt und die der Marktpräsenz – und damit die Wettbewerbsbedingungen innerhalb eines Landes – zunimmt. Vor diesem Hintergrund wird die Anwendbarkeit der Theorie bestreitbarer Märkte als ergänzendes, wettbewerbstheoretisches Referenzmodell analysiert. Basierend auf der Außenwirtschaftheorie und der Theorie bestreitbarer Märkte werden Kriterien für ein effi-

---

[83] Zu den nichtökonomischen Zielsetzungen zählt insbesondere die Diskussion um die kulturelle und gesellschaftspolitische Funktion audiovisueller Dienstleistungen. Die wirtschaftspolitische Diskussion im fünften Kapitel wird diese Problematik aufgreifen.

[84] Wird im Folgenden von „Kooperation“, „zwischenstaaatlicher Kooperation“ oder „internationaler Kooperation“ gesprochen, ist hiermit die Kooperation zwischen Staaten oder staatlichen Institutionen aus unterschiedlichen Ländern gemeint. Eine internationale Kooperation außerhalb des staatlichen Sektors, z.B. auf privatwirtschaftlicher Ebene zwischen Unternehmen oder Verbänden, wird in Abschnitt 5.6.2 untersucht.

zientes multilaterales Regelwerk hergeleitet, wobei auch die sektorspezifischen Anforderungen der Kommunikationsdienstleistungsmärkte, wie sie im zweiten Kapitel analysiert wurden, berücksichtigt werden. Diese Kriterien stellen den Referenzmaßstab für die weitere Analyse des bestehenden Regelwerks und für die Entwicklung von Reformvorschlägen dar. Darüber hinaus können sie als Bewertungsmaßstab dienen, um in den laufenden Liberalisierungsverhandlungen eingebrachte Reformvorschläge auf ihre Effizienz und liberalisierende Wirkung hin zu überprüfen.

## 3.1 Handelsliberalisierung und zwischenstaatliche Kooperation

Im Folgenden werden theoretische Modelle des internationalen Handels mit Gütern und Dienstleistungen, die Wohlfahrtseffekte des Freihandels sowie die Wirkung des Protektionismus dargestellt. Des Weiteren werden die politökonomischen Gründe untersucht, warum eine internationale Kooperation zur Reduktion bestehender Handelsbarrieren notwendig ist. Darüber hinaus werden unterschiedliche Formen der Kooperation diskutiert. Die Implikationen dieser theoretischen Überlegungen für die Handelspolitik und die Umsetzung in Liberalisierungsverhandlungen werden analysiert.

### 3.1.1 Theoretische Konzepte

#### *3.1.1.1 Güterhandel in der realen Außenwirtschaftstheorie*

Verschiedene Modellansätze der realen Außenwirtschaftstheorie untersuchen die Auswirkungen der internationalen Arbeitsteilung und des internationalen Handels auf das Wirtschaftswachstum und die Wohlfahrt einer Volkswirtschaft.[85] Eine Erklärungshypothese für internationalen Handel sind absolute oder komparative Kostenvorteile, die auf unterschiedliche Faktorausstattung, relative Produktivitätsvorteile oder Nachfrageunterschiede zurückzuführen sind. In einer Autarkiesituation kann jedes Land nur die Menge an Gütern konsumieren, die es auch produziert. Ist dagegen internationaler Handel möglich, können die natio-

---

85 In zahlreichen Lehrbüchern werden die Auswirkungen der internationalen Arbeitsteilung dargestellt. Vgl. stellvertretend Bhagwati, Panagariya und Srinivasan (1998), Gandolfo (1998), Krugman und Obstfeld (2000), Perdikis und Kerr (1998), Rose und Sauernheimer (1999), Siebert (1999, 2000a) oder Ströbele und Wacker (2000).

nalen Produktionsmengen und Konsummöglichkeiten unterschiedlich sein. Jedes Land konzentriert sich in der Produktion auf das Gut, bei dem komparative Kostenvorteile bestehen. Diese Spezialisierung steigert die Effizienz der Weltproduktion und führt zu einem höheren weltweiten Output. Die nationalen Konsummöglichkeiten weichen von der Produktion ab, denn auf dem Weltmarkt können die Güter so getauscht werden, dass der Konsum innerhalb jeden Landes den jeweiligen Nachfragepräferenzen entspricht. Jedes Land kann durch internationalen Handel seine Konsummöglichkeiten gegenüber einer Autarkiesituation erweitern. Die internationale Arbeitsteilung bringt daher Wohlfahrtsgewinne für die Welt insgesamt und für jedes einzelne Land.[86]

Zusätzlich zu dieser statischen Betrachtung ergeben sich dynamische Wohlfahrtsgewinne, die daraus resultieren, dass offene Volkswirtschaften durch den internationalen Handel ausländischer Konkurrenz und daher einem stärkeren Wettbewerbsdruck ausgesetzt sind. Der härtere Wettbewerb zwingt die Unternehmen zu fortlaufender Produkt- und Prozessinnovation.

Eine Einschränkung des internationalen Handels, z.B. durch Zollerhebung, führt hingegen zu Wohlfahrtsverlusten. Ein Zoll erhöht den Preis für importierte Güter. Die Anbieter nationaler Importsubstitute können ebenfalls höhere Preise verlangen, da sie keine billigeren Importe befürchten müssen, und die bestehende Überschussnachfrage wird (teilweise) durch nationale Anbieter bedient. Die Zollerhebung bewirkt eine Abkopplung des inländischen Marktes vom Weltmarkt, die Nachfrage nach Importgütern sinkt und das Preisniveau im Inland ist im Vergleich zur Freihandelssituation gestiegen. Dadurch verlieren die Konsumenten (Konsumentenrente nimmt ab) und gewinnen die nationalen Anbieter von Importsubstituten (Produzentenrente steigt). Der Staat erhält zusätzliche Zolleinnahmen. Insgesamt bewirkt die Einführung eines Zolls aber nicht nur eine Umverteilung zulasten der Konsumenten, sondern es entsteht ein zusätzlicher Wohlfahrtsverlust (Harberger Dreieck), da die ökonomisch effiziente internationale Arbeitsteilung behindert wird.

Die dargestellte Zollwirkung beruht auf der Annahme eines kleines Landes, welches das Weltmarktpreisverhältnis nicht beeinflussen kann. Ein großes Land kann hingegen durch die Einführung eines Optimalzolls seine Wohlfahrt zulasten der Handelspartner steigern, da es das Weltmarktpreisverhältnis beeinflusst. Der Rückgang der Nachfrage nach Importen führt dazu, dass der Weltmarktpreis für das Importgut sinkt und der Relativpreis steigt. Dieser positive Terms-of-Trade-Effekt tritt aber nur dann ein, wenn das Ausland nicht auf die Einführung des Zolls reagiert und es nicht zu einem Zollkrieg kommt.

---

86 Für eine ausführliche und auch graphische Darstellung vgl. Siebert (2000a: 171–178).

Die theoretischen Überlegungen zeigen, dass freier internationaler Güterhandel eine effiziente internationale Ressourcenallokation ermöglicht und zu Wohlfahrtssteigerungen führt. Protektionismus, d.h. die Existenz von Handelsbarrieren, verhindert hingegen eine ökonomisch effiziente internationale Arbeitsteilung. Die bisher dargestellten Ergebnisse der Außenwirtschaftstheorie basieren auf Modellen mit restriktiven Annahmen und erklären nur den interindustriellen Handel zwischen Ländern. Im Modell wird unterstellt, dass die Märkte vollkommen sind, d.h., es herrscht vollständige Information, es entstehen keine Anpassungskosten und es existieren zahlreiche Anbieter im Markt. Darüber hinaus wird eine lineare Produktionsfunktion, die Homogenität der Güter sowie die Immobilität der Produktionsfaktoren angenommen.

Die neue Außenhandelstheorie führt zu zusätzlichen Erkenntnissen, indem die Modellannahmen gelockert und intraindustrieller Handel untersucht wird. Positive weltweite Wohlfahrtseffekte durch internationalen Handel ergeben sich zusätzlich aufgrund von Produktvielfalt, Ausnutzung von Skalenerträgen in der Produktion, Optimierung von Transport und Lagerkosten, Erfüllung heterogener Produktpräferenzen oder Handel mit technischem Wissen (Krugman und Obstfeld 2000: 119–157; Siebert 2000a: 178–179. Allerdings sind die Wohlfahrtswirkungen für ein einzelnes Land nicht immer so eindeutig, wie im Fall vollständiger Konkurrenz. Es ist möglich, dass ein einzelnes Land aufgrund des internationalen Handels Wohlfahrtsverluste erleidet, die Wohlfahrt der Welt insgesamt jedoch zunimmt (Krugman und Obstfeld 2000: 150–151.

#### 3.1.1.2 Unterschiede in der theoretischen Modellierung von Dienstleistungen und Gütern

Die bisher dargestellten Theorien betrachten Dienstleistungen als nicht handelbar. Es stellt sich die Frage, ob die Ergebnisse unmittelbar auf den internationalen Dienstleistungshandel übertragbar sind oder ob sich die Modellaussagen verändern, wenn die Handelbarkeit von Dienstleistungen unterstellt wird. Dafür ist es wichtig, zunächst die Eigenschaften von Dienstleistungen zu untersuchen.

Die Analyse in Abschnitt 2.1 hat gezeigt, dass der internationale Dienstleistungshandel nicht nur den grenzüberschreitenden Handel ungebundener Dienstleistungen umfasst, sondern auch in Form von Faktorwanderungen und ausländischen Direktinvestitionen stattfindet. Dies ist darauf zurückzuführen, dass einige Dienstleistungen nicht lagerbar sind und der Konsum und die Erbringung zeitgleich stattfinden müssen. Daher sind theoretische Modelle, die die Immobilität von Produktionsfaktoren unterstellen, nur eingeschränkt auf Dienstleistungen übertragbar. Des Weiteren sind Dienstleistungen sehr heterogen, da sie für die speziellen Wünsche der Nachfrager angepasst werden. Die Annahme homogener Produkte und Produktionsfunktionen in Modellen internationalen Dienstleistungshandels ist deshalb fraglich. Auch die Annahme einer linearen Produktionsfunktion, und damit die Abwesenheit von Skalenerträgen und Verbundvorteilen, erscheint für Dienstleistungen, die hohe Fixkosten, aber geringe marginale Kosten aufweisen, zweifelhaft.[87] Die theoretische Modellierung des internationalen Dienstleistungshandels sollte daher von imperfekten Märkten und nicht von vollständiger Konkurrenz ausgehen. Deshalb sind die Erkenntnisse der neuen Handelstheorie für den Dienstleistungshandel besonders relevant (Kater 1995: 210).

In verschiedenen Untersuchungen sind die Außenhandelsmodelle um handelbare Dienstleistungen erweitert worden.[88] Die Modellergebnisse hängen stark von der Art der Modellierung von Dienstleistungen und der Art des internationalen Handels ab. Stibora und de Vaal (1995: 43) unterteilen die theoretische Literatur des Dienstleistungshandels nach der Art des grenzüberschreitenden Handels (Handelbarkeit einer ungebundenen Dienstleistung oder Faktorwanderung) und nach der Modellierung von Dienstleistungen (Homogene Dienstleistungen, Dienstleistungen als heterogene Zwischenprodukte, Informations- und Qualitätsunterschiede sowie die Gleichzeitigkeit von Konsum und Produktion).

Die Anwendbarkeit der Theorie komparativer Vorteile auf den internationalen Dienstleistungshandel wird von Deardorff (1985) erstmalig modelltheoretisch untersucht. Innerhalb eines Heckscher-Ohlin-Modells werden ein Gut und eine Dienstleistung produziert. Dienstleistungen werden als notwendiges Komplement für den Güterhandel modelliert, d.h., in Autarkie werden Dienstleistungen nicht angeboten. Aufgrund der Analyse hält Deardorff die Theorie komparativer Vorteile grundsätzlich für geeignet, den internationalen Handel von Gütern und komplementären Dienstleistungen zu erklären. Melvin (1989) hingegen gelangt zu einer anderen Interpretation der Standardaussagen der Heckscher-Ohlin-Theorie. In seinem Modellansatz werden Dienstleistungen durch Faktorwanderung modelliert. Stibora und de Vaal (1995: 46) kommen bei dem Vergleich theoretischer Ansätze der Integration von Dienstleistungen in die Theorie komparativer Vorteile zu dem Ergebnis: „Nevertheless, most authors agree that comparative advantage is still a useful concept in helping to understand the directions of trade between countries, be it that the mere existence of comparative advantage in the

---

87 Hohe Fixkosten und geringe marginale Kosten können in hohen Produktionskosten und geringen Vervielfältigungskosten, wie z.B. bei Filmproduktionen, begründet sein. Da es sich bei vielen Dienstleistungen um „Erfahrungsgüter" handelt, bei denen a priori die Qualität einer Dienstleistung für den Konsumenten nicht feststellbar ist (wie z.B. medizinische Dienstleistungen oder die Beratung durch Anwälte, Wirtschaftsprüfer und Unternehmensberater), ist die Reputation des Anbieters entscheidend. Hohe Fixkosten entstehen deshalb auch durch Investitionen in die Reputation.

88 Für unterschiedliche Modellansätze der Außenhandelstheorie unter Berücksichtigung handelbarer Dienstleistungen vgl. z.B. Burgess (1990), Jones und Kierzkowski (1990), Kater (1995), Melvin (1989, 1995b) oder Stibora und de Vaal (1995).

production of a service can never fully explain the existing trade patterns. For that, other not supply-oriented factors must be taken into account as well."

In der Tradition der neuen Handelstheorie werden unterschiedliche Eigenschaften von Dienstleistungen, wie z.B. Informationsasymmetrien, Qualitätsunterschiede oder steigende Skalenerträge, in Handelsmodelle integriert und die Annahme vollständiger Konkurrenz aufgehoben. Dies führt innerhalb der Modelle nicht immer zu eindeutigen Ergebnissen, sondern oft zu multiplen Gleichgewichten. Die Wohlfahrtswirkungen des internationalen Dienstleistungshandels hängen von der genauen Modellstruktur ab. Markusen (1988) zeigt zum Beispiel, dass für ein kleines Land oder einen späten Markteintritt Wohlfahrtsverluste durch internationalen Dienstleistungshandel möglich sind. In Markusen (1989) wird jedoch gezeigt, dass die Wohlfahrt für alle am Handel beteiligten Länder steigt. Der Unterschied in den Modellen liegt darin, dass im ersten Modell qualifizierte Dienstleistungsanbieter die Grenze überqueren (Faktorwanderung), im zweiten Fall die Dienstleistung losgelöst von einer Faktorwanderung erbracht wird. Die Ergebnisse sind daher sehr annahmesensitiv.

Insgesamt bestätigen aber auch die theoretischen Modelle des Dienstleistungshandels die aus der realen Außenhandelstheorie für den Güterhandel abgeleitete Vorteilhaftigkeit der internationalen Arbeitsteilung. Der internationale Handel mit Gütern und Dienstleistungen ermöglicht weltweite Wohlfahrtsgewinne. Der Abbau von Handelshemmnissen ist vorteilhaft.[89]

### *3.1.1.3 Wege der Handelsliberalisierung*

Im Folgenden wird untersucht, welcher Weg der Handelsliberalisierung die größten weltweiten Wohlfahrtseffekte ermöglicht. Die Reduktion von Handelshemmnissen ist auf unilateraler, plurilateraler (regionaler) oder multilateraler Basis möglich.

#### 3.1.1.3.1 Unilaterale Handelsliberalisierung

Grundsätzlich gilt im internationalen Handel das „free trade for one"-Theorem, d.h., Freihandel lohnt sich für ein einzelnes Land selbst dann, wenn ein anderes Land sich protektionistisch verhält. Die gesamtwirtschaftliche Wohlfahrt steigt, da das Land auf dem Weltmarkt effizienter tauschen kann als in einer Autarkiesituation. Selbst wenn das Ausland sich strategisch verhält, beispielsweise durch die Einführung eines Optimalzolls für ein großes Land, bleibt es für das Inland ökonomisch rational, eine Freihandelspolitik zu betreiben. Die gesamtwirt-

89 So auch Kater (1995: 148), Sapir und Winter (1994: 297) oder Stibora und de Vaal (1995: 69).

schaftlichen Wohlfahrtsgewinne sind in einer solchen Situation allerdings geringer als bei einer beidseitigen Handelsliberalisierung.

Das „free trade for one“-Theorem begründet einen Anreiz für die Staaten, eine Freihandelssituation anzustreben und auch unilateral bestehende Handelsbarrieren abzubauen. Dieses aus der neoklassischen Theorie hergeleitete Theorem basiert unter anderem auf den Annahmen vollkommener Konkurrenz und perfekter Faktormobilität zwischen Sektoren innerhalb eines Landes, d.h., es abstrahiert von möglichen Anpassungskosten, die aufgrund des durch Handel induzierten Strukturwandels innerhalb eines Landes entstehen. Die Öffnung eines Marktes für internationale Konkurrenz wird immer auch mit Kosten der Reallokation der Produktionsfaktoren verbunden sein, wodurch einzelne Faktoren (z.B. gering qualifizierte Arbeit) verlieren können, auch wenn eine gesamtwirtschaftliche Wohlfahrtssteigerung erreicht wird. Wie bereits gezeigt wurde, ist die Annahme vollkommener Konkurrenz für Dienstleistungen besonders problematisch. Werden im Rahmen einer politökonomischen Analyse diese Anpassungskosten und resultierende politische Einflussnahmen berücksichtigt, kann es für eine Regierung rational sein, keine Freihandelspolitik zu betreiben.[90]

Gegen den Weg einer ausschließlich unilateralen Handelsliberalisierung kann daher eingewandt werden, dass zum einen nicht der maximale weltweite Gewinn aus Freihandel realisiert wird (eine multilaterale Freihandelspolitik führt zu einer stärkeren weltweiten Wohlfahrtssteigerung) und zum anderen strategisches Verhalten und politökonomische Einflüsse unberücksichtigt bleiben. Der Anreiz für ein einzelnes Land zu einer unilateralen Marktöffnung ist daher nicht ausreichend.

### 3.1.1.3.2 Plurilaterale Handelsliberalisierung

Eine plurilaterale bzw. regionale Handelsliberalisierung käme in Betracht, wenn dadurch eine weitergehende Marktöffnung erreicht würde und höhere Wohlfahrtsgewinne als bei einer unilateralen Handelsliberalisierung resultierten. Bei plurilateralen Handelsabkommen entstünden (Frei-)Handelszonen, die innerhalb des Vertragsgebiets die Handelsbarrieren reduzieren (oder vollständig eliminieren), aber die Barrieren außerhalb des Vertragsgebiets weiter aufrecht erhalten. Der Weg plurilateraler Handelsliberalisierung kann zu Liberalisierungsfortschritten führen, ist jedoch auch mit Nachteilen verbunden.

Eine plurilaterale Handelsliberalisierung (Freihandelszone) fördert den grenzüberschreitenden Handel innerhalb des Vertragsgebiets und bewirkt eine Reduktion des Handels mit Ländern außerhalb der Freihandelszone. Es muss daher ein handelsschaffender (trade creation) und ein handelsumlenkender (trade diver-

---

90 Vgl. Ethier (2001) sowie die Ausführungen in Abschnitt 3.1.2.

sion) Effekt unterschieden werden (Viner 1950). Der handelsschaffende Effekt führt durch den Abbau von Handelsbarrieren innerhalb der Freihandelszone zu verstärktem Handel und zu Wohlfahrtssteigerungen in den Mitgliedsländern. Der handelsumlenkende Effekt lenkt Handel von kostengünstigeren Ländern außerhalb der Union auf Partnerländer innerhalb der Union um. Dies führt aufgrund der Handelsbarrieren gegenüber Drittstaaten zu negativen Wohlfahrtseffekten in den vom Handel ausgeschlossenen Staaten. Trotz positiver Effekte einer plurilateralen Handelsliberalisierung wird nicht das weltwirtschaftliche Optimum erreicht. Es bleiben weiterhin Barrieren zwischen Drittstaaten und den Mitgliedsstaaten einer Freihandelszone bestehen, die eine effiziente weltweite Ressourcenallokation verhindern. Ein weltwirtschaftlicher Wohlfahrtsgewinn resultiert nur dann, wenn die Gewinne aus der Handelsschaffung die Kosten der Handelsumlenkung übersteigen.[91]

Der Abschluss eines plurilateralen Liberalisierungsabkommens ist leichter erreichbar als ein Vertrag auf multilateraler Ebene, da eine größere Homogenität zwischen den beteiligten Staaten besteht und daher die Gewinne aus Außenhandel gleichmäßiger verteilt sind. Eine plurilaterale Liberalisierung ermöglicht darüber hinaus weltwirtschaftliche Wohlfahrtsgewinne. Dennoch führt auch eine plurilaterale Handelsliberalisierung nicht zu der weltwirtschaftlich effizientesten Form der Arbeitsteilung.

### 3.1.1.3.3 Multilaterale Handelsliberalisierung

Durch eine multilaterale Handelsliberalisierung kann der Effizienzgewinn aus Außenhandel vollständig realisiert werden. Die weltweite Wohlfahrt wird maximiert. Kein Land wird von der internationalen Arbeitsteilung ausgeschlossen, und die Allokation der Ressourcen geschieht weltweit so, dass die maximale Produktivität der eingesetzten Ressourcen erreicht wird. Eine multilaterale Handelsliberalisierung ist die aus ökonomischer Sicht effizienteste Form der Handelsliberalisierung. Nur auf diesem Weg können die maximal möglichen Wohlfahrtsgewinne realisiert werden.

---

91 Für eine Analyse der Wechselwirkung zwischen regionalen und multilateralen Liberalisierungsabkommen vgl. z.B. Hoekman und Kostecki (1995: 211–232). Bhagwati, Greenaway und Panagariya (1998) weisen darauf hin, dass regionale Liberalisierungsabkommen nicht zwangsläufig zu einer weltweiten Wohlfahrtssteigerung führen, sondern Wohlfahrtsverluste möglich sind. Für einen Überblick über die neueren theoretischen Konzepte regionaler Freihandelsabkommen vgl. auch Ethier (1998).

### 3.1.2 Notwendigkeit einer internationalen Zusammenarbeit

Die theoretischen Überlegungen des vorherigen Abschnitts haben gezeigt, dass der internationale Handel zu Wohlfahrtsgewinnen für ein einzelnes Land und für die Welt insgesamt führt. Dennoch ist Protektionismus weit verbreitet, und die Länder weichen immer wieder von einer Freihandelspolitik ab. Dieses ökonomisch irrationale Verhalten – denn Effizienz- und Wohlfahrtsverluste werden in Kauf genommen – kann politisch rational sein. Die Gründe für diese Politik können industriepolitisch, sozialpolitisch oder sicherheitspolitisch motiviert sein.[92]

Wird die nationale Wirtschaft aufgrund des internationalen Handels stärkerem Wettbewerbsdruck ausgesetzt, so können einzelne Wirtschaftszweige negativ betroffen sein. Zwar sind Innovation und Anpassung notwendig, aber für eine Regierung ist es einfacher, einen „Schutzzoll" zu erheben, damit der Anpassungsdruck abgemildert wird, alte Industriezweige konkurrenzfähig bleiben oder neue, wettbewerbsfähige Industrien unter dem „Schutz der Protektion" aufgebaut werden können. Notwendige Strukturreformen werden nicht durchgeführt, sondern stattdessen können nationale Interessengruppen befriedigt werden. Sozialpolitische Probleme des Strukturwandels, wie z.B. (temporär) höhere Arbeitslosigkeit oder Verteilungswirkungen, werden vermieden. Zusätzlich können protektionistische Maßnahmen darin begründet sein, dass eine Regierung nicht in die Abhängigkeit von anderen Ländern geraten will. Neben Zöllen können ebenso nichttarifäre Handelshemmnisse den internationalen Handel behindern, wie z.B. (freiwillige) mengenmäßige Beschränkungen oder vielfältige institutionelle Barrieren und administrative Regelungen.[93]

Um Protektionismus zu verhindern, kann eine zwischenstaatliche Kooperation sinnvoll sein. Die Vorteile einer Zusammenarbeit lassen sich aus der Spieltheorie und der politökonomischen Theorie begründen. Darüber hinaus wirken unterschiedliche politische Einflussfaktoren auf den (inter-)nationalen Willensbildungsprozess und die Handelspolitik ein.

#### *3.1.2.1 Spieltheorie*

Eine Situation des Gefangenendilemmas im internationalen Handel (Tabelle 13) führt zu einem für beide beteiligten Länder ineffizienten Marktergebnis; diese Situation kann ohne Kooperation nicht überwunden werden. Betreiben beide Länder eine Freihandelspolitik, so können die maximalen Handelsgewinne realisiert werden (10+10=20); verhalten sich beide Länder protektionistisch, kommt

---

92 Die Darstellung basiert auf Siebert (2000a: 180–191) und Senti (2000: 210–256).

93 Vgl. Krancke (1999: 56–58) für eine umfassende Darstellung nichttarifärer Handelsbarrieren.

*Tabelle 13:*
Gefangenendilemma im internationalen Handel

| Land A | Land B | |
|---|---|---|
| | Liberalisierung | Protektion |
| Liberalisierung | 10 / 10 | 3 / 12 |
| Protektion | 12 / 3 | 4 / 4 |

*Quelle:* Eigene Darstellung.

es nur zu geringen Außenhandelsgewinnen (4+4=8). Verhält sich ein Land protektionistisch, während das andere eine Freihandelspolitik betreibt, kommt es zu unterschiedlichen Gewinnen durch den Außenhandel (12+3=15). Das Nash-Gleichgewicht dieses nichtkooperativen Spiels wäre beidseitiger Protektionismus, obwohl die Wohlfahrt für beide Länder und für die Welt insgesamt in der Freihandelssituation größer wäre. Beidseitige Liberalisierung ist kein stabiles Gleichgewicht, da sich jedes Land bei einseitigem Abweichen besser stellt. Dieses suboptimale Ergebnis resultiert daraus, dass beide Länder bei der Wahl ihrer optimalen Strategie die rationale Entscheidung des anderen Landes als gegeben betrachten und es zu keiner Kooperation kommt.

Die Spielsituation kommt dadurch zustande, dass ein Land einen Optimalzoll erhebt.[94] Das Land, welches den Optimalzoll erhebt, kann seinen Außenhandelsgewinn gegenüber der Freihandelssituation zulasten des anderen Landes und zulasten der weltweiten Wohlfahrt steigern. Das protektionistische Land realisiert einen Handelsgewinn von 12, das offene Land nur von 3; die weltweiten Außenhandelsgewinne liegen bei 15 (12+3) und sind damit geringer, als die maximalen Wohlfahrtsgewinne bei Freihandel (10+10=20). Verfolgen allerdings beide Länder eine protektionistische Strategie, kommt es zu einem „Zollkrieg", der letztlich zu einer weltweiten Wohlfahrtsminderung führt (4+4=8).

### *3.1.2.2 Politökonomische Theorie der Handelspolitik*

Die Außenhandelspolitik einer Regierung steht im Spannungsfeld verschiedener nationaler und internationaler Interessen, wie z.B. dem Einfluss (inter-)nationaler Interessengruppen, unterschiedlichen Zielfunktionen von Politikern, bestehenden vertraglichen Selbstbindungen oder bestimmten institutionellen Rahmenbedin-

---

94 Vgl. Siebert (2000a: 191–192). Fredebeul-Krein (2000: 90–97) begründet dieselbe Auszahlungsmatrix des Gefangenendilemmas nicht über das Argument eines Optimalzolls, sondern über politökonomische Zusammenhänge.

gungen. Die Handelspolitik eines Staates ist deshalb das Ergebnis eines komplexen Willensbildungsprozesses. Die politökonomische Theorie analysiert diesen Willensbildungsprozess und untersucht in theoretischen Modellen den Einfluss unterschiedlicher Faktoren auf die handelspolitische Zielsetzung der Regierung.[95]

Die theoretischen Modellansätze zur Analyse der nationalen politökonomischen Einflüsse auf die Handelspolitik eines Staates können – angelehnt an Helpman (1997) und Rodrik (1995) – in fünf Modellkategorien unterteilt werden. Die Modelle untersuchen verschiedene Parameter, die auf den nationalen Willensbildungsprozess einwirken. Folgende Modelltypen werden unterschieden:

- *Wahlsystem* (direct democracy): Dieser Modellansatz – basierend auf Mayer (1984) – geht von einer direkten Demokratie aus, bei der der volkswirtschaftlich präferierte Zollsatz das Ergebnis einer Wahlentscheidung ist. Bei eindimensionalen individuellen Präferenzen ergibt sich der Zollsatz gemäß den Präferenzen des Medianwählers; Lösungsschwierigkeiten bestehen bei mehrdimensionalen Präferenzen. Der Zollsatz für einen Sektor ist umso höher, je höher der Anteil des Wählers an sektorspezifischen Inputfaktoren und je größer der Marktanteil dieses Sektors ist. Innerhalb des Modells ergeben sich eindeutige Ergebnisse. Allerdings abstrahiert der Modellansatz stark von der wirtschaftspolitischen Realität, denn der Zollsatz ist in keinem Land Gegenstand einer demokratischen Wahlentscheidung.
- *Zolloptimierung* (tariff formation function): Die Zollstruktur ist bei diesem Modellansatz – der auf Findlay und Wellisz (1982) zurückgeht – durch die Ressourcenintensität unterschiedlicher Lobbygruppierungen bestimmt. Je mehr Ressourcen für politisches Lobbying bereitgestellt werden, umso höher ist der resultierende Zollsatz für diesen Wirtschaftssektor. Diese Modellstruktur modelliert nur die Nachfrageseite nach Protektion, berücksichtigt jedoch nicht die Präferenzen der Regierung.
- *Abwägung politischer Interessen* (political support function): Bei diesem Modellansatz – vorgeschlagen von Hillman (1982) – handelt es sich um ein Optimierungsproblem der Regierung, bei der die (Zoll-)Interessen und die politische Unterstützung von Industrieverbänden gegen die Unzufriedenheit der Konsumenten und Wohlfahrtsverluste aufgrund höherer Preise abgewogen werden. Je höher das Protektionsinteresse und die Lobbyintensität einzelner Wirtschaftssektoren ist, umso höher ist der resultierende Zollsatz.

95 Politökonomische Theorieansätze zur Erklärung der Handelspolitik werden von Helpman (1997) und Rodrik (1995) diskutiert. Voigt (1992: 103–147) analysiert die nationalen Bestimmungsgründe der Protektionsnachfrage.

Dieser Modellansatz ist vielfach erweitert worden und kann die tatsächlichen politischen Einflüsse, beispielsweise das intensive Lobbyinteresse strukturschwacher Wirtschaftszweige wie Stahlindustrie und Landwirtschaft, gut abbilden.

- *Zuwendungen an Parteien zur Wahlkampfunterstützung* (electoral competition): Dieser Ansatz – der auf Magee, Brock und Young (1989) zurückgeht – stellt die Zuwendungen an Parteien in den Vordergrund, um ein gewünschtes Protektionsniveau zu erreichen. Die Parteien legen sich vor der Wahl auf ein Protektionsniveau fest und berücksichtigen sowohl die zu erwartenden Wahlkampfzuwendungen der Interessengruppen, als auch die negativen Auswirkungen der Protektion (höhere Preise für die Konsumenten und damit sinkende Akzeptanz bei der Wählerschaft). Die Wahlchancen steigen mit der Höhe der Zuwendungen und sinken mit der Höhe des Protektionsniveaus. Anschließend entscheiden die Lobbygruppen über das Ausmaß der Zuwendungen. Dieser Ansatz wird kritisiert, da die Ziele der Parteien zu eng definiert und ausschließlich auf die Zollhöhe ausgerichtet sind.
- *Zuwendungen für politische Ziele* (influence driven contributions): Die Zuwendungen der Interessengruppen richten sich bei diesem Modellansatz – basierend auf Grossman und Helpman (1994) – darauf, einzelne politische Entscheidungen und nicht nur ein einmaliges Wahlergebnis zu beeinflussen. Die Lobbygruppierungen leisten Zahlungen an einzelne Politiker. Die Politiker maximieren eine politische Zielfunktion, in die die Interessen der Zuwendungsgeber und die Abhängigkeit von zukünftigen Zahlungen ebenso einfließen, wie allgemeine Wohlfahrtsziele. Dieser Modellansatz ermöglicht die endogene Ermittlung der Zuwendungen und bietet einen weitgefassten Analyserahmen.

Die Öffnung nationaler Märkte für internationale Anbieter führt zu einer internationalen Reallokation der Ressourcen, wodurch strukturelle Anpassungen in den betroffenen Ländern notwendig werden, die mit Strukturanpassungskosten verbunden sind. Selbst wenn die weltwirtschaftlichen Wohlfahrtsgewinne die Anpassungskosten übersteigen, können einzelne Interessengruppen innerhalb eines Landes (temporär) verlieren. Die Steigerung der ökonomischen Effizienz durch internationalen Freihandel kann daher an nationalen Interessenkonflikten und politischer Einflussnahme scheitern.

Die Bindung der nationalen Regierungen an multilaterale vertragliche Verpflichtungen zu einer Handelsliberalisierung stärken einerseits die Position der Regierungen gegenüber den nationalen Interessengruppen. Andererseits wirken die Interessengruppen im Vorfeld der vertraglichen Verpflichtung zur Handelsliberalisierung auf die nationalen Regierungen ein. Wird unterstellt, dass eine Regierung ihr Verhalten danach ausrichtet, wieder gewählt zu werden, so wird sie nur solche Verpflichtungen eingehen, die diesem Ziel förderlich sind. Eine Einigung auf multilaterale Regeln kann daher zu einem komplexen Interessenausgleich und langwierigen Verhandlungen führen.

Durch zwischenstaatliche Kooperation und Reziprozität können die nationalen Widerstände gegen eine Handelsliberalisierung überwunden werden. Inländische Unternehmen werden gegen eine nationale Marktöffnung für ausländische Konkurrenten intervenieren, da sie negativ davon betroffen sind. Werden im Rahmen einer internationalen Kooperation hingegen auch die ausländischen Märkte für nationale Unternehmen geöffnet, können sich für nationale Unternehmen im Ausland neue Marktchancen eröffnen, die die Verluste aufgrund der Konkurrenz auf dem heimischen Markt überkompensieren.[96] Der nationale Widerstand gegen eine Handelsliberalisierung wird geringer. Hinzu kommt, dass gegenüber der (Wahl-)Bevölkerung eine reziproke Handelsliberalisierung als ein Erfolg der Regierung dargestellt werden kann, wohingegen eine einseitige Marktöffnung als Schwäche interpretiert wird (Ethier 2001). Diese merkantilistische Denkweise ist ökonomisch unbegründet, da der internationale Handel zu Wohlfahrtsgewinnen führt, aber politökonomisch rational und in der (wirtschafts-)politischen Realität häufig zu beobachten.[97]

Abbildung 5 stellt das komplexe Spannungsfeld dar und verdeutlicht, dass jedes Land sowohl einen nationalen wie auch einen internationalen Interessenausgleich erreichen muss. Verhält sich ein Land nichtkooperativ, kommt es zu weltweiten Effizienzverlusten. Die Vorteile einer zwischenstaatlichen Kooperation zur Liberalisierung des internationalen Handels sind offenbar. Diese resultieren daraus, dass bei der Handelspolitik große internationale Externalitäten bestehen, die durch die Kooperation internalisiert werden können. Es existieren theoretisch fundierte Erkenntnisse darüber, wie eine effiziente Internalisierung auszusehen hat, und die Unsicherheit über die Wirkungsweise verschiedener Regeln ist gering. Daher sind die idealtypischen Voraussetzungen für eine erfolgreiche internationale Kooperation gegeben (Klodt 1999).

---

96 Dieser gesamtwirtschaftliche Gewinn kann sektoral differenziert verteilt sein. Die Unternehmen, denen sich neue Exportchancen eröffnen, sind nicht identisch mit den Unternehmen, die verstärkter Importkonkurrenz ausgesetzt sind.

97 Die USA hat z.B. im Verlauf der Verhandlungen zum vierten Protokoll des GATS (Zusatzabkommen über die Liberalisierung des Handels mit Telekommunikationsdienstleistungen) die Reziprozität betont und war nicht bereit, die allgemeine Meistbegünstigungsklausel für den Bereich der Basistelekommunikationsdienste zu akzeptieren (Drake und Noam 1997: 806).

*Abbildung 5:*
Politisches Spannungsfeld (inter-)nationaler Interessen in der Handelspolitik

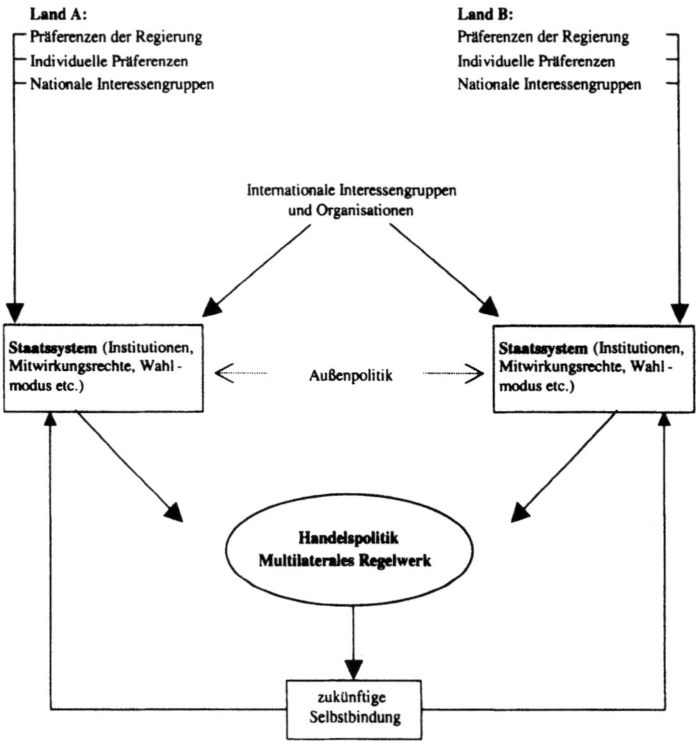


*Quelle:* Eigene Darstellung.

### 3.1.3 Kooperationsformen

Die bisherige Analyse hat gezeigt, dass eine internationale Kooperation notwendig ist, um eine umfassende Reduktion bestehender Handelsbarrieren zu erreichen. Allerdings stehen den Vorteilen der Kooperation auf der anderen Seite auch Einschränkungen gegenüber, insbesondere hinsichtlich der Verfolgung nationaler Politikziele. Einerseits schränkt die internationale Kooperation zwischen Staaten die nationale Souveränität eines jeden Staates ein, da internationale Verpflichtungen eingegangen werden, die den nationalen Handlungsspielraum begrenzen. Der Verzicht auf eigene, von anderen Staaten abweichende wirtschaftspolitische Maßnahmen ist andererseits auch ein Akt souveränen Handelns, denn die Regierungen verzichten freiwillig auf diesen Handlungsspielraum.

Das Spannungsverhältnis zwischen nationalen Politikzielen und internationalen Kooperationsabkommen ist für Kommunikationsdienstleistungen besonders relevant, denn die Kommunikationsdienstleistungsmärkte sind stark reguliert und sollen auch nichtökonomische Funktionen erfüllen.[98] Die Umsetzung einer aus ökonomischen Effizienzüberlegungen heraus begründeten internationalen Kooperation stößt auf Probleme, wenn Regierungen nicht bereit sind, ihren nationalen Handlungsspielraum einzuschränken.

Des Weiteren ist es möglich, dass Staaten die internationale Handelspolitik dazu benutzen, nationale Politikziele auf internationaler Ebene durchzusetzen (Roessler 1998). Durch dieses Verhalten schränken sie den Handlungsspielraum anderer Staaten zusätzlich ein. Werden beispielsweise im Rahmen eines internationalen Handelsabkommens auch Sozialstandards oder Arbeitsstandards festgelegt, sind die Länder in der Wahl ihrer Produktionsmethoden verstärkt eingeschränkt, obwohl dies in keinem direkten Zusammenhang mit dem internationalen Handel steht. Besonders problematisch wird dies auch für Dienstleistungen, die nur durch die physische Anwesenheit des Dienstleistungserbringers im Importland erbracht werden können (z.B. Ingenieurdienstleistungen, Transportdienstleistungen).

Die Anerkennung der staatlichen Souveränität und der Legitimität nationaler Politikziele kann nur durch eine Form internationaler Kooperation gewährleistet werden, die den Staaten bei der nationalen Umsetzung internationaler Regelungen einen weiten Handlungsspielraum zugesteht. Auf der anderen Seite darf dieser Handlungsspielraum nicht zum Aufbau von Handelsbarrieren führen. Die nationalen Politikziele müssen daher in einer Art und Weise umgesetzt werden, die offen und transparent ist sowie den internationalen Handel so wenig wie möglich beeinflusst (Roessler 1996). Die Kriterien der Diskriminierungsfreiheit, d.h., nationale Politikziele dürfen nicht auf Kosten ausländischer Anbieter umgesetzt werden, und der Wettbewerbsneutralität, d.h., der Wettbewerb sollte durch institutionelle Regelungen nicht unnötig behindert werden, müssen gewahrt bleiben.

Internationale Kooperation findet auf unterschiedliche Art und Weise statt. Je nach Kooperationsform wird die Souveränität der Staaten unterschiedlich stark eingeschränkt und werden externe Effekte unterschiedlich stark internalisiert. Die Formen internationaler Kooperation können in fünf Stufen unterteilt werden: Institutioneller Wettbewerb, Vorgabe von Regulierungszielen, Definition von (Mindest-)Standards, Anerkennung nationaler Regelungen und internationale Harmonisierung nationaler Regelungen.[99]

---

98 Vgl. hierzu die Ausführungen im zweiten Kapitel dieser Untersuchung.

99 Die hier vorgeschlagene Einteilung basiert auf Sykes (2000), der eine ähnliche Abstufung internationaler Kooperation vornimmt. Die Abstufung bei Sykes ist aller-

### 3.1.3.1 Institutioneller Wettbewerb

Im engeren Sinn ist vollständiger institutioneller Wettbewerb keine Form der internationalen Kooperation, denn jedes Land betrachtet die Regelungen des Auslandes als gegeben und wählt für sich die optimalen nationalen institutionellen Regeln.[100] Dennoch ist dieser Ansatz als Ausgangspunkt für die Analyse unterschiedlicher Arten internationaler Kooperation sinnvoll, denn jede vertiefte Kooperationsform schränkt die nationale Souveränität stärker ein. Dies ist nur sinnvoll, wenn dadurch ein effizienteres Marktergebnis als unter vollständigem institutionellem Wettbewerb erreicht wird. Anderenfalls wäre diese Kooperationsform nicht anreizkompatibel, da unnötige, einschränkende Regelungen entstehen, ohne eine Paretoverbesserung zu erreichen.

Der institutionelle Wettbewerb ist ein Element des weiter gefassten Konzeptes des Standortwettbewerbs. Die Grundidee des Standortwettbewerbs basiert darauf, dass die Rahmenbedingungen für die Produktion eines Gutes oder einer Dienstleistung an einem Standort derart gestaltet sein müssen, dass die mobilen Faktoren (z.B. Kapital, mobile hoch qualifizierte Arbeitskräfte) attrahiert werden. Dies erhöht die Faktorausstattung eines Landes, ermöglicht ein höheres Produktionsniveau und führt zu Wohlfahrtsgewinnen. Auch die immobilen Faktoren gewinnen. Entsprechen die Rahmenbedingungen nicht den Präferenzen der mobilen Faktoren, werden diese den Standort verlassen und in einem anderen Land die Produktion aufnehmen. Die Grundidee, dass Länder oder Regionen durch die Gestaltung der Rahmenbedingungen in einem Wettbewerb um mobile Faktoren stehen,[101] geht auf Tiebout (1956) zurück. Dieser Standortwettbewerb zwingt die Länder und Regionen, die Standortbedingungen neuen Erfordernissen

---

dings weniger systematisch (von institutionellem Wettbewerb hin zu vollständiger Harmonisierung) aufgebaut; des Weiteren werden die ökonomischen Implikationen und die Wirkung auf die Souveränität nicht ausführlich diskutiert.

100 Das Ziel der internationalen Kooperation ist es, nationale und/oder internationale institutionelle Regelungen zu entwerfen, die die weltweite Wohlfahrt maximieren. In dieser Interpretation von Kooperation ist auch vollständiger institutioneller Wettbewerb eine mögliche Kooperationsform, wenn auf diesem Wege am besten eine wohlfahrtsmaximierende institutionelle Regelung gefunden werden kann.

101 Eine andere Definition des Standortwettbewerbs vertreten Esty und Geradin (2000: 238). Der Systemwettbewerb findet nach dieser Definition nicht nur zwischen Ländern und Regionen statt, sondern kann auch innerhalb einer Jurisdiktion stattfinden. Bei diesem „Co-opetition"-Modell kommt es zu „Wettbewerb" auf unterschiedlichen Ebenen: intergovernmental (horizontal, d.h. zwischen Staaten, und vertikal, d.h. zwischen Regulierungsebenen – lokal, national, regional, weltweit), intragovernmental (d.h. innerhalb einzelner Behörden oder zwischen einzelnen Ministerien und Behörden) und extragovernmental (d.h. zwischen staatlichen und nichtstaatlichen Institutionen (NGO)). In dieser Definition handelt es sich jedoch nicht mehr um eigentlichen institutionellen Wettbewerb, sondern um die Durchsetzung eigener Interessen gegenüber anderen. Der „Wettbewerb" findet nur innerhalb gesetzter Grenzen statt, der Rahmen selbst steht nicht zur Disposition.

anzupassen, um so die mobilen Faktoren im Land zu halten bzw. zu attrahieren.[102]

Der institutionelle Wettbewerb zwischen Regionen oder Ländern bezieht sich auf die Gestaltung institutioneller Regelungen innerhalb eines Landes (z.B. administrative Verfahren, Regulierungsauflagen, gesetzliche Bestimmungen oder Standardisierungsvorschriften). Der Wettbewerb zwischen Ländern erfordert von den Staaten die Anpassung institutioneller Regelungen an neue Erfordernisse, um so die mobilen Faktoren im Land zu halten. Andererseits können diese institutionellen Regelungen derart gestaltet sein, dass sie zwischen in- und ausländischen Anbietern diskriminieren. Eine internationale Kooperation schränkt auf der einen Seite den innovativen institutionellen Wettbewerb ein, kann auf der anderen Seite aber vermeiden, dass ausländische Konkurrenten der Marktzugang verwehrt wird. Eine internationale Kooperation ist nur sinnvoll, wenn die Kosten, die aufgrund der Reduktion des Wettbewerbs entstehen, die Gewinne aufgrund gemeinsamer Regelungen übertreffen. Es kommt daher bei internationaler Kooperation auf eine Einzelfallabwägung an, ob und in welcher Form eine internationale Einigung auf Ziele und Regeln zu einer Paretoverbesserung führen kann.

#### *3.1.3.2 Vorgabe von Regulierungszielen*

Eine weitere Möglichkeit der Kooperation besteht darin, dass sich Staaten auf Regulierungsziele einigen und diese international verbindlich festlegen. Die Staaten können unterschiedliche Wege beschreiten, um ein gesetztes Regulierungsziel zu erreichen. Die Zielvereinbarungen können für jedes Land identisch oder bewusst unterschiedlich definiert sein. Ein Beispiel für diese Kooperationsform ist die internationale Klimapolitik. Mit der Einigung auf die Reduktion der weltweiten Schadstoffemission wurde ein gemeinsames internationales Ziel festgelegt; die Menge der erlaubten Schadstoffemission ist aber von Land zu Land unterschiedlich. Die Umsetzung der Zielvorgaben in konkrete nationale Politikmaßnahmen ist nicht vorgeschrieben, und jedes Land kann einen eigenen Weg beschreiten.

Die Definition von Regulierungszielen ermöglicht weiterhin einen partiellen institutionellen Wettbewerb und schränkt die nationale Souveränität der Staaten

---

102 Zu den positiven Effekten des Standortwettbewerbs vgl. stellvertretend Tiebout (1956), Siebert (1995, 2000b), Siebert und Koop (1993). In der Literatur finden sich auch Analysen, die unter bestimmten Voraussetzungen negative Effekte des Standortwettbewerbs identifizieren. Vgl. beispielsweise Esty und Geradin (2000), Krugman (1994), Schwab und Oates (1988) oder Sinn (1996). Einen Überblick über empirische Studien zur Quantifizierung der Effekte des Wettbewerbs zwischen Staaten findet sich bei Taylor (2000).

nur in einem geringen Maße ein. Das Fehlen konkreter Richtlinien zur Zielerreichung kann von den Staaten allerdings auch dahingehend ausgenutzt werden, dass sie das formale Regulierungsziel zwar erreichen, aber in anderen Bereichen Barrieren aufbauen, die faktisch den Zielvorgaben widersprechen. Beispielsweise wurden (und werden) die international vereinbarten Zollsenkungen im Rahmen der multilateralen Handelsliberalisierung durch den Aufbau nichttarifärer Handelsbarrieren teilweise umgangen.

#### 3.1.3.3 Definition institutioneller (Mindest-)Standards

Eine vertiefte Form der internationalen Kooperation ist die Definition von institutionellen Mindeststandards. Hierbei wird nicht nur ein gemeinsames Ziel festgelegt, sondern auch die institutionelle Ausgestaltung zur Zielerreichung. Die Einigung auf verbindliche Regelungen zur Zielerreichung kann sehr allgemein gehalten sein oder aber Detailvorschriften der Umsetzung enthalten. Beispielsweise ist das vierte Protokoll zum GATS, welches Mindeststandards der nationalen Telekommunikationsregulierung enthält, sehr allgemein formuliert. Die Richtlinien der EU zur nationalen Telekommunikationsliberalisierung lassen den Staaten bei der Umsetzung hingegen nur einen geringen Spielraum. Inwieweit institutioneller Wettbewerb weiterhin möglich ist und inwieweit die nationale Souveränität durch diese Form der Kooperation eingeschränkt wird, hängt von der Ausgestaltung der Regelungen zur Zielerreichung ab.

#### 3.1.3.4 Anerkennung nationaler Regelungen

Die internationale Kooperation durch eine vollständige Anerkennung institutioneller Regelungen eines anderen Landes kann zu einer Paretoverbesserung für alle beteiligten Länder führen. Beispielsweise könnten zwei Länder vereinbaren, dass ein Unternehmen, welches in Land A eine Lizenz erhalten hat, automatisch auch in Land B tätig werden kann. Das Land B würde in diesem Fall die Voraussetzungen für die Erteilung der Lizenz nicht erneut prüfen, sondern die Regelungen des Landes A vollständig anerkennen. Für multinationale Unternehmen würden die Kosten reduziert, da sie nicht in jedem Land unterschiedliche Regulierungsauflagen zu erfüllen hätten und wesentlich schneller in neue Märkte eintreten könnten. Die internationale Wohlfahrt würde steigen, da die schnelle, weltweite Reallokation der Ressourcen gefördert würde, sodass jederzeit die international effizienteste Form der Arbeitsteilung realisiert werden könnte (Nicolaidis 1996; Leebron 1996). Im internationalen Handel wäre diese Form zwischenstaatlicher Kooperation mit einer Durchsetzung des Herkunftslandprinzips verbunden.

Die internationale Kooperation durch vollständige Anerkennung institutioneller Regelungen des Auslandes lässt nach wie vor institutionellen Wettbewerb zwischen den Jurisdiktionen zu. Ein Unternehmen, welches aus einem Land mit einer effizienten Regulierung stammt, hat einen Wettbewerbsvorteil gegenüber einem Unternehmen, welches aus einem Land mit einer ineffizienten Regulierung stammt. Es besteht nach wie vor ein Anreiz für jedes Land, effiziente institutionelle Regelungen zu erhalten bzw. zu schaffen, denn die mobilen Faktoren werden von dem Land aus agieren, welches ihnen die beste Ausgangsbasis für eine internationale Expansion gibt.

Die vollständige Anerkennung der Vorschriften eines anderen Landes ist mit einem erheblichen Souveränitätsverlust verbunden. Der Staat verzichtet auf die Möglichkeit, regulierend Einfluss zu nehmen. Die vollständige Anerkennung der institutionellen Regelungen eines anderen Landes wird daher zwischen homogenen Staaten eher möglich sein, als bei stark unterschiedlichen Voraussetzungen. Des Weiteren wird es oft nur zu einer Anerkennung der nationalen Regelungen durch ein anderes Land kommen, wenn zuvor gemeinsame Mindeststandards festgelegt wurden.[103]

#### *3.1.3.5 Internationale Harmonisierung nationaler Regelungen*

Die am weitesten gehende Form internationaler Kooperation ist die Harmonisierung nationaler Regelungen auf internationaler Ebene. Dabei wird für alle Staaten verbindlich festgelegt, wie genau die institutionelle Ausgestaltung innerhalb eines Landes zu geschehen hat. Die Regierungen verzichten vollständig auf ihre nationalen Souveränitätsrechte, institutionelle Regelungen nach den eigenen Vorstellungen zu entwerfen; institutioneller Wettbewerb zwischen Jurisdiktionen entfällt.

Diese extreme Form internationaler Kooperation ist sinnvoll, wenn internationale Externalitäten ausschließlich durch die internationale Harmonisierung internalisiert werden können. Die internationale Harmonisierung erschwert allerdings die Einführung von Innovationen und kann daher, insbesondere in einem dynamischen Umfeld, zu Ineffizienzen führen.

---

103 Selbst innerhalb der EU, die die wechselseitige Anerkennung nationaler Regulierungen als Alternative zur Ex-ante-Harmonisierung zulässt, ist zumeist der Weg einer A-priori-Regulierung beschritten worden. Auf multilateraler Ebene, bei heterogeneren Staaten als innerhalb der EU, erscheint daher eine vollständige Anerkennung nationaler Regelungen ohne eine Einigung auf Mindeststandards unwahrscheinlich.

#### 3.1.3.6 Die „optimale" Kooperation?

Es kommt darauf an, für jeden zu regulierenden Tatbestand die beste Form der internationalen Kooperation zu suchen. Institutionelle Regelungen und eine vertiefte Form der internationalen Kooperation können einerseits notwendig sein, um Wettbewerb zu ermöglichen, sie können andererseits aber auch ein Hindernis für eine dynamische, innovative Entwicklung darstellen. Der hier zu untersuchende Sektor der internationalen Kommunikationsdienstleistungen ist, wie die Ausführungen im zweiten Kapitel gezeigt haben, durch Netzwerkeffekte geprägt. Neben dem Zugang zu den Kommunikationsnetzen, ist ebenso die Frage der Kompatibilität der Netze bedeutsam. Diese Marktspezifika deuten auf große internationale Externalitäten hin, die eine weitgehende internationale Kooperation rechtfertigen könnten, die auch die internationale Einigung auf nationale regulatorische Standards beinhaltet (Kawamoto 1997, 1998). Auf der anderen Seite verursacht eine internationale Definition von Standards auch Kosten, vor allem in dynamischer Sicht.[104]

### 3.1.4 Implikationen für die Handelspolitik

Die bisherige Analyse hat gezeigt, dass der internationale Handel mit Dienstleistungen die weltweite Wohlfahrt steigert und eine zwischenstaatliche Kooperation auf multilateraler Ebene erforderlich ist, um eine Liberalisierung des Dienstleistungshandels und eine Reduktion von Handelshemmnissen zu erreichen. Durch ein multilaterales Regelwerk wird ein institutioneller Rahmen geschaffen, der die Möglichkeit einer an partikularen Interessen orientierten Handelspolitik einschränkt und so weltweite Wohlfahrtsgewinne ermöglicht. Dafür muss ein multilaterales Regelwerk die Prinzipien der Liberalisierung, Nichtdiskriminierung und Reziprozität beachten.

- *Liberalisierung:* Das Ziel der Handelspolitik ist der ungehinderte internationale Waren- und Dienstleistungsverkehr. Diese Extremform des weltweiten Freihandels entspricht dem ökonomischen Idealzustand, wodurch stets die effizienteste Form der internationalen Arbeitsteilung gewährleistet wäre. Dieses modelltheoretische Optimum ist jedoch keine politisch realistische Forderung. Vielmehr sollte eine multilaterale Handelsordnung die Liberalisierung durch die schrittweise Reduktion von Handelsbarrieren und die Erweiterung des Marktzugangs erreichen und den Status quo vertraglich binden, damit ein protektionistischer Rückfall vermieden wird.

---

104 Vgl. die Ausführungen in Abschnitt 3.4.3 dieser Untersuchung.

- *Nichtdiskriminierung:* Die Nichtdiskriminierung fordert, dass in- und ausländische Anbieter unabhängig von ihrem Herkunftsland gleich behandelt werden. Das Prinzip der Nichtdiskriminierung wirkt sich daher auf zwei Ebenen aus. Einerseits darf nicht zwischen verschiedenen ausländischen Anbietern aufgrund ihres Herkunftslandes unterschieden werden und andererseits darf nicht zwischen ausländischen und inländischen Anbietern innerhalb eines Landes differenziert werden. Nur bei vollständiger Umsetzung der Nichtdiskriminierung ist der ungehinderte internationale Waren- und Dienstleistungshandel gewährleistet.
- *Reziprozität:* Die Reziprozität fordert einen wechselseitigen Ausgleich der Vor- und Nachteile, die aus der Handelsliberalisierung resultieren, um eine für alle beteiligten Länder gleichgewichtige Handelsordnung zu erreichen. Es ist fraglich, ob die Reziprozität ein Ziel oder nicht eher einen Verhandlungsmechanismus zur Zielerreichung darstellt. Ist das Endziel des freien Welthandels durch die vollständige Umsetzung der Liberalisierung und der Nichtdiskriminierung gewährleistet, ist die Reziprozität nicht notwendig, da alle Länder durch den Freihandel gewinnen. Geht man aber von einer unvollständigen Liberalisierung und Marktöffnung aus, so gewährleistet die Reziprozität, dass im Verhandlungsprozess alle Länder, unabhängig von ihrem Anteil am Welthandel, ihre handelspolitischen Interessen einbringen und (partiell) durchsetzten können.[105]

Diese Grundprinzipien einer Welthandelsordnung sind theoretisch begründet und in der handelsdiplomatischen Tradition des GATT durch die Meistbegünstigung, Inländergleichbehandlung und das „single undertaking" für den Güterhandel umgesetzt.

- *Meistbegünstigung:* Die unkonditionierte Meistbegünstigung fordert, dass für Importe unabhängig von ihrem Ursprungsland dieselben Handelsbedingungen gelten. Handelserleichterungen, die gegenüber einem Land gewährt werden, müssen grundsätzlich auf alle Mitgliedsländer ausgedehnt werden. Eine bilateral vereinbarte Reduktion von Handelbarrieren wird unmittelbar multilateral gültig. Die Umsetzung der unkonditionierten Meistbegünstigung führt dazu, dass Anbieter aus unterschiedlichen Herkunftsländern nicht aufgrund ihres Heimatlandes unterschiedliche Marktzutrittschancen auf einem ausländischen Markt besitzen. Dadurch wird das Ziel der Nichtdiskriminierung auf internationaler Ebene umgesetzt, d.h., es wird nicht zwischen Herkunftsländern unterschieden.

---

105 Senti (2000: 203–206) nennt unterschiedliche Argumente für die Notwendigkeit der Reziprozität, die sich aber nicht aus der Außenwirtschaftstheorie, sondern aus politökonomischen Überlegungen ergeben.

- *Inländergleichbehandlung*[106]*:* Die Inländergleichbehandlung verlangt, dass innerhalb eines Landes alle ausländischen Waren und Dienstleistungen nicht ungünstiger behandelt werden als gleichartige heimische Waren und Dienstleistungen. Durch die Inländergleichbehandlung wird das Prinzip der Nichtdiskriminierung im nationalen Rahmen umgesetzt, d.h., es wird auf dem nationalen Markt nicht zwischen heimischen und ausländischen Waren und Dienstleistungen unterschieden. Für beide gelten dieselben Rahmenbedingungen.
- *„Single undertaking":* Die Verhandlungsmethodik des „single undertaking" bedeutet, dass die Unterzeichnerstaaten nur ein Verhandlungsergebnis als Gesamtheit akzeptieren oder ablehnen können. Dadurch wird erreicht, dass die Länder auch für sie negative Auswirkungen in Kauf nehmen müssen (z.B. verstärkte Importkonkurrenz), um in anderen Sektoren eine Reduktion von Handelsbarrieren zu erreichen, die die nationalen Exportchancen verbessern. Das „single undertaking" ist Ausdruck der Reziprozität, denn nur bei einem Gleichgewicht der Liberalisierungsverpflichtungen aller Mitgliedstaaten werden die Länder ein solches Abkommen unterzeichnen.

Das in der Uruguay-Runde erstmalig beschlossene Abkommen für den internationalen Dienstleistungshandel (GATS) basiert auf denselben Prinzipien. Die Meistbegünstigung, Inländergleichbehandlung und das „single undertaking" gelten grundsätzlich ebenso für den Dienstleistungshandel. Im vierten Kapitel wird die Struktur des GATS näher dargestellt werden.[107] An dieser Stelle soll zunächst auf Grundlage der bisherigen theoretischen Überlegungen untersucht werden, ob die Liberalisierungsmethodik des Güterhandels in derselben Form auf den Dienstleistungshandel übertragbar ist oder ob die spezifischen Eigenschaften von Dienstleistungen zusätzliche Prinzipien erfordern.

Grubel (1987) vertritt die fundamentale Position, dass für den Dienstleistungshandel grundsätzlich keine neuen Regelungen notwendig seien, da Dienstleistungen stets in Gütern oder Personen gebunden sind. Von daher bedarf es keines gesonderten Regelwerks für den internationalen Dienstleistungshandel. Im Gegensatz dazu zeigt die Theorie des Dienstleistungshandels, dass Unterschiede zwischen Dienstleistungen und Gütern bestehen, die sich auch im internationalen Handel auswirken. Für Kommunikationsdienstleistungen ist die

---

106 In der deutschsprachigen Literatur wird für den englischen Begriff des „national treatment" der Begriff, „Inländerprinzip", „Inlandprinzip" oder „Inlandgleichbehandlungsprinzip" verwandt (vgl. Senti 2000: 183). Im Folgenden wird daher der Begriff der Inländerbehandlung und Inländergleichbehandlung synonym verwandt.

107 Die Durchsetzung der Meistbegünstigung und Inländergleichbehandlung ist innerhalb des GATS schwächer als innerhalb des GATT. Dennoch gilt grundsätzlich dieselbe Zielsetzung.

Möglichkeit des von Personen und Gütern losgelösten Handels besonders ausgeprägt. Auch in der wissenschaftlichen Literatur wird diese Position von Grubel vielfach widerlegt (Arndt 1989; Bhagwati 1987).

Die Analyse im zweiten Kapitel hat gezeigt, dass die Märkte für Kommunikationsdienstleistungen stark reguliert sind. Die Marktzutrittsbarrieren liegen daher weniger an der Grenze, sondern verstärkt innerhalb eines Landes. Der wirksame Marktzugang hängt von der Ausgestaltung nationaler institutioneller Regelungen ab. Liberalisierungsverhandlungen für Dienstleistungen, die sich ausschließlich auf Grenzbarrieren konzentrieren, greifen daher zu kurz. Zusätzlich hat die Diskussion unterschiedlicher Kooperationsformen verdeutlicht, dass aufgrund der Existenz von Netzwerkeffekten eine vertiefte Kooperation bis hin zur Einigung auf einheitliche Standards notwendig sein kann. Darüber hinaus weisen Kommunikationsdienstleistungen Skalenerträge in der Produktion auf, und es bestehen Informationsasymmetrien. Das Marktmodell vollständiger Konkurrenz verliert an Relevanz, und ein theoretischer Bezugsrahmen sollte weitere Marktformen umfassen. Diese Eigenschaften von Kommunikationsdienstleistungen deuten darauf hin, dass zusätzlich zu den aus der Außenwirtschaftstheorie bekannten Prinzipien die Wettbewerbspolitik und die Ausgestaltung der Regulierung in Liberalisierungsverhandlungen berücksichtigt werden müssen, wenn der grenzüberschreitende Handel mit Kommunikationsdienstleistungen effektiv gefördert werden soll.

## 3.2 Neue Dimension des Marktzugangs

Die Globalisierung führt dazu, dass Unternehmen nicht mehr nur Güter produzieren, um diese zu exportieren, sondern dass ganze Produktionsabläufe international diversifiziert werden. Die Kosten der Kommunikation und des weltweiten Transports sind gesunken. Güter und Dienstleistungen werden nicht mehr nur grenzüberschreitend gehandelt, sondern ausländische Direktinvestitionen nehmen zu. Unternehmen produzieren und verkaufen ihre Güter und Dienstleistungen innerhalb des Auslandes.[108]

Traditionell bezogen sich die Liberalisierungsverhandlungen darauf, Grenzbarrieren abzubauen, um den internationalen Produkthandel für ausländische Unternehmen zu erleichtern. Die internationale Expansion der Unternehmen hat dazu geführt, dass die Unternehmen verstärkt den Zugang zu ausländischen Märkten suchen, um dort in Konkurrenz zu nationalen Unternehmen tätig zu werden. Der Marktzugang hängt daher nicht mehr allein davon ab, Produkte und

---

108 Zu den Entwicklungstendenzen in der Weltwirtschaft vgl. Siebert (1997).

Dienstleistungen grenzüberschreitend handeln zu können, sondern davon, dass die internationalen Unternehmen in den ausländischen Märkten zu gleichen Wettbewerbsbedingungen mit den nationalen Anbietern konkurrieren. Die handelshemmende Wirkung der nationalen Regulierung, des nationalen institutionellen Regelwerks oder der (fehlenden) Wettbewerbspolitik behindern multinationale Unternehmen in einem stärkeren Umfang, als traditionelle Grenzbarrieren.

Es kommt zu einer zunehmenden Überschneidung wettbewerbspolitischer und handelspolitischer Fragen. Ohne eine wettbewerbspolitische Ergänzung werden die bisherigen Erfolge der Handelspolitik zunehmend ausgehöhlt (Kleinert und Klodt 2000: 76–80). Die zentrale Problematik internationaler Liberalisierungsverhandlungen ist nicht mehr nur eine Frage des Marktzugangs, d.h. der Reduktion von Grenzbarrieren, sondern eine Frage der Marktpräsenz,[109] d.h. identischer Wettbewerbsbedingungen im Markt. Dies gilt in besonderem Maß für die stark regulierten Kommunikationsdienstleistungsmärkte.[110] Die vier verschiedenen Erbringungsarten des Dienstleistungshandels, wie sie in Abschnitt 2.1 dargestellt wurden, zeigen, dass die Frage gleicher Wettbewerbsbedingungen im Markt für Dienstleistungen wesentlich bedeutsamer ist als traditionelle Grenzbarrieren. Darüber hinaus sind Dienstleistungsmärkte stärker reguliert als nationale Gütermärkte, sodass durch eine Deregulierung eine weitergehende Liberalisierung erreicht werden kann.[111] Die Handelshemmnisse im internationalen Dienstleistungshandel sind überwiegend nichttarifärer Natur.[112]

Die nationale Berücksichtigung des Grundsatzes der Nichtdiskriminierung durch die Inländergleichbehandlung kann für Dienstleistungen unzureichend sein, wenn zwar eine formelle Gleichbehandlung gilt, aber die nationalen Regelungen die ausländischen Anbieter faktisch stärker belasten (z.B. Vorschriften über die Nutzung heimischer Inputfaktoren, Anpassung an nationale Standards) (Lawrence 1996: 32). Die Inländergleichbehandlung verlangt, dass die nationalen Regelungen für in- und ausländische Anbieter in gleicher Weise angewandt

---

109 Ostry (1995) fordert neben dem „effective market access“ auch die „effective market presence“ als notwendige Voraussetzung für Freihandel. Der Schwerpunkt bei Ostry liegt allerdings bei ausländischen Direktinvestitionen, nicht bei identischen Wettbewerbsbedingungen. Diese sind jedoch, insbesondere für den Dienstleistungssektor, bedeutsam.

110 Zu den dienstleistungsspezifischen Aspekten eines multilateralen Regelwerks vgl. z.B. Bhagwati (1987), Hoekman (1993), Hoekman und Sauvé (1994), Nusbaumer (1987), Snape und Bosworth (1996), Snape (1998), UNCTAD (1994).

111 „Der internationale Austausch von Dienstleistungen würde also durch Deregulierung gefördert.“ (Siebert 2000a: 92).

112 Zur allgemeinen Problematik der Messung nichttarifärer Handelshemmnisse vgl. Deardorff und Stern (1985). Zu neueren Ansätzen mit direktem Bezug zu Handelsbarrieren im Dienstleistungshandel vgl. z.B. OECD (1997) und Findlay und Warren (2000).

werden. Gleichzeitig bedeutete dies aber auch, dass für den ausländischen Anbieter die Regelungen des Importlandes maßgeblich sind; es gilt das Bestimmungslandprinzip. Hingegen wird vielfach eine verstärkte Durchsetzung des Ursprungslandprinzips im internationalen Handel gefordert (Siebert 2000d: 142), da so der institutionelle Wettbewerb gefördert und Handelshemmnisse reduziert werden. Das Ziel der Nichtdiskriminierung ist sowohl mit dem Bestimmungsland- wie dem Ursprungslandprinzip vereinbar. Die Konzentration auf den Begriff der Inländergleichbehandlung fördert den Eindruck, dass das Bestimmungslandprinzip im Vordergrund steht.

Die Inländergleichbehandlung erstreckt sich auf gleichartige Produkte und Dienstleistungen.[113] Besteht keine Gleichartigkeit oder unmittelbare Konkurrenz- und Substitutionsbeziehung zwischen den importierten und nationalen Gütern und Dienstleistungen, ergibt sich auch keine Verpflichtung zur Gleichbehandlung. Die Gleichartigkeit eines Gutes ist einfacher – z.B. anhand der Zollklassifikation – zu ermitteln, als die Gleichartigkeit von individuell entwickelten, spezifischen Dienstleistungen. Hinzu kommt, dass sich in Artikel XVII GATS die Gleichartigkeit sowohl auf die Dienstleistung als auch auf den Dienstleistungserbringer bezieht.[114] Die problematische Reichweite der Inländergleichbehandlung für Dienstleistungen wirft die Frage auf, ob die Umsetzung der Nichtdiskriminierung im internationalen Dienstleistungshandel allein durch das Prinzip der Inländergleichbehandlung gewährleistet ist.

In der wissenschaftlichen Literatur wird diskutiert, inwiefern der bisherige Ansatz der Handelsliberalisierung ausreicht, um auch zukünftig die Reduktion von Handelsbarrieren im internationalen Handel zu gewährleisten.[115] So fordern z.B. Kleinert und Klodt (2000) und Ostry (1995), dass die wirksame Marktpräsenz und die Wettbewerbsbedingungen innerhalb eines Landes stärker in der Handelsordnung berücksichtigt werden müssen. Es ist daher ein umfassenderer Ansatz gefordert, der über die Erkenntnisse der Außenwirtschaftstheorie hinaus geht und die Wettbewerbskomponente innerhalb der bestehenden Abkommen stärkt. Zusätzlich sollte dieser Ansatz auch eine theoretische Fundierung für die Bewertung und Ausgestaltung der nationalen Regulierung beinhalten. Vor diesem Hintergrund soll im nächsten Abschnitt untersucht werden, ob dieses Ziel durch eine Orientierung der Handelspolitik an dem Prinzip der internationalen Bestreitbarkeit der Märkte erreicht werden kann.

---

113 Vgl. hierzu Artikel III GATT und Artikel XVII GATS.

114 Für eine umfassende Diskussion der Problematik der Gleichartigkeit von Dienstleistungen im internationalen Handel vgl. Mattoo (1997: 122–133).

115 Vgl. Hoekman und Mavroidis (1996), Kawamoto (1996), Kleinert und Klodt (2000), Lawrence (1996), Ostry (1995, 1997), OECD (1996), Schoenbaum (1996), Zampetti und Sauvé (1996).

## 3.3 Die Theorie bestreitbarer Märkte als wettbewerbstheoretisches Referenzmodell

Die neue Dimension des Marktzugangs stellt zusätzliche Anforderungen an die Handelsliberalisierung, da nicht nur über die Reduktion von Grenzbarrieren, sondern vor allem über den wirksamen Marktzugang – und damit über die nationalen Wettbewerbsbedingungen und die nationalen institutionellen Regelungen – verhandelt werden muss. Es ist daher sinnvoll, zusätzliche theoretische Untersuchungen zu berücksichtigen, die den Wettbewerb in den Vordergrund stellen und Aussagen über ökonomisch effiziente Formen staatlicher Regulierung treffen können. Bevor in Abschnitt 3.4 Kriterien für multilaterale Regeln abgeleitet werden, soll daher untersucht werden, inwieweit die Theorie bestreitbarer Märkte für die vorliegende Analyse anwendbar ist und ob daraus zusätzliche, über die Außenwirtschaftstheorie hinausgehende Erkenntnisse für die Anforderungen an ein internationales Regelwerk resultieren. Zunächst werden die Modellannahmen der Theorie bestreitbarer Märkte dargestellt und die Ergebnisse sowie die Kritik an der Theorie diskutiert. Ferner wird analysiert, ob die Märkte für Kommunikationsdienstleistungen grundsätzlich die Bedingungen für einen bestreitbaren Markt erfüllen können. Abschließend wird untersucht, ob die theoretischen Erkenntnisse und die wettbewerbspolitische Aussage für die Handelspolitik relevant sind und die Strukturierung von Liberalisierungsverhandlungen unterstützen können.

### 3.3.1 Modellannahmen und Ergebnis

Die Theorie bestreitbarer Märkte wurde von Baumol, Panzar und Willig (1982, 1988) entwickelt; sie baut auf Arbeiten anderer Autoren auf.[116] Die aus der Industrieökonomik entstandene Theorie besaß in den USA einen starken Einfluss auf die Wettbewerbs- und (De-)Regulierungspolitik in den achtziger und neunziger Jahren. In der vorliegenden Untersuchung stehen die aus der Theorie begründeten wettbewerbspolitischen Rückschlüsse im Vordergrund.

Die Theorie bestreitbarer Märkte geht nicht von dem bestehenden Wettbewerbsverhalten auf einem Markt oder der Marktform aus, sondern stellt den potentiellen Wettbewerb in den Mittelpunkt der Analyse. So ist die resultierende Marktform eine endogene Größe (Baumol und Willig 1986); selbst in einem Markt mit nur einem Anbieter zwingt die potentielle Konkurrenz einen Monopolisten dazu, Preise wie unter vollständiger Konkurrenz zu setzen. Entscheidend

---

116 In dem Vorwort zur zweiten Auflage von Baumol et al. (1988) liefert E. Bailey einen Abriss über die Entstehungsgeschichte der Theorie bestreitbarer Märkte und ihrer notwendigen Vorarbeiten.

für die Bestreitbarkeit von Märkten ist die Möglichkeit für potentielle, neue Anbieter, jederzeit in den Markt einzutreten; dies hängt maßgeblich von der Höhe der Marktein- und -austrittskosten ab.

Die Theorie bestreitbarer Märkte ist ein neoklassischer Theorieansatz. Märkte gelten als vollständig bestreitbar, wenn folgende Annahmen erfüllt sind:[117]

- Es herrscht vollständige Information.
- Es existieren keine Informations- und Transaktionskosten.
- Alle Anbieter verfügen über eine homogene Produktionstechnologie.
- Alle Produkte des Marktes sind homogen.
- Alle Anbieter haben zu identischen Bedingungen Zugang zu den Faktormärkten.
- Es existieren keine Marktzugangsbarrieren, und der Marktaustritt verursacht keine irreversiblen Kosten (sunk costs).
- Neue Anbieter verhalten sich als so genannte Bertrand-Unternehmer, d.h., sie kalkulieren den zu erwartenden Gewinn auf der Basis der Preise vor Markteintritt.
- Die etablierten Unternehmen reagieren nur mit Verzögerung auf den Markteintritt neuer Anbieter (Bertrand-Nash-Annahme).
- Die Nachfrage reagiert unmittelbar auf Preissenkungen eines neuen Anbieters.
- Potentielle Konkurrenz ist tatsächlich vorhanden.

Sind diese Annahmen erfüllt, ist das Marktergebnis eine tragfähige, im Gleichgewicht befindliche Industriestruktur, bei der weder neue Anbieter in den Markt eintreten, noch etablierte Anbieter aus dem Markt austreten und das Pareto-Kriterium erfüllt ist, d.h., die Preise sorgen für eine effiziente und den Nachfragepräferenzen entsprechende Produktion. Würden die im Markt tätigen Unternehmen Preise oberhalb der Durchschnittskosten verlangen, könnte ein neuer Anbieter sofort in den Markt eintreten, einen geringeren Preis verlangen, seine produzierte Menge vollständig absetzen und wieder aus dem Markt austreten, bevor die etablierten Unternehmen reagieren könnten – so genannte „hit and run"-Gewinne. Die Möglichkeit des Markteintritts neuer Anbieter diszipliniert daher die im Markt agierenden Unternehmen, sodass das Marktergebnis, unabhängig von der Zahl der Anbieter, effizient ist.

Auf vollständig bestreitbaren Märkten können keine Monopolpreise durchgesetzt werden. Des Weiteren muss jedes Unternehmen die nach dem jeweiligen Wissensstand effizienteste Technologie und Organisationsform nutzen, da sonst

---

[117] Vgl. Baumol et al. (1988: 4–14), Baumol und Lee (1991), Evenden und Williams (2000), Fredebeul-Krein (2000: 18–21) und Paech (1993).

für ein kostengünstiger produzierendes Unternehmen außerhalb des Marktes ein Anreiz zum Markteintritt besteht; es könnte aufgrund seiner effizienteren Kostenstruktur den bestehenden Marktpreis unterbieten.

Ist ein Markt jederzeit vollständig bestreitbar, kann es nicht zu räuberischem Preisverhalten oder Dumpingpreisen kommen. Dumpingpreise, d.h. Verkaufspreise unterhalb der Produktionskosten, sind nur dann rational, wenn die entstehenden Verluste durch überproportionale Gewinne in der Zukunft, z.B. aufgrund einer erreichten Monopolstellung, oder auf anderen Märkten, z.B. im Ausland, kompensiert werden. Dies ist aber auf einem bestreitbaren Markt nicht möglich, denn wenn das Unternehmen in der Zukunft Preise oberhalb der Durchschnittskosten verlangt, wird es sofort zum Markteintritt neuer Anbieter kommen. Die Verluste aufgrund von Dumpingpreisen können daher in bestreitbaren Märkten zu keinem Zeitpunkt kompensiert werden.

Agieren Mehrproduktunternehmen in vollständig bestreitbaren Märkten für jedes ihrer Produkte oder jede ihrer Dienstleistungen, kann es nicht zu unternehmensinternen Quersubventionen kommen. Quersubventionen innerhalb eines Mehrproduktunternehmens sind nur dann rational, wenn dadurch der Gewinn der Unternehmung insgesamt gesteigert werden kann, d.h., der Subvention eines Produktes muss ein überdurchschnittlicher Gewinn bei anderen Produkten oder Dienstleistungen gegenüberstehen. Da das Unternehmen aber auf allen Märkten potentieller Konkurrenz ausgesetzt ist, kann es auf keinem Markt Preise oberhalb der Durchschnittskosten verlangen, um die Verluste aus der Quersubvention auszugleichen.

Aus der Theorie bestreitbarer Märkte resultiert die zentrale wettbewerbspolitische Aufgabe, institutionelle Regelungen zu schaffen, sodass sich die Marktform dem theoretischen Optimum vollständiger Bestreitbarkeit annähert. Alle Hemmnisse, die den Marktein- und -austritt behindern, verursachen Kosten, reduzieren damit die Bestreitbarkeit und führen zu einem ineffizienten Marktergebnis. Dies gilt unabhängig von der Art der Marktzutrittsbarriere (administrative, regulatorische oder technische Barriere). Die Reduktion der Markteintritts- und -austrittskosten ist daher eine zentrale Aufgabe der Wettbewerbspolitik.

### 3.3.2 Kritik an der Theorie

Die Theorie bestreitbarer Märkte wird sowohl aus theoretischer, wie auch aus wirtschaftspolitischer Sicht kritisiert; die restriktiven Annahmen des Modells stehen dabei im Zentrum. Wie in jedem theoretischen Modell basieren auch die Aussagen der Theorie bestreitbarer Märkte auf vereinfachenden und abstrakten Modellannahmen. Dennoch fördern die Erkenntnisse das Verständnis von Marktstruktur und Wettbewerb, und sie geben eine theoretische Fundierung für eine wirtschaftspolitische Analyse ökonomisch effizienter Marktstrukturen. Im Folgenden werden wesentliche Kritikpunkte an der Theorie bestreitbarer Märkte dargestellt und auf ihre Stichhaltigkeit hin untersucht.[118]

#### *3.3.2.1 Kritik 1: Bestreitbare Märkte erfüllen nur die statische Effizienz*

Shepherd (1995: 303) kritisiert, dass bestreitbare Märkte zwar die statischen Wettbewerbsfunktionen der effizienten Ressourcenallokation, der Ausrichtung der Produktion an den Nachfragepräferenzen sowie die leistungsbezogene Einkommensverteilung gewährleisten, nicht jedoch die dynamische Effizienz der Innovation und Anpassung. Vollständig bestreitbare Märkte befänden sich langfristig in einem statischen Gleichgewichtszustand, von dem nicht abgewichen werden könnte. Dieser Gleichgewichtszustand widerspricht der schumpeterianischen Sichtweise des Wettbewerbs als Prozess einer „schöpferischen Zerstörung", der Marktunvollkommenheiten und überdurchschnittliche (Innovations-) Gewinne impliziert.

Diese Kritik übersieht, dass die Theorie bestreitbarer Märkte nicht den Anpassungsprozess an den Gleichgewichtszustand modelliert, sondern die Bedingungen, unter denen ein Marktgleichgewicht existiert. Implizit ist ein dynamischer Anpassungsprozess unterstellt, bei dem Innovation unerlässlich ist, denn potentieller Wettbewerb kann nicht in einem unveränderlichen, statischen Umfeld stattfinden. Die Annahme vollständiger Information – die auch anderen Theorien zugrunde liegt – impliziert, dass jegliche Innovation sofort diffundiert. Dies führt zu einem Trittbrettfahrerproblem, da Innovation zu einem öffentlichen Gut wird und kein ausreichender individueller Anreiz zur Forschung mehr besteht und die F&E-Ausgaben nicht das gesamtwirtschaftliche Wohlfahrtsoptimum erreichen. Auch bestreitbare Märkte können dieses Trittbrettfahrerproblem von Forschung und Innovation nicht lösen.[119]

Wird darüber hinaus in der wirtschaftspolitischen Realität davon ausgegangen, dass keine vollständige Information herrscht, sondern das Wissen über Prozess- und Produktinnovationen zeitverzögert diffundiert, erfüllen bestreitbare Märkte die dynamische Effizienz, denn es entstehen temporäre Wettbewerbsvorteile für den Innovator. Innerhalb des Modells wird der Gleichgewichtszustand, in dem der Preis den Durchschnittskosten entspricht, nicht unmittelbar erreicht, denn der Innovator kann einen Preis oberhalb der Durchschnittskosten verlangen. Der Markteintritt von Immitatoren bewirkt aber eine zeitverzögerte Anpassung an den Gleichgewichtszustand. Auch etablierte Unternehmen sind

---

[118] Vgl. z.B. Agliardi (1990), Evenden und Williams (2000), Fehl (1985), Fredebeul-Krein (2000), Shepherd (1984, 1995), Wieandt und Wiese (1993).

[119] Vgl. Baumol und Lee (1991), Fredebeul-Krein (2000: 21–22) und Willig (1990).

stets potentieller Konkurrenz durch neue Prozess- und Produktinnovationen ausgesetzt und deshalb gezwungen, selber in F&E-Aktivitäten zu investieren, um einem Markteintritt neuer Anbieter zuvorzukommen. Könnte ein bisher nicht im Markt agierendes Unternehmen die Marktnachfrage kostengünstiger bedienen, käme es zum Markteintritt und dadurch zu Verlusten der etablierten Unternehmen (Baumol und Lee 1991: 4).

#### 3.3.2.2 Kritik 2: Die Annahmen homogener Produkte und homogener Produktionstechnologien sind restriktiv und unrealistisch

Wie jedes theoretische Modell abstrahiert auch die Theorie bestreitbarer Märkte von wirtschaftspolitischen Realitäten. Die Annahmen sind notwendig, um innerhalb eines mathematisch-formalen Modellrahmens zu eindeutigen Ergebnissen bzw. überhaupt zu einer Lösung zu gelangen. Werden die restriktiven Homogenitätsannahmen in der Realität nicht erfüllt, wird der modelltheoretische, statische Marktgleichgewichtszustand nicht erreicht. Aus dynamischer Sicht nimmt jedoch die Möglichkeit zu, etablierten Anbietern den Markt streitig zu machen, wenn potentielle Konkurrenten auf andere, überlegene Technologien oder innovative Produkte zurückgreifen können. Die Wettbewerbsintensität wird durch reduzierte Homogenität verstärkt und nicht vermindert (Freytag 1998: 23). Die ständige Drohung, dass potentielle neue Konkurrenten mit besseren Produktionsmethoden billiger produzieren oder mit neuen Produkten aufwarten können, zwingt die Unternehmen im Markt zur wettbewerbspolitisch wünschenswerten Innovation und/oder Preissenkung.

#### 3.3.2.3 Kritik 3: Die zeitverzögerte Reaktion etablierter Unternehmen auf den Markteintritt neuer Anbieter (Bertrand-Nash-Annahme) ist unrealistisch

Es ergibt sich eine theoretische Inkonsistenz innerhalb des Modells, denn eine zeitverzögerte Reaktion etablierter Anbieter bei gleichzeitiger Annahme vollständiger Information und Abwesenheit von Transaktionskosten ist widersprüchlich. Darüber hinaus wird vernachlässigt, dass Unternehmen durch strategisches Verhalten einen potentiellen Konkurrenten im Vorfeld vom Markteintritt abschrecken können, beispielsweise durch die Drohung, Produkte unterhalb der Durchschnittskosten anzubieten. Ist diese Drohung glaubhaft, wird ein potentieller Anbieter nicht in den Markt eintreten (Schwartz 1986). Dieser Einwand gegen die Theorie bestreitbarer Märkte wird entkräftet, wenn potentielle Anbieter bindende Verträge mit Kunden abschließen können. Die Annahme der „hit and run“-Gewinne entfällt, und die neuen Anbieter schließen vor Markteintritt mit Kunden des bisherigen Monopolisten bindende Verträge, sodass der Monopolist trotz unmittelbarer Reaktion auf den Markteintritt diese Kunden nicht zurückgewinnen kann (Baumol et al. 1983). Sind die Kosten für bindende Verträge gering, reicht bereits die Drohung durch potentielle Verträge mit neuen Anbietern aus, einen dominanten Anbieter zu disziplinieren (Fredebeul-Krein 2000: 22; Stefanadis 1999). Reagiert ein Unternehmen im Markt frühzeitig auf einen potentiellen Konkurrenten, indem es die Preise senkt und/oder die Qualität und den Service verbessert, ist das wettbewerbspolitische Ziel bestreitbarer Märkte erreicht.

#### *3.3.2.4 Kritik 4: Existenz von Barrieren und Kosten für den Marktein- und Marktaustritt.*

Die in der Realität bestehenden Barrieren und Kosten für den Markteintritt neuer Anbieter und die Existenz von irreversiblen Kosten (sunk costs) werden als Kritikpunkt gegen die Theorie bestreitbarer Märkte angebracht. Vielfältige Barrieren und daraus resultierende Kosten für neue Anbieter sind denkbar; diese können in diskriminierendem Zugang zu Faktormärkten, in einer notwendigen Planungsphase vor Markteintritt, in optimalen Produktionsgrößen (Kostendegression bei Massenproduktion oder Verbundvorteile), in Lernkurveneffekten, in strategischem Verhalten etablierter Unternehmen oder in administrativen Hemmnissen begründet sein. Auch existieren Kosten für den Marktaustritt z.B. in Form von irreversiblen Investitionen (sunk costs).

Langfristig müssen auch etablierte Unternehmen in die Erneuerung ihrer Anlagen investieren – insbesondere bei dynamischen, innovativen Märkten mit kurzen Produktlebenszyklen –, sodass hohe Investitionskosten nur kurzfristig eine Markteintrittsbarriere darstellen können (Siebert 2000a: 121). Ob Investitionen tatsächlich versunken sind, hängt davon ab, inwieweit sie mit geringem Aufwand für andere Zwecke genutzt werden können. Ist dies möglich, wird die Kritik an der Theorie bestreitbarer Märkte aufgrund der Existenz von irreversiblen Kosten weiter entkräftet. Darüber hinaus kann eine wettbewerbsfördernde Regulierung die gemeinsame Nutzung von Netzwerken und Infrastrukturen ermöglichen, sodass nicht jeder Anbieter die vollen Investitionskosten zu tragen hat.

#### *3.3.2.5 Bewertung*

Die Kritiker der Theorie bestreitbarer Märkte weisen auf Probleme und theoretische Inkonsistenzen hin. Die Annahmen der Theorie sind restriktiv und der modelltheoretische Gleichgewichtszustand wird in der wirtschaftspolitischen Realität nicht vollständig erreicht. Dennoch leistet die Theorie bestreitbarer Märkte einen entscheidenden Beitrag zur Wettbewerbstheorie und -politik und lenkt das Augenmerk auf offene Märkte. Die Orientierung an offenen, bestreitbaren Märkten führt – unabhängig von der Zahl der Unternehmen im Markt – zu einem statisch und dynamisch effizienten Marktergebnis. Darüber hinaus wird eine Richtung für die Ausgestaltung von institutionellen Regelungen vorgegeben. Institutionelle Regelungen werden nicht generell abgelehnt, sondern daraufhin geprüft, inwieweit sie die Bestreitbarkeit der Märkte fördern oder behindern (Baumol und Willig 1986: 27–32).

Die Existenz von teilweise versunkenen Kosten stellt die grundsätzliche Anwendbarkeit der Theorie bestreitbarer Märkte nicht in Frage. Vielmehr stützt sie die zentrale wettbewerbspolitische Aussage der Theorie: Aufgabe der Wettbewerbspolitik ist es, institutionelle Regelungen zu schaffen, sodass die Kosten für den Markteintritt reduziert werden und der Zugang zu notwendigen Infrastrukturen gewährleistet ist.

### 3.3.3 Bestreitbarkeit von Kommunikationsdienstleistungsmärkten

Die Verwendung der Theorie bestreitbarer Märkte als theoretisches Referenzmodell der Analyse ist nur sinnvoll, wenn die Märkte für Kommunikationsdienstleistungen grundsätzlich bestreitbar sein können und keine Gründe vorliegen, die a priori eine Bestreitbarkeit ausschließen. Die Bestreitbarkeit der Märkte für Telekommunikationsdienstleistungen, Dienstleistungen der Informationstechnologie und audiovisuelle Dienstleistungen könnte nicht möglich sein, wenn die Annahmen des Modells nicht hinreichend erfüllbar sind oder wenn die Voraussetzungen für eine marktbezogene Koordination[120] fehlen. Des Weiteren könnte die Bestreitbarkeit durch die Erfüllung nichtökonomischer Ziele eingeschränkt werden. Kann die Bestreitbarkeit hingegen durch geeignete Liberalisierungs- und Regulierungsmaßnahmen erreicht werden, ist das Referenzmodell vollständig bestreitbarer Märkte zur weiteren Analyse geeignet.

Die folgenden Einwände können gegen die prinzipielle Bestreitbarkeit von Kommunikationsdienstleistungsmärkten angebracht werden:

(1) *Natürliches Monopol.* Gegen die Bestreitbarkeit von Kommunikationsdienstleistungsmärkten könnte die Existenz eines natürlichen Monopols sprechen. Die Subadditivität der Kostenfunktion[121] könnte die wohlfahrtsop-

---

120 Zur Darstellung unterschiedlicher Formen des Markt- und Wettbewerbsversagens vgl. Eickhof (1995).

121 Subadditivität der Kostenfunktion bedeutet, dass die Durchschnittskosten im produktionsrelevanten Bereich aufgrund von Fixkostendegression und/oder Skalenerträgen (z.B. durch Lernkurveneffekte) fallen. Mehrere kleinere Unternehmen könnten daher nicht im Kostenminimum produzieren; es ergäben sich gesamtwirtschaftlich höhere

timale Bereitstellung einzelner Kommunikationsdienstleistungen durch nur einen Anbieter erfordern; die Voraussetzung, dass potentielle Konkurrenz tatsächlich existiert, wäre nicht erfüllt.

(2) *Hohe Fixkosten und irreversible Investitionen.* Die Kommunikationsdienstleistungsmärkte könnten durch hohe Fixkosten und/oder hohe versunkene Kosten gekennzeichnet sein, sodass umfangreiche Markteintritts- und -austrittskosten bestehen. Für die Bestreitbarkeit der Märkte ist es wichtig, zwischen Fixkosten und irreversiblen Kosten zu differenzieren. Hohe Fixkosten allein schränken die Bestreitbarkeit von Märkten nicht ein. Erst wenn diese Kosten irreversibel und die Investitionen nicht anderweitig verwendbar sind, entstehen Marktaustrittskosten, die eine vollständige Bestreitbarkeit verhindern (Baumol et al. 1988: 289).

(3) *Eingeschränkter Zugang zu Ressourcen.* Die Annahme des ungehinderten Zugangs zu notwendigen Ressourcen für alle (potentiellen) Anbieter könnte für Kommunikationsdienstleistungen nicht erfüllbar sein.

(4) *Zuweisung von Eigentumsrechten und Ausschließbarkeit.* Ohne eindeutige Eigentumsrechte und die Ausschließbarkeit vom Konsum ist der marktbezogene Koordinationsmechanismus nicht funktionsfähig. Das Angebot von Kommunikationsdienstleistungen ist darauf angewiesen, dass die Eigentumsrechte an notwendigen (im-) materiellen Gütern eindeutig geregelt sind; für das grenzüberschreitende Angebot von Kommunikationsdienstleistungen müssen diese Eigentumsrechte weltweit festgelegt sein.

(5) *Externe Effekte von Kommunikationsdienstleistungen.* Ein Marktversagen bei Kommunikationsdienstleistungsmärkten könnte darin bestehen, dass externe Effekte bzw. Netzwerkexternalitäten bei einer wettbewerblich-marktlichen Koordinierung nicht ausreichend berücksichtigt werden. In zahlreichen industrieökonomischen Analysen werden die Auswirkungen von Netzwerkeffekten auf Preisbildung, Wettbewerb, Innovation oder Kompatibilität untersucht.[122] Die Existenz dieser Netzwerkeffekte deutet nicht zwangsläufig auf ein Marktversagen hin. Des Weiteren ist es fraglich, ob bei einer staatlichen Bereitstellung die Netzwerkexternalitäten besser berücksichtigt würden als auf einem bestreitbaren Markt.

(6) *Bereitstellung von Kommunikationsdienstleistungen als öffentlicher Auftrag.* Die Erfüllung politischer Vorgaben oder die ausreichende Bereitstellung von Kommunikationsdienstleistungen könnte bei einer marktbezogenen Koordinierung nicht gewährleistet sein.

---

Kosten und daraus resultierende Wohlfahrtsverluste. Vgl. Baumol et al. (1988: 169–191) oder Eickhof (1995: 22–26).

122 Vgl. stellvertretend Beggs und Klemperer (1992), Besen und Farrell (1994), Choi (1996), Economides (1996), Farrell und Saloner (1986), Gröhn (1999), Katz und Shapiro (1985, 1992, 1994), Köster (1999) und Shapiro und Varian (1999).

#### 3.3.3.1 Die Bestreitbarkeit der Märkte für Telekommunikationsdienstleistungen

Die nationalen Telekommunikationsdienstleistungsmärkte sind in den Industrienationen erst in der jüngeren Vergangenheit für Konkurrenzunternehmen geöffnet worden. In vielen Entwicklungsländern bestehen noch heute nationale Telekommunikationsmonopole. Das Argument eines natürlichen Monopols verliert durch den technologischen Fortschritt und eine wettbewerbsfördernde Regulierung an Bedeutung. Die Existenz einer subadditiven Kostenfunktion, die ein wohlfahrtsoptimales Angebot durch ein Monopolunternehmen rechtfertigen könnte, ist nicht gegeben.

Den hohen Fixkosten für den Aufbau einer Telekommunikationsnetzinfrastruktur stehen geringe Grenzkosten für das Angebot unterschiedlicher Dienstleistungen gegenüber. Diese hohen Fixkosten können für konkurrierende Anbieter vermieden werden, wenn Regulierungsauflagen den Netzzugang und die Netznutzung vorschreiben. Der Markt für Call-by-Call-Angebote in Deutschland kommt dem theoretischen Optimalfall eines bestreitbaren Markts sehr nahe. Der schnelle und kostengünstige Markteintritt neuer Anbieter hat zu Beginn der Marktliberalisierung zu erheblichen Preissenkungen geführt.

Für den Mobilfunk ist ein freier Zugang zu den Funkfrequenzen nur eingeschränkt möglich. Das Frequenzspektrum ist begrenzt, und die Frequenzbänder werden nicht auf einem Markt frei gehandelt. Der Markteintritt eines neuen Anbieters ist erschwert. Werden die Nutzungsrechte an den Funkfrequenzen durch ein Verfahren zugewiesen, welches neuen Anbietern dieselben Chancen eröffnet, z.B. durch eine Auktion, so ist der Markt zu diesem Zeitpunkt bestreitbar, auch wenn ein späterer Markteintritt unmöglich ist.

Telekommunikationsdienstleistungen sind durch Netzwerkeffekte und Externalitäten gekennzeichnet. Eine positive Externalität besteht beispielsweise für die Netzebene der Telekommunikation – jeder zusätzlich zu erreichende Teilnehmer stiftet einen positiven Nutzen–; eine negative Externalität entsteht z.B. durch Staukosten bei einer Netzüberlastung. Um die Kompatibilität der Netzinfrastruktur verschiedener Anbieter zu erreichen, kann eine staatliche Regulierung notwendig sein, wenn die privaten Anreize, freiwillig für eine Kompatibilität zu sorgen, zu gering sind.

Telekommunikationsdienstleistungen müssen nicht vom Staat bereitgestellt werden, denn private Anbieter haben einen Anreiz dies zu tun. Es existieren verschiedene gewinnbringende Geschäftsideen. Das Angebot von Kommunikationsdienstleistungen in entlegenen Regionen könnte nicht ausreichend sein, wenn die Investitionen die Erträge übersteigen. Die staatliche Regulierung in Form der Universaldienstverpflichtung löst dieses Problem, ohne die Bestreitbarkeit grundsätzlich in Frage zu stellen.

#### 3.3.3.2 Die Bestreitbarkeit der Märkte für Dienstleistungen der Informationstechnologie

Für die Infrastrukturebene der Dienstleistungen der Informationstechnologie gelten die Ausführungen zu den Telekommunikationsdienstleistungen analog; grundsätzlich ist eine Bestreitbarkeit möglich. Wie die Analyse im zweiten Kapitel gezeigt hat, ist bei den Internetdienstleistungen zur Zeit eine Netzzusammenschaltung auch ohne staatliche Regulierungsauflagen gewährleistet, denn die Anreize für ein wettbewerbsbehinderndes Verhalten der Internetinfrastrukturbetreiber sind aufgrund der starken Konkurrenz gering. Auch wenn eine staatliche Regulierung der Netzzusammenschaltung für die Internetinfrastruktur notwendig werden sollte, ist die Bestreitbarkeit der Märkte für Internetdienstleistungen weiter gegeben.

Die Dienstleistungen des elektronischen Geschäftsverkehrs kommen der Struktur eines bestreitbaren Markts sehr nahe, denn die Investitionskosten vor Markteintritt sind gering, da durch den Internetauftritt eine volle Geschäftstätigkeit möglich ist. Des Weiteren entstehen im Internet neue Marktplätze, die den Zugang zu notwendigen Inputfaktoren erleichtern. Die Einhaltung öffentlicher Wertvorstellung und staatlicher Zielvorgaben (z.B. Jugendschutz, Schutz der Privatsphäre, Verbot von politischem Extremismus und Rassismus) kann auch bei einem privatwirtschaftlichen Angebot von Dienstleistungen der Informationstechnologie beachtet werden. Eine staatliche Bereitstellung ist nicht notwendig.

Die internationale Zuweisung von Eigentumsrechten (z.B. Internetadressen) und die Ausschließbarkeit vom Konsum (z.B. freie Informationen im Internet) sind bei Dienstleistungen des elektronischen Geschäftsverkehrs nicht ohne weiteres gewährleistet. Obwohl zur Zeit der größte Teil der Informationen im Internet frei verfügbar ist, ist eine Bezahlung für den Aufruf einzelner Internetseiten dennoch technisch machbar. Die Tatsache, dass nur unzureichende internationale Eigentumsrechte bestehen, bedeutet nicht, dass diese Form des Marktversagens nicht korrigiert werden könnte. Zu fragen ist vielmehr, durch welche internationalen Regeln diese Form des Marktversagens behoben werden kann. Die Entstehung der ICANN (Internet Corporation for Assigned Names and Numbers), die Existenz der WIPO (World Intellectual Property Organization) oder die internationale Frequenzverwaltung durch die ITU (International Telecommunications Union) zeigen, dass die internationale Zuweisung von Eigentumsrechten möglich ist.

#### 3.3.3.3 Die Bestreitbarkeit der Märkte für audiovisuelle Dienstleistungen

Die Darstellung im zweiten Kapitel hat gezeigt, dass der Markt für audiovisuelle Dienstleistungen von dem Ziel der Bestreitbarkeit weit entfernt ist. Diese Tatsache bedeutet aber nicht, dass ökonomisch gerechtfertigte Gründe vorliegen, warum der Markt nicht bestreitbar ist. Vielmehr kann das Marktversagen auf umfangreiche, politisch motivierte Eingriffe zurück geführt werden.

Die gesellschaftspolitische und kulturelle Funktion[123] audiovisueller Dienstleistungen könnte die Grundlage für die Notwendigkeit einer öffentlichen Bereitstellung darstellen. Werden diese nichtökonomischen Funktionen anerkannt, so ist es dennoch fraglich, ob die Bereitstellung audiovisueller Dienstleistungen unter Berücksichtigung kultureller und gesellschaftspolitischer Aspekte effizienter durch staatliche Institutionen, als durch private Anbieter gewährleistet ist. Es können institutionelle Regelungen entworfen werden, die regulierend in den Marktmechanismus eingreifen, ihn aber nicht grundsätzlich in Frage stellen.

Des Weiteren belegt die Existenz von Pay-TV-Angeboten, die nur mit einem Decoder empfangen werden können, dass die Ausschließbarkeit bei audiovisuellen Dienstleistungen möglich ist. Ebenso bestehen Eigentumsrechte an den audiovisuellen Produktionen.

#### 3.3.3.4 Zusammenfassende Bewertung

Die ökonomische Analyse zeigt, dass es a priori kein Argument gegen die generelle Bestreitbarkeit der Kommunikationsdienstleistungsmärkte gibt. Bestehende Einschränkungen für die Bestreitbarkeit können durch effiziente Regulierung reduziert oder beseitigt werden. Aufgrund der Konvergenz der Sektoren Telekommunikation, Internet und audiovisuelle Dienstleistungen sind einmal getätigte Investitionen teilweise auch für andere Kommunikationsdienstleistungen verwendbar. Investitionen in die Telekommunikationsinfrastruktur können für Internetdienstleistungen oder für die Ausstrahlung von audiovisuellen Diensten mit geringem Aufwand umgerüstet werden; das akkumulierte Humankapital kann für andere Formen informationstechnologischer Dienstleistungen verwandt werden. Vor dem Hintergrund der internationalen Bestreitbarkeit der Kommunikationsdienstleistungsmärkte verliert auch das Argument natürlicher Monopole an Gewicht, da die Produkte und Dienstleistungen auf dem Weltmarkt angeboten werden können. Würde weiterhin eine subadditive Kostenfunktion im relevanten Produktionsbereich angenommen, bedeutete dies, dass die gesamte Weltnach-

---

123 Vgl. hierzu auch Abschnitt 2.4 dieser Untersuchung.

frage am effizientesten durch nur ein einziges Unternehmen bedient werden könnte.[124]

Das Referenzmodell bestreitbarer Märkte ist für Kommunikationsdienstleistungen anwendbar. Bestreitbare Märkte sorgen unabhängig von der Zahl der Unternehmen für ein statisch und dynamisch effizientes Marktergebnis. Auf Märkten mit Netzwerkeffekten, wie bei Kommunikationsdienstleistungen, kann trotz geringer Anbieterzahl ein effizientes Marktergebnis erreicht werden. Dies ist insbesondere für den Markt der Kommunikationsdienstleistungen bedeutsam, der durch zahlreiche Fusionen gekennzeichnet ist und in dem die „optimale Betriebsgröße" als wettbewerbspolitische Orientierungsgröße schwer zu ermitteln ist.

### 3.3.4 Auswirkungen auf die Handelspolitik

Die Theorie bestreitbarer Märkte nutzt nicht den Begriff Marktzugang, sondern Markteintritt. Die begriffliche Unterscheidung macht deutlich, dass es in diesem Theorieansatz nicht nur darum geht, Zugang zu einem Markt zu erhalten, sondern darüber hinaus um gleiche Wettbewerbsbedingungen im Markt. Eine Markteintrittsbarriere ist in der industrieökonomischen Literatur nicht einheitlich definiert, umfasst aber in den unterschiedlichen Definitionen stets sowohl die Barrieren des Marktzugangs, als auch die Barrieren innerhalb des Marktes. Bestehen erhebliche Barrieren im Markt, z. B. in Form hoher versunkener Kosten oder fehlenden Zugangs zu notwendigen Ressourcen, so entstehen Kosten, die den Markteintritt behindern.[125]

---

124 Diese Annahme ist unrealistisch. Der Weltmarkt für Verkehrsflugzeuge kommt dieser Situation mit nur zwei dominanten Anbietern (Boing, Airbus) sehr nahe. Aber auch hier existieren Nischenanbieter, die Teilsegmente des Flugzeugmarktes bedienen. Darüber hinaus ist der Flugzeugbau durch erhebliche irreversible Investitionen gekennzeichnet.

125 Die oft zitierten Definitionen von Markteintrittsbarrieren von Bain, Stigler und v. Weizsäcker sind unterschiedlich, berücksichtigen aber immer auch die Kosten im Markt als Eintrittsbarriere. Die Definitionen für Markteintrittsbarrieren lauten im einzelnen:

- Bain (1956: 3): „... the advantage of established sellers in an industry over potential entrant sellers, these advantages being reflected in the extent to which established sellers can persistently raise their prices above a competitive level without attracting new firms to enter the industry."
- Stigler (1968: 67): „A barrier to entry may be defined as a cost of producing (at some or every rate of output) which must be borne by a firm which seeks to enter an industry but is not borne by firms already in the industry."
- Weizsäcker (1980: 400): „... socially undesirable limitations of entry, which are attributable to the protection of resource owners already in the industry."

Im Gegensatz dazu wird unter dem Marktzugang zu ausländischen Märkten im Rahmen multilateraler Liberalisierungsverhandlungen nur der Zugang zum Markt, nicht aber die Behandlung im Markt verstanden. Besonders deutlich wird diese Trennung von Marktzugang und Inländergleichbehandlung (d.h. der Gleichstellung von ausländischen Unternehmen innerhalb des Marktes mit nationalen Anbietern) beim GATS, welches im Gegensatz zum GATT die Liberalisierungsverpflichtungen getrennt nach Marktzugang und Inländergleichbehandlung vornimmt. Es ist daher möglich, dass für einen Dienstleistungssektor Grenzbarrieren abgebaut werden und Marktzugang gewährt wird, gleichzeitig aber alle institutionellen und rechtlichen Hemmnisse für ausländische Unternehmen innerhalb des Landes bestehen bleiben (z.B. kein Zugang zu notwendigen Infrastrukturen, staatlich garantierte Monopole, steuerliche Ungleichbehandlung). Die aus dieser Vertragsstruktur und Liberalisierungsmethodik resultierende Intransparenz und faktische Handelsbarriere wird im vierten Kapitel weitergehend analysiert.[126] Wie in Abschnitt 3.2 gezeigt wurde, führt die Orientierung der Handelspolitik an dem Prinzip der Inländerbehandlung zwar zu einer Gleichbehandlung von gleichartigen in- und ausländischen Gütern und Dienstleistungen, aber nicht zwangsläufig zu tatsächlich gleichen Wettbewerbsbedingungen.

Die Orientierung multilateraler Verhandlungen an dem weitgefassten Begriff des Markteintritts und nicht nur des Marktzugangs führt dazu, dass nicht nur Grenzbarrieren sondern auch wettbewerbsbehindernde Barrieren im Markt berücksichtigt werden müssten. Der tatsächliche Markteintritt eines einzelnen Anbieters steht hierbei nicht im Mittelpunkt, sondern entscheidend ist, dass die Hemmnisse innerhalb des Marktes reduziert werden, damit potentielle Konkurrenten in den Markt eintreten können. Diese werden ihre Markteintrittsentscheidung nicht nur von den Grenzbarrieren sondern vor allem von Beschränkungen der laufenden Geschäftstätigkeit abhängig machen. Notwendige nationale Reformen könnten sich daran orientieren, inwieweit sie die Bestreitbarkeit von Märkten beeinflussen. In der handelspolitischen Literatur wird auch vom „wirksamen Marktzugang" (effective market access) oder von „Marktpräsenz" (market presence) gesprochen; inhaltlich ist dies gleichbedeutend mit dem hier verwandten Begriff des Markteintritts, der sich an die Literatur der Theorie bestreitbarer Märkte anlehnt.[127]

Die in der Theorie bestreitbarer Märkte postulierte Annahme des Ad-hoc-Eintritts neuer Anbieter und damit verbundener „hit and run"-Gewinne ist eine wichtige Bedingung für das effiziente Marktergebnis. Auch wenn in der Realität

---

126 Im vierten Kapitel dieser Untersuchung wird die Struktur des GATS dargestellt und umfassend analysiert. Zur Abgrenzungsproblematik zwischen Marktzugang und Inländergleichbehandlung vgl. auch Mattoo (1997).

127 Vgl. Ostry (1995, 1997) oder die Beiträge in OECD (1996).

diese Annahme unplausibel erscheint, folgt daraus die wettbewerbspolitische Forderung, diesem Ziel möglichst nahe zu kommen, um eine (partielle) Bestreitbarkeit zu erreichen. Die wettbewerbsorientierten Reformen für ehemals monopolistische Märkte in vielen Ländern (z.B. Telekommunikation, Post) haben das Ziel, die statische und dynamische Effizienz auf diesen Märkten zu erhöhen. Die nationale Bestreitbarkeit dieser Märkte nimmt zu. Das Ziel erhöhter Effizienz könnte schneller erreicht werden, wenn zusätzlich ausländische Unternehmen in diese Märkte eintreten könnten und eine internationale Bestreitbarkeit gegeben wäre. Dies liegt daran, dass ausländische Unternehmen in ihren Heimatmärkten bereits notwendiges Know-how akkumuliert und notwendige Investitionen (teilweise) getätigt haben sowie über die finanziellen Ressourcen für einen Markteintritt verfügen. Die Planungs- und Vorbereitungszeit vor Markteintritt wird erheblich verkürzt; der modelltheoretische Idealfall eines Ad-hoc-Eintritts neuer Anbieter kann besser erreicht werden. Zusätzlich ist es möglich, dass aufgrund ausländischer Konkurrenz überhaupt erst potentielle Konkurrenten bereitstehen.

Insbesondere kleine Länder, darunter auch viele Entwicklungsländer, könnten durch die internationale Bestreitbarkeit der Märkte gewinnen, da ihre nationalen Märkte zu klein sind, um die bei optimaler Produktionsgröße produzierten Mengen abzusetzen. Kostenvorteile aufgrund von Massenproduktion oder Verbundvorteilen können daher allein im nationalen Rahmen nicht ausgenutzt werden. Ist hingegen eine internationale Bestreitbarkeit möglich, können kleine Länder effizienter produzieren, da sie ihre Produkte und Dienstleistungen auf dem Weltmarkt absetzen können, oder sie können Güter und Dienstleistungen kostengünstiger importieren (Armstrong und Read 1998).

#### *3.3.4.1 Bewertung*

Die Orientierung der Handelspolitik an dem umfassenderen Ansatz der internationalen Bestreitbarkeit nationaler Märkte unterstützt das Ziel der Handelspolitik, den grenzüberschreitenden Handel zu liberalisieren, wirkungsvollen Marktzugang zu ermöglichen und dadurch eine effiziente internationale Arbeitsteilung zu erreichen. Dies sichert nicht nur den Marktzugang zu einem ausländischen Markt, sondern darüber hinaus auch gleiche Wettbewerbsbedingungen innerhalb des Marktes. Des Weiteren wird bei bestreitbaren Märkten nicht zwischen der Art der Markteintrittsbarriere unterschieden, sodass gleichermaßen staatliche Handelshemmnisse (Zölle, Steuerdiskriminierung, administrative Hemmnisse etc.) wie Marktstrukturbarrieren (Kartelle, Zugang zu Netzwerken, Verrechnungspreise etc.) Gegenstand der Liberalisierungsverhandlungen sein müssten.[128] Die Theorie bestreitbarer Märkte unterstützt nicht nur die handelspolitische Zielsetzung, sondern kann gleichzeitig eine Orientierung für die inhaltliche Ausgestaltung nationaler Regulierungen und für die Wahl der internationalen Kooperationsform geben. Richtlinien für die wettbewerbsfördernde, nationale institutionelle Ausgestaltung sind insbesondere für den stark regulierten Sektor der Kommunikationsdienstleistungen notwendig. Durch die internationale Bestreitbarkeit nationaler Märkte könnte die ökonomische Effizienz sowohl statisch wie auch dynamisch weltweit gesteigert werden (Siebert 2000a, 1999; Siebert und Klodt 1999). Die Theorie bestreitbarer Märkte ist daher als Orientierung für die Liberalisierung des internationalen Handels – insbesondere des Dienstleistungshandels – geeignet.[129]

In der wissenschaftlichen Literatur ist die Ausrichtung der Handelspolitik an dem Ziel der internationalen Bestreitbarkeit nationaler Märkte des Öfteren gefordert worden.[130] In der politischen und wissenschaftlichen Diskussion wird den-

---

128 Vgl. Hoekman und Mavroidis (1996), Kawamoto (1996), Lawrence (1996), Schoenbaum (1996), Zampetti und Sauvé (1996).

129 So auch Hoekman und Mavroidis (1996), Kawamoto (1996), Lawrence (1996), OECD (1996), Sauvé (1996), Schoenbaum (1996), Zampetti und Sauvé (1996). Graham und Lawrence (1996) diskutieren Ansätze für eine empirische Messung der internationalen Bestreitbarkeit von Märkten.

130 „When the forces driving these trends are appreciated, it becomes clear that these issues of market access and market presence require a comprehensive rather than a piecemeal approach. From a public policy perspective, the principle goal should be to achieve an international regime in which domestic markets are internationally contestable." Lawrence (1996: 32).

„As noted earlier, new dimensions have emerged which go beyond the confines of the market access concept as traditionally understood in the GATT and incipient WTO contexts. Hence, in order to buttress the multilateral trading system's competition enhancing role, one possible approach could be to focus the attention of the trade policy community on the more comprehensive objective of international contestability of markets. ... Hence, market access conditions and, more generally, the competitive process should not be unduly impaired or distorted by the totality of potential barriers, including traditional border barriers, investment conditions, structural impediments, regulatory regimes as well as private anti-competitive practices." Zampetti und Sauvé (1996: 337).

"If the multilateral trading system is to be responsive to the needs of business at large, and particularly those of globalising firms which are ever deepening their involvement in various domestic markets, it should effectively address domestic regulations. These are an integral part of the new dimensions of market access, currently discussed by the Trade Committee. In the post-Uruguay Round multilateral trading system, domestic regulatory regimes too should be designed to help underpin the concept of 'international contestability of markets', where foreign firms will have unimpaired access and opportunities to compete under conditions comparable to those enjoyed by domestic firms." Kawamoto (1996: 16).

„... the objective underlying multilateral rules and co-operation is to enhance market-access conditions, broadly defined. This goes far beyond reduction in trade barriers to include the impact of investment policies, industrial policies and anti-trust

noch zumeist auf die traditionellen Grundprinzipien einer Handelsordnung zurückgegriffen, wie sie durch die Handelsliberalisierung in der Tradition des GATT bekannt sind. Die neue Dimension des Marktzugangs findet eine zu geringe Beachtung. Im folgenden Abschnitt sollen deshalb Kriterien hergeleitet werden, woran sich ein internationales Regelwerk orientieren sollte, um eine weitergehende Handelsliberalisierung für Kommunikationsdienstleistungen zu erreichen. Diese Kriterien bauen auf den Erkenntnissen der Außenwirtschaftstheorie auf, gehen aber über die bekannten Prinzipien hinaus, um die stärkere Bedeutung des wirksamen Marktzugangs und der Marktpräsenz herauszustellen. Die Theorie bestreitbarer Märkte dient dafür als Referenzmaßstab.

## 3.4 Kriterien für ein effizientes multilaterales Regelwerk

Ziel eines effizienten multilateralen Regelwerks ist es, die Barrieren im internationalen Handel mit Kommunikationsdienstleistungen zu reduzieren und gleiche Wettbewerbsbedingungen für in- und ausländische Unternehmen zu erreichen. Dafür müssen nicht nur Grenzbarrieren abgebaut werden, sondern darüber hinaus muss die internationale Bestreitbarkeit nationaler Kommunikationsdienstleistungsmärkte gefördert werden. Insbesondere müssen die Kosten des Markteinund -austritts minimiert werden. Die Zweckmäßigkeit einer internationalen Kooperation und Handelsliberalisierung lässt sich daran messen, inwieweit diese Zielsetzung erreicht wird und der institutionelle Wettbewerb bestehen bleibt. Zusätzlich muss die Souveränität der Mitgliedstaaten beachtet werden. Multilaterale Regelungen sind nur sinnvoll, wenn die Effizienz und weltweite Wohlfahrt gesteigert und der Wettbewerb nicht behindert wird. Da eine Einigung auf verbindliche Regeln und/oder Ziele auch Kosten – insbesondere in dynamischer Sicht – verursacht, muss im Einzelfall analysiert werden, ob der Nutzen einer internationalen Regelung die Kosten übersteigt.

Die Anforderungen an ein internationales Regelwerk sollen im Folgenden für den internationalen Handel mit Kommunikationsdienstleistungen anhand von Kriterien konkretisiert werden, die auf den Grundprinzipien der Handelspolitik – Liberalisierung und Nichtdiskriminierung – aufbauen. Die Kriterien berücksichtigen zusätzlich die neue Dimension des Marktzugangs basierend auf dem theoretischen Fundament der Theorie bestreitbarer Märkte. Die spezifischen Eigenschaften und Probleme der Kommunikationsdienstleistungsmärkte werden ebenso berücksichtigt wie Erkenntnisse aus der industrieökonomischen Literatur.

---

policies. Useful concepts in this connection are: (i) the contestability of markets and (ii) the conditions of competition on a market." Hoekman und Mavroidis (1996: 188).

Die Ziele der Handelspolitik werden so in einzelne Teilkriterien gefasst, und es wird eine detailliertere Analyse ermöglicht.

Die Argumentation konzentriert sich auf die internationale Dimension; die Kriterien können teilweise aber auch für eine ordnungspolitische Analyse nationaler Kommunikationsdienstleistungsmärkte angewandt werden. Das bestehende multilaterale Vertragswerk des GATS für den Kommunikationsdienstleistungssektor kann danach bewertet werden, ob und wieweit diese Kriterien berücksichtigt sind. Darüber hinaus geben die Kriterien auch eine Orientierung für eine Reform des GATS. Des Weiteren können einzelne Reformvorschläge und Liberalisierungsangebote bei multilateralen Verhandlungen anhand dieser Kriterien bewertet werden.

### 3.4.1 Marktzugang

Das Ziel der Handelspolitik ist die fortschreitende Handelsliberalisierung und die Öffnung nationaler Märkte für ausländische Güter und Dienstleistungen. Die zentrale Forderung der Theorie bestreitbarer Märkte ist der ungehinderte Markt-ein- und austritt. Um die Liberalisierung und die Bestreitbarkeit der nationalen Kommunikationsdienstleistungsmärkte zu fördern, muss deshalb ein multilaterales Regelwerk dazu beitragen, den Marktzugang für ausländische Anbieter zu ermöglichen.

Der internationale Dienstleistungshandel umfasst unterschiedliche Erbringungsformen.[131] Es ist notwendig, dass ein multilaterales Regelwerk keine Vorgaben enthält, wie die Dienstleistungsanbieter Handel treiben. Sie müssen frei entscheiden können, welche Form des Marktzugangs die für sie effizienteste ist. Hierfür muss die technologische Neutralität des Marktzugangs gewährleistet sein, d.h., die Marktöffnung darf nicht von der gewählten technischen Erbringungsform abhängen. Des Weiteren muss der internationale Handel für notwendige komplementäre Dienstleistungen und Güter, die freie Ein- und Ausreise natürlicher Personen und internationale Direktinvestitionen zulässig sein. Nur wenn durch ein internationales Regelwerk der Marktzugang unabhängig von der gewählten Handelsform (Erbringungsart und Technologie) möglich ist, können sich die Unternehmen stets für den effizientesten Weg entscheiden und sich neuen Markterfordernissen anpassen.

Um freien internationalen Dienstleistungshandel zu ermöglichen, muss der gewährte Marktzugang unabhängig vom Herkunftsland des Anbieters möglich

---

[131] Die vier unterschiedlichen Arten der Dienstleistungserbringung (grenzüberschreitender Handel, Konsum im Ausland, kommerzielle Präsenz und Anwesenheit natürlicher Personen) wurden in Abschnitt 2.1 dargestellt.

sein. Es muss eine Chancengleichheit für die Unternehmen aus allen Unterzeichnerstaaten gelten. Freier Marktzugang erfordert weiterhin die diskriminierungsfreie Allokation knapper internationaler Ressourcen (z.B. Satellitenorbitalpositionen oder grenzüberschreitende Funkfrequenzen).

### 3.4.2 Kompetitive Marktstruktur

Das Ziel der Nichtdiskriminierung ist nur erfüllt, wenn ausländische Unternehmen nicht nur Zugang zum Markt besitzen, sondern auch objektive, diskriminierungsfreie und identische Wettbewerbsbedingungen im Markt herrschen. Auch aus den Homogenitätsannahmen der Theorie bestreitbarer Märkte folgt, dass keine Unterschiede zwischen den Anbietern bestehen, die eine diskriminierende Auswahl rechtfertigen könnten.

Eine kompetitive Marktstruktur ist gewährleistet, wenn sich die nationalen Wettbewerbsbestimmungen an objektiven Kriterien orientieren und nicht nach dem Herkunftsland einzelner Anbieter unterscheiden. Die nationale Wettbewerbspolitik sollte auf staatliche Eingriffe verzichten, die den Wettbewerb behindern, wie z.B. staatliche Monopolgarantien oder wettbewerbsbehindernde Regulierungen. Staatliche Eingriffe, die den Wettbewerb fördern, wie z.B. die Verpflichtung zur Netzzusammenschaltung, sind hingegen notwendig und effizienzsteigernd. Aus der Theorie bestreitbarer Märkte kann abgeleitet werden, welche Form der staatlichen Regulierung wettbewerbsfördernd oder wettbewerbsbehindernd ist.[132] Orientiert sich die nationale Wettbewerbspolitik an der Bestreitbarkeit, so wird auch das Kriterium einer kompetitiven Marktstruktur erfüllt.

Die Diskriminierungsfreiheit muss auch bei der nationalen Allokation knapper Ressourcen durch ein objektives Zuteilungsverfahren gewährleistet sein, und das öffentliche Beschaffungswesen muss nach objektiven Kriterien entscheiden. Diskretionäre kulturelle oder politische Markteingriffe widersprechen einer kompetitiven Marktstruktur, da sie objektiv schwer nachvollziehbar sind und jederzeit zu protektionistischen und industriepolitischen Maßnahmen führen können. Solange die Märkte bestreitbar sind, können die Unternehmen entscheiden, ob Größen- und Verbundvorteile durch Fusionen realisiert werden können oder ob die Produktion durch ein Netzwerk kleiner, selbständiger Unternehmen effi-

---

132 Staatliche Regulierung ist grundsätzlich mit der Theorie bestreitbarer Märkte vereinbar. Entscheidend ist die Wirkung auf den Wettbewerb und die Bestreitbarkeit der Märkte. Vgl. Baumol und Willig (1986: 27–32).

zienter ist. Bestreitbare Märkte sind unabhängig von der Größe und Zahl der Unternehmen effizient.[133]

### 3.4.3 Kompatibilität

Das Kriterium der Kompatibilität unterstützt die Forderung nach einer kompetitiven Marktstruktur, denn die Kommunikationsdienstleistungsmärkte sind durch Netzwerkeffekte gekennzeichnet. Märkte mit Netzwerkeffekten tendieren zu wenigen Anbietern, wenn der Nutzen aufgrund des Netzwerks hinreichend groß ist. Dies kann dazu führen, dass der Wettbewerb *um* einen Markt, nicht *in* einem Markt stattfindet. Abgestimmtes Verhalten konkurrierender Anbieter kann auf Märkten mit Netzwerkeffekten wohlfahrtssteigernd sein, wenn durch die Kompatibilität die Netzgröße insgesamt zunimmt. Die Kompatibilität besitzt daher eine zentrale Funktion für verbesserte Markteintrittschancen.

Das Kriterium der Kompatibilität kann aus der Theorie bestreitbarer Märkte begründet werden, da bei vollständig bestreitbaren Märkten annahmegemäß keine Markteintritts- und Marktaustrittskosten bestehen. Für die auf Netzwerken basierenden Kommunikationsdienstleistungen kann die Nichtexistenz von Markteintritts- und -austrittskosten nur dann erreicht werden, wenn nicht jeder Anbieter eine eigene Infrastruktur aufbauen muss, sondern jeder einen gleichberechtigten Zugang zu vorhandenen Netzinfrastrukturen besitzt oder eigenständige Infrastruktursegmente mit bestehenden Netzen kompatibel sind.

Die Ermittlung der ökonomisch effizientesten Form der Kompatibilität ist elementar. Entscheidend ist das richtige Ausmaß, der richtige Zeitpunkt und die dynamischen Auswirkungen der Kompatibilität. Die umfangreiche industrieökonomische Literatur liefert Anhaltspunkte zur Lösung dieses Problems.[134] Allerdings kommen industrieökonomische Modelle mit Netzwerkeffekten je nach Modellannahmen zu sehr unterschiedlichen Ergebnissen. Allgemein gültige Empfehlungen sind daher problematisch. Standardisierung kann, da der individuelle Nutzen mit der Netzgröße steigt, wohlfahrtssteigernd wirken; sie kann

---

133 Um grenzüberschreitend wettbewerbsbehinderndes Verhalten von Unternehmen zu unterbinden (z.B. weltweite Monopolstellung oder grenzüberschreitende Auswirkungen nationaler Fusionen) könnte eine eigenständige internationale Wettbewerbsordnung notwendig sein. Dieses zusätzliche Abkommen kann aber nicht die nationale Wettbewerbspolitik ersetzen, die insbesondere im Hinblick auf den Abbau von Barrieren im Dienstleistungshandel im Vordergrund steht. Darüber hinaus besteht die Gefahr, dass die Vertragstransparenz durch ein zusätzliches Wettbewerbsabkommen verletzt wird. Vgl. hierzu auch Abschnitt 5.4 dieser Untersuchung.

134 Vgl. stellvertretend Besen und Farrell (1994), Choi (1996), Economides (1996), Farrell und Saloner (1986), Gröhn (1999), Katz und Shapiro (1985, 1992, 1994), Köster (1999), Sailer (2001), Shapiro und Varian (1999).

aber auch zu einer Reduktion des Wettbewerbs und dadurch zu steigenden Preisen führen.

Besteht keine Kompatibilität zwischen Kommunikationsnetzen, so kann Wettbewerb nur zwischen konkurrierenden Netzen, nicht aber um unterschiedliche Dienstleistungsangebote auf demselben Netz stattfinden, d.h., Dienstleistungswettbewerb wird durch Kompatibilität erst ermöglicht. Die Kompatibilität erhöht die Transparenz und führt zu einer größeren Produktvielfalt, da Produkte und Dienstleistungen unterschiedlicher Anbieter kombiniert werden können. Steigen die Preise um weniger als der Nutzengewinn aufgrund des größeren Netzwerks und steigt die Marktnachfrage insgesamt, so gewinnen Konsumenten und Anbieter gleichermaßen durch die Kompatibilität. Ein dominanter Anbieter oder ein technologisch führendes Unternehmen haben jedoch einen geringen Anreiz, freiwillig eine Kompatibilität ihrer Produkte zu erreichen, da dies den Wettbewerb erhöht und ihre Marktposition schwächt. Gesamtwirtschaftlich können daraus Wohlfahrtsverluste resultieren (Sailer 2001: 357–358).

Die Netzwerkgröße nimmt durch technische Kompatibilität zu, und parallele Infrastrukturinvestitionen können entfallen. Internationale Standardisierung und technische Regulierung bilden die Grundlage für die grenzüberschreitende Kompatibilität. Die internationale technische Harmonisierung und Definition von Schnittstellen schränkt aber die Innovation ein, wenn neue technische Entwicklungen langwierige Standardisierungs- und Genehmigungsverfahren durchlaufen oder sogar neue technische Entwicklungen an einen alten, technisch überholten Standard angepasst werden müssen. Zusätzlich stellt sich die Frage des optimalen Zeitpunkts der Kompatibilität und Standardisierung (Farrell und Saloner 1986; Katz und Shapiro 1992). Eine zu frühe Standardisierung kann ebenso wie eine zu späte Standardisierung zu Wohlfahrtsverlusten führen (Sailer 2001: 354–358). Zusätzlich ist zu prüfen, ob private Anreize für eine wohlfahrtsoptimale Standardisierung bestehen und daher eine staatliche Standardisierung unnötig ist. Um eine ökonomisch effiziente, technische Kompatibilität zu erreichen, ist daher ein internationales Standardisierungsverfahren erforderlich, welches flexibel und situationsabhängig neue technische Entwicklungen berücksichtigt.[135]

Des Weiteren müssen die Preise für die Netznutzung und den Netzzugang den tatsächlichen Kosten entsprechen. Für die grenzüberschreitende Nutzung von Kommunikationsnetzen sind zusätzlich die internationalen Verrechnungspreise und für notwendige vor- und nachgelagerte komplementäre Dienstleistungen der Multimediawertschöpfungskette die Zwischenpreise relevant. Die Ermittlung tat-

---

[135] Die unterschiedlichen Standardisierungsverfahren für Telekommunikationsdienstleistungen und Dienstleistungen der Informationstechnologie wurden im zweiten Kapitel dargestellt. Das flexible und offene Standardisierungsverfahren im Internet ermöglicht eine schnellere Anpassung an innovative Technologien, als das bürokratische Verfahren innerhalb der International Telecommuncations Union (ITU).

sächlicher Kosten ist problematisch, da unterschiedliche Verfahren zu unterschiedlichen Ergebnissen kommen. Vor allem sind die Anreizwirkungen je nach Preisgestaltung verschieden. Zu hohe Netzzugangsgebühren reduzieren den Wettbewerb, fördern aber den Ausbau und Erhalt der Infrastruktur. Zu geringe Preise können die Innovationstätigkeit einschränken.[136]

Das Kriterium der Kompatibilität sollte aber nicht nur hinsichtlich der technischen Kompatibilität, sondern auch für die institutionelle Kompatibilität erfüllt sein, d.h., es bezieht sich auch auf die unterschiedlichen nationalen institutionellen Rahmenbedingungen. Die institutionelle Kompatibilität erfordert die Vereinbarkeit nationaler Regelwerke untereinander bzw. mit international vereinbarten Rechtsgrundsätzen. Dies bedeutet nicht, dass eine vollständige Harmonisierung der nationalen Regelwerke notwendig ist. Vielmehr sollte es das Ziel sein, entweder eine internationale Einigung auf regulatorische und rechtliche Mindeststandards oder eine wechselseitige Anerkennung zu erreichen. Eine unzureichende internationale Kompatibilität nationaler Regelwerke wirkt sich besonders im Zusammenhang mit grenzüberschreitendem elektronischen Geschäftsverkehr handelshemmend aus. Wenn die inhaltliche Ausgestaltung der gesetzlichen Normen in den einzelnen Staaten stark divergiert, muss festgelegt werden, welches Rechtssystem für elektronisch, grenzüberschreitend gehandelte Dienstleistungen und Waren wirksam ist. In diesem Zusammenhang stellt sich die Frage, wie das Herkunftsland ermittelt werden kann und wer die Steuerhoheit auf elektronisch, grenzüberschreitend gehandelte Dienstleistungen besitzt.

### 3.4.4 Transparenz

Die Forderung nach Transparenz ist ein Teilkriterium zur Umsetzung der Nichtdiskriminierung als zentrale Forderung der Handelspolitik. Eine Gleichbehandlung von in- und ausländischen Anbietern kann nur erreicht werden, wenn die relevanten nationalen Regelungen und Vertragsverpflichtungen bekannt sind und staatliches Handeln transparent und anhand objektiver Kriterien nachvollziehbar ist. Die Theorie bestreitbarer Märkte fordert für die Bestreitbarkeit, dass vollständige Information herrscht, keine Informations- und Transaktionskosten bestehen und die Homogenitätsannahmen erfüllt sind. Des Weiteren dürfen keine Markteintritts- und -austrittskosten existieren. Diese Anforderungen können nur dann erfüllt werden, wenn eine weitreichende Transparenz besteht. Durch Transparenz werden die Informationskosten und damit auch die Markteintritts- und -austrittskosten reduziert, und der Idealzustand vollständiger Information wird (näherungsweise) erreicht. Da auf Kommunikationsdienstleistungsmärkten Netz-

[136] Vgl. hierzu die Ausführungen in Abschnitt 5.4 sowie Laffont und Tirole (2000).

werkeffekte bestehen, ist die Erwartungsbildung der Konsumenten über die zukünftige Netzwerkgröße von entscheidender Bedeutung für die Marktstruktur.[137] Nur durch Transparenz wird eine rationale Erwartungsbildung ermöglicht.[138]

Ein multilaterales Regelwerk zur Liberalisierung des grenzüberschreitenden Handels mit Kommunikationsdienstleistungen muss daher das Kriterium der Transparenz erfüllen. Dadurch wird die Nichtdiskriminierung umgesetzt und die Bestreitbarkeit der Märkte gefördert. Die Transparenzanforderung erstreckt sich auf die Transparenz staatlichen Handelns und die Vertragstransparenz.

Das Kriterium der Transparenz staatlichen Handelns ist besonders für die Kommunikationsdienstleistungsmärkte, die durch vielfältige staatliche Eingriffe gekennzeichnet sind, relevant.[139] Die staatliche Regulierung z.B. des Netzzugangs, der Universaldienstverpflichtung oder der Lizenzierung beeinflusst den Handlungsspielraum der Unternehmen. Unabhängig von der inhaltlichen Ausgestaltung der Regulierung – vgl. hierzu die Ausführungen zu den anderen Kriterien – ist es für jedes in- und ausländische Unternehmen grundlegend, dass es gesicherte Informationen darüber erhält, welche Regelungen gültig sind und wie diese das Handeln des Unternehmens berühren. Für ein ausländisches Unternehmen, welches neu in den Markt eintreten möchte, kann besonders die Kompetenzzuordnung und die Regelungsvielfalt innerhalb eines Staates unklar sein (Langhammer und Lücke 1999; Kong 2000). Dies führt zu einer hohen Unsicherheit für die Unternehmen, wodurch der Markteintritt be- oder sogar verhindert wird. Staatliche Regulierung sollte daher auf ein notwendiges Maß beschränkt sein; die bestehenden Regeln müssen eindeutig und die Kompetenzzuordnung klar ersichtlich sein.

Die Transparenzanforderung erstreckt sich auch auf die Transparenz des multilateralen Regelwerks. Aus den Verträgen muss eindeutig hervorgehen, welche Regelungen für welche Kommunikationsdienstleistungen unter welchen Umständen gelten. Unternehmen müssen ohne umfangreiche Vertragsinterpretation erkennen können, welche Marktzugangsbeschränkungen weiterhin bestehen bleiben und in welchen Bereichen eine (eingeschränkte) Marktpräsenz möglich ist. Dies gilt nicht nur für Grenzbarrieren, sondern insbesondere für Barrieren innerhalb des Marktes. Darüber hinaus sollten die einem multilateralen Abkommen zur Reduktion der Hemmnisse im internationalen Handel vorangehenden Verhandlungen dem Kriterium der Transparenz folgen, damit divergierende Interessen im Vorfeld berücksichtigt werden. Die Vertragstransparenz fordert, dass

---

137 Vgl. Economides (1996), Farrell und Saloner (1986), Katz und Shapiro (1992), Köster (1999), Shapiro und Varian (1999).

138 Mögliche Prognosefehler einer zukunftsorientierten Erwartungsbildung bleiben weiterhin bestehen.

139 Vgl. hierzu Kapitel 2 dieser Untersuchung.

multilaterale Verträge konsistent sind, d.h. Komplementaritäten der Handelsliberalisierung berücksichtigt und Überschneidungen zwischen unterschiedlichen Regelwerken vermieden bzw. klar geregelt werden.

Zusätzlich sollte ein internationales Regelwerk zur Transparenz der Anbieter von Internetdienstleistungen beitragen, da aufgrund mangelhafter Kenntnisse über die Qualität unterschiedlicher Anbieter eine international objektive Auswahl des besten Anbieters erschwert wird. Die Einigung auf internationale Qualitätssiegel, Mindeststandards o.ä. rechtfertigt nicht zwangsläufig einen staatlichen Eingriff, denn die Unternehmen haben einen Anreiz, selbst für diese internationale Transparenz zu sorgen, da so neue Absatzmärkte erschlossen werden können.

### 3.4.5 Rechtssicherheit

Das Grundprinzip der Liberalisierung erfordert, dass eine in Verhandlungen zugesagte Reduktion von Handelshemmnissen auch tatsächlich umgesetzt wird. Die Einhaltung von vertraglichen Verpflichtungen und die objektive Überprüfung von Maßnahmen, die damit nicht vereinbar sind, sind deshalb für die Stabilität einer internationalen Handelsordnung notwendig. Nur wenn das Kriterium der Rechtssicherheit bei der Ausgestaltung eines multilateralen Regelwerks berücksichtigt wird, ist die dauerhafte Reduktion von Handelsbarrieren und die Stabilität einer Welthandelsordnung gewährleistet.

Auf bestreitbaren Märkte bestehen keine Markteintritts- und –austrittsbarrieren. Für die in dieser Arbeit untersuchten Kommunikationsdienstleistungen ist die Reduktion der Markteintrittsbarrieren oft mit staatlicher Regulierung verbunden, wie z.B. die Verpflichtung zur Netzzusammenschaltung und Netznutzung.[140] Neu in den Markt eintretende Unternehmen müssen Gewissheit darüber besitzen, dass diese Regulierungsauflagen auch tatsächlich angewandt und durchgesetzt werden, d.h., sie benötigen Rechtssicherheit. Bei Nichteinhaltung muss die Möglichkeit einer objektiven Überprüfung bestehen.

Das Kriterium der Rechtssicherheit führt zu einer Legalisierung des Welthandelssystems anstelle der bisher vorherrschenden Handelsdiplomatie. Durch die Legalisierung wird die Willkür politisch motivierter Entscheidungen der Handelsdiplomatie eingeschränkt und die Objektivität erhöht. Die Rechtssicherheit und Vertragsdurchsetzung wird durch eindeutige Regelungen und inhaltlich präzise Formulierungen gefördert, da so unterschiedliche Ex-post-Interpretationen des Vertragstextes erschwert werden. Des Weiteren tragen das im Abkommen geregelte Streitschlichtungsverfahren und die a priori festgelegten Sanktionsme-

---

[140] Vgl. hierzu auch das Kriterium der Kompatibilität.

chanismen bei Verletzung vertraglicher Verpflichtungen zur Vertragseinhaltung bei. Die Rechtssicherheit gilt sowohl für privat-rechtliche und öffentlich-rechtliche Rechtsbeziehungen, wie auch für die Dimension des internationalen Rechts.

Das Kriterium der privaten Rechtssicherheit bezieht sich auf Rechtsbeziehungen zwischen Privatrechtssubjekten, wie z.B. Verträge zwischen Unternehmen oder zwischen Anbieter und Endkonsument. Die grundlegende Voraussetzung für grenzüberschreitende, privatrechtliche Vertragsbeziehungen ist die Garantie von Eigentumsrechten und die Informations- und Vertragsfreiheit. Die Garantie von Eigentumsrechten bezieht sich auf physisches Eigentum (ausländische Direktinvestitionen), wie auch auf immaterielle Eigentumsgüter (Patentrechte, Schutz geistigen Eigentums). Zur Lösung von Rechtsstreitigkeiten muss ein unabhängiges, objektives und transparentes Gerichtswesen bestehen. Des Weiteren sollte ein internationales Regelwerk zur privaten Rechtssicherheit bei grenzüberschreitenden elektronischen Geschäftsvorgängen beitragen (z.B. elektronische Unterschrift, Garantieansprüche oder Streitbeilegung bei Internetgeschäften).

Das Kriterium der öffentlichen Rechtssicherheit bezieht sich auf öffentlich-rechtliche Vertragsbeziehungen und Eingriffe des Staates in die private Vertragsfreiheit. Diktatorische Staaten mit einem zentralen Informationsmonopol behindern die private Vertragsfreiheit in starkem Maße. Aber auch demokratische Staaten können legitime staatliche Ziele nutzen, um den grenzüberschreitenden Handel zu behindern. Beispielsweise können öffentlich-rechtliche Eingriffe zum Schutz der Bevölkerung sowohl handelsfördernd sein, beispielsweise wenn garantierter Daten- und Persönlichkeitsschutz das Vertrauen in Kommunikationsdienste fördert oder aber den Handel behindern, wenn der Jugend- oder Gesundheitsschutz sehr weitgehend definiert wird. Das Kriterium der öffentlichen Rechtssicherheit ist dann erfüllt, wenn staatliche Ziele mit dem geringst möglichen Eingriff in privatrechtliche Wirtschaftsbeziehungen verbunden sind und ein unabhängiges, objektives und transparentes Gerichtsverfahren existiert, wodurch staatliches Handeln kontrolliert werden kann.

Das Kriterium der internationalen Rechtssicherheit bezieht sich auf die Eindeutigkeit und Einhaltung internationaler vertraglicher Verpflichtungen. Ein internationales Regelwerk für den Handel mit Kommunikationsdienstleistungen sollte eindeutige Regelungen enthalten, wie das Herkunftsland und die Grenzüberschreitung ermittelt werden und welcher Staat unter welchen Umständen die Steuerhoheit besitzt. Des Weiteren ist es auch auf internationaler Ebene wichtig, dass Rechtsverletzungen von einer unabhängigen Schiedsinstanz in einem objektiven und transparenten Verfahren überprüft werden können.

### 3.4.6 Dynamische Effizienz

Die Berücksichtigung des Ziels der Liberalisierung in Teilschritten erfordert auch eine dynamische Betrachtung des Liberalisierungsprozesses. Die Umsetzung der Kriterien des Marktzugangs und der kompetitiven Marktstruktur führen zu einer unmittelbar wirksamen Reduktion von Handelsbarrieren und damit zu einer gesteigerten statischen Effizienz, d.h. zu einer Liberalisierung zu einem festen Zeitpunkt. Damit diese zunächst statische Effizienz auch unter zukünftigen, veränderten Rahmenbedingungen zur Reduktion von Handelsbarrieren beiträgt, muss zusätzlich die dynamische Effizienz erfüllt sein. Der drohende Markteintritt durch potentielle Konkurrenz zwingt die Unternehmen auf bestreitbaren Märkten nicht nur zur statischen Effizienz, sondern ebenso zur fortlaufenden Anpassung an Veränderungen, um der potentiellen Konkurrenz zuvorzukommen. Nur ein dynamisch effizientes Regelwerk kann daher mit der Forderung nach einer Bestreitbarkeit der Märkte vereinbar sein.

Ein Element der dynamischen Effizienz ist die Vertragsflexibilität. Der Markt für Kommunikationsdienstleistungen ist durch eine hohe Innovationsdynamik geprägt. Dies gilt nicht nur für technische Innovationen, wie beispielsweise die schnellere Übertragungsgeschwindigkeit oder den Mobilfunk, sondern auch für grundsätzlich neu entwickelte Dienstleistungen, wie z.B. unterschiedliche Formen des elektronischen Geschäftsverkehrs, Call-by-call-Angebote oder der M-Commerce. Ein internationales Regelwerk ist nur dynamisch effizient, wenn sich die Regelungen an ein neues Umfeld anpassen und neue Dienstleistungen automatisch von einer Handelsliberalisierung erfasst werden. Insbesondere darf ein internationales Regelwerk nicht die technische Konvergenz, die Konvergenz der Kommunikationsdienstleistungen sowie die Markteinführung von Innovationen behindern.

Die Anreizkompatibilität ist ein weiteres Element dynamischer Effizienz. Ein internationales Abkommen und ein daraus hervorgehendes internationales Regelwerk muss zwischen souveränen Staaten, als Rechtssubjekte des internationalen Rechts, geschlossen werden. Steht ein solcher internationaler Vertrag nicht im Eigeninteresse jedes potentiellen Unterzeichnerstaates, wird es nicht zum Abschluss kommen. Die dynamische Effizienz verlangt zusätzlich, dass nicht nur der Anreiz zur Unterzeichnung, sondern ebenso zur Vertragseinhaltung gegeben ist. Der Anreiz für die Regierung eines Staates, sich einem multilateralen Regelwerk für den Handel mit Kommunikationsdienstleistungen zu unterwerfen, ist nur dann gegeben, wenn durch das Regelwerk die zukünftige Wohlfahrt des

Landes gefördert wird. Nur ein anreizkompatibler internationaler Vertrag kann nachhaltig den internationalen Handel mit Kommunikationsdienstleistungen fördern. Es muss eine Balance zwischen Souveränität und diskretionären Handlungsspielraum einerseits und internationaler Kooperation und Vertragsdurchsetzung andererseits bestehen.

Das grundlegende Ziel der Handelspolitik, eine fortschreitende Liberalisierung zu erreichen, erfordert ein Vertragswerk, welches langfristige Stabilität gewährt und ein Verhandlungsforum für weitergehende Liberalisierungsschritte beinhaltet. Die dynamische Effizienz wird erreicht, wenn einzelne Liberalisierungsschritte für die Zukunft bindend bleiben, eine Ausbreitung der Liberalisierung gewährleistet ist und der Anreiz für einzelne Länder besteht, Marktzutrittserleichterungen zu gewähren. Die Verhandlungsmechanismen der Reziprozität, der Meistbegünstigung und des „single undertaking" sind für diese dynamische Effizienz förderlich.

## 3.5 Zwischenergebnis

Die Reduktion bestehender Handelshemmnisse wird durch eine multilaterale Kooperation ermöglicht, und die Liberalisierungsverhandlungen sollten den wirksamen Marktzugang durch die internationale Bestreitbarkeit nationaler Kommunikationsdienstleistungsmärkte fördern. Ein multilaterales Regelwerk zum Abbau von Barrieren im internationalen Handel mit Kommunikationsdienstleistungen ist effizient, wenn die in diesem Kapitel hergeleiteten Kriterien des Marktzugangs, der kompetitiven Marktstruktur, der Kompatibilität, der Transparenz, der Rechtssicherheit sowie der dynamischen Effizienz erfüllt sind. Im folgenden Kapitel wird das Regelwerk des GATS untersucht, und es wird analysiert, inwieweit die geforderten Kriterien berücksichtigt sind. Aufbauend auf diesen Erkenntnissen werden im fünften Kapitel Vorschläge für eine GATS-Reform diskutiert.

# 4 Das bestehende Regelwerk des GATS für Kommunikationsdienstleistungen: Innovation und Defizite

Das vorherige Kapitel hat die Anforderungen an ein effizientes multilaterales Regelwerk für den grenzüberschreitenden Handel mit Kommunikationsdienstleistungen analysiert. Im Folgenden wird anhand der geforderten Kriterien untersucht, inwieweit das GATS diese erfüllt bzw. welche strukturellen Defizite weiterhin bestehen. Zunächst wird deshalb das bestehende Regelwerk des GATS dargestellt. Es wird sowohl auf die generelle Struktur des GATS, die sich auf alle Dienstleistungssektoren bezieht als auch auf die speziellen Regelungen für den Sektor der Kommunikationsdienstleistungen eingegangen. Anschließend wird die Umsetzung der Kriterien analysiert; eine Diskrepanz zwischen den Anforderungen für ein effizientes internationales Regelwerk und der tatsächlichen Ausgestaltung des GATS wird festgestellt. Dies bildet die Grundlage für die Diskussion von Reformvorschlägen im fünften Kapitel dieser Untersuchung.

## 4.1 Allgemeine Vertragsverpflichtungen für internationale Dienstleistungstransaktionen

Das GATS-Übereinkommen ist Bestandteil des völkerrechtlichen WTO-Abkommens und wurde im Rahmen der Uruguay-Runde ausgehandelt. Es ist zum 01.01.1995 in Kraft getreten und enthält zum einen direkt in den Handelsverkehr einwirkende Rechtsnormen. Zum anderen stellt es ein Forum für zukünftige Liberalisierungsverhandlungen dar, um eine weitergehende Reduktion der Handelsbarrieren für den internationalen Dienstleistungshandel zu erreichen.[141] Das GATS-Abkommen setzt sich zusammen aus dem 29 Artikel umfassenden Vertragstext, den länderspezifischen Liberalisierungsverpflichtungen und den Anhängen zum GATS, die integraler Bestandteil des Abkommens sind.[142]

---

[141] Vgl. Koehler (1999: 85) sowie die Präambel zum GATS-Abkommen.

[142] Vgl. WTO (1995b: 325–364) sowie die Analyse des GATS in Krancke (1999).

### 4.1.1 Vertragstext

Der Vertragstext ist in sechs Abschnitte unterteilt. Der erste Abschnitt (Art. I) definiert den Geltungsbereich des Abkommens und zentrale Begriffe. Das GATS bezieht sich nach Artikel I Abs. 1 auf alle Maßnahmen von Mitgliedern, die den Handel von Dienstleistungen betreffen. Unter einer Maßnahme ist gemäß der Begriffsbestimmung des GATS jede staatliche Handlung zu verstehen, die internationale Dienstleistungstransaktionen behindert, unabhängig davon, ob sie aufgrund eines Gesetzes, einer Regulierungs-, Verfahrens- oder Verwaltungsvorschrift oder durch faktisches Verwaltungshandeln entsteht. Artikel I Abs. 2 berücksichtigt explizit alle Arten von internationalen Dienstleistungstransaktionen, wie sie im zweiten Kapitel dieser Untersuchung dargestellt wurden.[143]

Der zweite Abschnitt (Art. II – Art. XV) trägt die Überschrift „Allgemeine Pflichten und Disziplinen". Dies lässt vermuten, dass alle Artikel dieses Abschnitts unmittelbare Wirkung entfalten und jedem Mitglied Rechte zugestehen bzw. Pflichten auferlegen. Die Artikel dieses Abschnitts können jedoch besser anhand ihres unterschiedlichen Verpflichtungsgehalts für die WTO-Mitglieder dargestellt werden (allgemeingültige, bedingt wirksame und verhandelbare Regeln), denn einige Artikel enthalten – entgegen der anders lautenden Überschrift – keine direkt wirksame Norm.

Die allgemeingültigen Regeln (Art. II, III, IV, V, VIII, XIV) erlauben den WTO-Mitgliedern Handlungen oder verpflichten sie zu Maßnahmen unabhängig davon, ob und welche spezifischen Liberalisierungsverpflichtungen für einzelne Dienstleistungssektoren eingegangen worden sind. Diese beinhalten die Forderung nach Transparenz staatlicher Vorschriften, die den internationalen Dienstleistungshandel betreffen (Art. III),[144] die verstärkte Beteiligung der Entwicklungsländer (Art. IV), die Rechte und Pflichten staatlich garantierter Monopolunternehmen (Art. VIII), die Anforderungen an die Vereinbarkeit regionaler Handelsabkommen mit den Regeln des GATS (Art. V) oder allgemeine Ausnahmeregeln (Art. XIV). Von besonderer Bedeutung ist die Gültigkeit der unkonditionierten Meistbegünstigungsklausel (Most Favoured Nation Principle (MFN))[145], die in Artikel II Abs. 1 als allgemeingültige Verpflichtung formuliert

---

143 Ausgenommen sind Dienstleistungen im Rahmen staatlicher Aufgaben, die weder einem Erwerbszweck dienen, noch in Konkurrenz zu privaten Dienstleistern angeboten werden (z.B. die Aufgaben der Zentralbank).

144 Ausgenommen von der Veröffentlichungspflicht sind Informationen von besonderem staatlichen Interesse oder solche, die „legitimen wirtschaftlichen Interessen" zuwiderlaufen.

145 Die unkonditionierte Meistbegünstigungsklausel besagt, dass jegliche Handelsliberalisierung, die gegenüber einem WTO-Mitglied gewährt wird, automatisch auch gegenüber allen anderen WTO-Unterzeichnerstaaten Gültigkeit besitzt.

ist. Allerdings sind nach Artikel II Abs. 2 Ausnahmen zulässig, die grundsätzlich nicht länger als 10 Jahre Gültigkeit haben sollen und automatisch Gegenstand weiterer Liberalisierungsverhandlungen sind. Jedes Land kann in einem Anhang zum GATS spezifizieren, in welchen Sektoren und gegenüber welchen Handelspartnern Ausnahmen von der Meistbegünstigung gelten.[146]

Die bedingt wirksamen Regeln (Art. VI, XI, XII) entfalten nur Gültigkeit für die Sektoren, in denen länderspezifische Liberalisierungsverpflichtungen eingegangen worden sind. Hierunter fallen die zentralen Artikel, die die innerstaatliche Regulierung (Art. VI) und die Restriktionen des internationalen Zahlungsverkehrs (Art. XI) betreffen. Die objektive und unparteiische Behandlung ausländischer Anbieter, wie sie in Artikel VI formuliert wird, sowie der ungehinderte internationale Zahlungsverkehr, wie er in Artikel XI geregelt ist, gelten nur für die gelisteten Dienstleistungssektoren. Diese Einschränkung wiegt besonders schwer, da die nationale Regulierung das bedeutsamste Handelshindernis im internationalen Dienstleistungshandel ist.

Die verhandelbaren Regeln des GATS (Art. VII, IX, X, XIII, XV) sind Artikel, die inhaltlich nur rudimentär normiert sind oder in denen ausdrücklich auf weitere Verhandlungen verwiesen wird. Die Aufnahme dieser Artikel in das GATS verdeutlicht einerseits die Übereinstimmung zwischen den WTO-Mitgliedern hinsichtlich der grundsätzlichen Regelungsnotwendigkeit. Andererseits zeigt sich, dass während der GATS-Verhandlungen keine Einigkeit darüber erzielt werden konnte, wie die inhaltlichen Anforderungen ausgestaltet sein sollten. Zu den verhandelbaren Regeln zählen die gegenseitige Anerkennung von (Berufs-)Qualifikationen (Art. VII), das öffentliche Beschaffungswesen (Art. XIII), staatliche Subventionen (Art. XV) oder die zeitlich befristete Rücknahme von Liberalisierungsverpflichtungen in Notfallsituationen (Art. X). Auch die seit Abschluss der Uruguay-Runde fortgeführten Verhandlungen haben zu keinen substantiellen Regelungen geführt. Zwar wurden gemeinsame Standards für die gegenseitige Anerkennung von Berufsqualifikationen für Steuerberater und Wirtschaftsprüfer festgelegt (WTO 1998c); insgesamt sind diese Artikel des GATS aber nach wie vor unzureichend normiert.

Der dritte Abschnitt (Art. XVI – Art. XVIII) beinhaltet die Artikel, die den Marktzugang (Art. XVI) und die Inländerbehandlung (Art. XVII) regeln und dadurch die zentrale Methodik der eigentlichen Handelsliberalisierung festlegen.

---

146 Diese Ausnahmen spiegeln die Bedenken einiger Länder wider, dass Dienstleistungsanbieter in relativ geschlossenen Volkswirtschaften vor Konkurrenz geschützt werden und trotzdem die Vorteile des freien Marktzugangs in anderen Ländern besitzen („free rider"-Problem). Darüber hinaus kann eine Meistbegünstigungsausnahme für einige Länder eine „Verhandlungsmasse" darstellen, um bei weiteren Liberalisierungsverhandlungen Reziprozität zu erreichen, d.h., eine Öffnung des nationalen Marktes wird nur bei gleichzeitiger Öffnung des ausländischen Marktes für nationale Dienstleistungen gewährt.

Jedes WTO-Mitglied soll eine Liste der Liberalisierungsverpflichtungen erstellen (so genannte „specific commitments"), aus der für jeden Dienstleistungssektor hervorgeht, inwieweit ein freier Marktzugang möglich ist und die Inländergleichbehandlung gilt. Diese spezifischen Liberalisierungsverpflichtungen sind von zentraler Bedeutung, denn erst hierdurch legen die Staaten fest, welche Handelsbarrieren in den einzelnen Dienstleistungssektoren abgebaut werden bzw. weiterhin Bestand haben. Es steht jedem Unterzeichnerstaat frei, welche Dienstleistungssektoren überhaupt in die Länderliste der Liberalisierungsverpflichtungen aufgenommen werden (dies bindet zumindest den Status quo), für welche Dienstleistungssektoren welche spezielle Erbringungsart zulässig ist oder ob ganze Dienstleistungssektoren von der Handelsliberalisierung ausgenommen bleiben. Die Inländergleichbehandlung und der Marktzugang unterliegen somit dem Ansatz einer Positivliste, d.h., sie werden nur dann für einen Dienstleistungssektor wirksam, wenn dies in der Liste der Liberalisierungsverpflichtungen aufgeführt ist, verbunden mit einer sektorspezifischen Negativliste, d.h., selbst wenn für einen Dienstleistungssektor Marktzugang und Inländergleichbehandlung gewährt wird, können beliebige Einschränkungen gelistet werden.

Die Tatsache, dass der Marktzugang neben der Inländergleichbehandlung gesondert geregelt wird, unterstreicht die Bedeutung, die der Präsenz im Ausland beigemessen wird, um eine Dienstleistung erbringen zu können. Allerdings resultiert auch die Problematik der Überschneidung von Marktzugang und Inländergleichbehandlung, denn die Trennung ist nicht immer eindeutig. Dies hat Konsequenzen für die Handelsliberalisierung, die in den Abschnitten 4.6 und 5.6 dieser Untersuchung weitergehend analysiert werden (Mattoo 1997).

Der vierte Abschnitt (Art. XIX – Art. XXI) regelt den zukünftigen Liberalisierungsprozess und das Verfahren für die Änderung der Listen der Liberalisierungsverpflichtungen. In Artikel XIX ist vertraglich festgelegt, dass die Unterzeichnerstaaten weiterführende Liberalisierungsverhandlungen mit dem Ziel führen, wirksamen Marktzugang zu gewähren. Diese sollen spätestens fünf Jahre nach Inkrafttreten des GATS beginnen. Das Scheitern der Konferenz von Seattle im November 1999 hat dazu geführt, dass keine umfassende Liberalisierungsrunde begonnen wurde. Die Verhandlungen zur weiteren Liberalisierung des Dienstleistungshandels haben – wie vertraglich vereinbart – im Jahr 2000 begonnen; ein substantieller Fortschritt ist bisher aber nicht erreicht worden.[147]

Die Abschnitte fünf und sechs (Art. XXII – Art. XXIX) enthalten institutionelle Regeln, die für den eigentlichen Liberalisierungsprozess von untergeordneter Bedeutung sind. Ein wichtiger Artikel dieses Abschnitts (Art. XXIII) legt

---

[147] Die Verhandlungen haben am 28. März 2001 zu einer Einigung auf Verfahrensrichtlinien für weitere Liberalisierungsverhandlungen geführt. Inhaltlich ist bisher kein Fortschritt erreicht worden.

fest, dass das GATS dem Streitbeilegungsverfahren der WTO unterliegt.[148] Im Rahmen des Schiedsverfahrens sind Strafmaßnahmen gegen ein Land möglich, die auch „cross-retaliation" von Gütern zu Dienstleistungen und umgekehrt beinhalten können. Das Streitbeilegungsverfahren kann sich zu einem bedeutenden Motor der Liberalisierung entwickeln, wenn alle Länder die Schiedssprüche respektieren und umsetzen.[149]

### 4.1.2 Liste der Liberalisierungsverpflichtungen

Die Listen der Liberalisierungsverpflichtungen eines jeden Unterzeichnerstaates sind Bestandteil des GATS-Vertrags und für den Liberalisierungsprozess von zentraler Bedeutung. Einige Artikel des GATS erlangen – wie oben dargestellt – erst dann Gültigkeit, wenn die Unterzeichnerstaaten einen Dienstleistungssektor in ihre jeweilige Länderliste der Liberalisierungsverpflichtungen aufgenommen haben. Insbesondere die im GATT zentralen Prinzipien der Handelsliberalisierung, der Marktzugang und die Inländerbehandlung, unterliegen diesem Vorbehalt.

Artikel XX GATS enthält die Vorgaben für den Aufbau der Liste der Liberalisierungsverpflichtungen. Zunächst müssen die Staaten entscheiden, welche Dienstleistungssektoren[150] in die Liste der Liberalisierungsverpflichtungen aufgenommen werden (Positivliste). Dadurch wird der Staus quo der Handelsbarrieren verpflichtend festgeschrieben, d.h., es dürfen keine zusätzlichen Hemmnisse aufgebaut werden. Darüber hinaus können die Unterzeichnerstaaten die Eintragungen modifizieren, sodass trotz der Aufnahme eines Dienstleistungssektors in die Liste der Liberalisierungsverpflichtungen keine vollständige Liberalisierung erfolgt, sondern weiterhin bestimmte Beschränkungen des Marktzugangs oder der Inländergleichbehandlung Gültigkeit behalten (sektorspezifische Negativliste). Obwohl Artikel XX nicht die gesonderte Auflistung der Handelsbeschränkungen nach den vier Erbringungsarten fordert, ist dies von den meisten Unterzeichnerstaaten so gehandhabt worden. Des Weiteren können die Staaten „horizontale Verpflichtungen" eingehen, die für alle gelisteten Sektoren gelten, und „spezielle Verpflichtungen", die nur für einen spezifischen Dienstleistungssektor

---

148 Für eine Diskussion des Streitschlichtungsverfahrens vgl. z.B. Hauser und Martel (1997) oder Petersmann (1997).

149 Der Liberalisierungsprozess innerhalb der Europäischen Union hat sich in der Vergangenheit oft aufgrund eines richtungsweisenden Urteils des europäischen Gerichtshofs beschleunigt.

150 Die meisten Länder haben die Einteilung gemäß dem GNS-Klassifikationsschema, wie es im zweiten Kapital dieser Untersuchung dargestellt wurde, vorgenommen.

Gültigkeit haben.[151] Neben der Liberalisierung des Marktzugangs und der Inländergleichbehandlung können „sonstige Verpflichtungen“ in die Liberalisierungslisten aufgenommen werden.[152]

Für die Interpretation der Länderlisten der Liberalisierungsverpflichtungen ist es bedeutsam, die Wechselbeziehung zwischen Positivliste und sektorspezifischer Negativliste, den „horizontalen Verpflichtungen“ und den „spezifischen Verpflichtungen“ sowie zwischen den einzelnen Erbringungsarten zu untersuchen. Wird beispielsweise der grenzüberschreitende Handel nur zugelassen, wenn auch eine Niederlassung im importierenden Land besteht und wird gleichzeitig bei Niederlassungen die ausländische Beteiligung auf unter 50 Prozent begrenzt, so ist der Handel erheblich behindert. Ein Unternehmen könnte seine Dienstleistungen in dem Land nur anbieten, wenn es mit einem inländischen Anbieter kooperiert und auf den Führungsanspruch verzichtet.

Die zukünftige Liberalisierung des Handels mit Dienstleistungen soll dadurch erreicht werden, dass die Reichweite dieser Listen der Liberalisierungsverpflichtungen erweitert wird. Die Unterzeichnerstaaten können in bi-, pluri- und multilateralen Verhandlungen sowohl den Geltungsbereich des GATS erweitern (Aufnahme weiterer Dienstleistungssektoren in die Listen der Liberalisierungsverpflichtungen) oder die Hemmnisse in einzelnen Sektoren abbauen (Modifikation der Listen der Liberalisierungsverpflichtungen in Richtung auf einen erweiterten Marktzugang und erweiterten Gültigkeitsbereich der Inländergleichbehandlung).

### 4.1.3 Zusatzvereinbarungen zum GATS

Die Anhänge des GATS sind integraler Bestandteil des GATS-Vertragswerks. Sie spiegeln die Problembereiche der GATS-Verhandlungen wider, in denen keine Einigung auf allgemeingültige Regeln erzielt werden konnte. Dies ist zu einem großen Teil auf sektorspezifische Eigenarten zurückzuführen, da diese Dienstleistungssektoren von weitreichender Bedeutung für die Volkswirtschaft insgesamt sind und technische Besonderheiten aufweisen. Hierunter fallen die Verhandlungen im Bereich der Telekommunikation, der Finanzdienstleistungen, der Transportdienstleistungen (Seeverkehr, Luftverkehr) sowie die Ausnahmen

---

[151] Diese Listen können im Extremfall 1 240 Eintragungen pro Land haben. Dies ergibt sich aus den 155 Sektoren der GNS-Klassifikation multipliziert mit den jeweils vier möglichen Wegen der Dienstleistungserbringung und den zwei Eintragungen für die Beschränkungen des Marktzugangs und der Inländergleichbehandlung.

[152] Unter „sonstigen Verpflichtungen“ können z.B. Zeitpläne für zukünftige Liberalisierungsmaßnahmen oder Grundsätze für die nationale Regulierung aufgenommen werden.

von der Gültigkeit der unkonditionierten Meistbegünstigung und die Regelung des grenzüberschreitenden Verkehrs natürlicher Personen.

Da für diese Sektoren während der GATS-Verhandlungen keine Einigung erzielt werden konnte, wurden weitere Verhandlungen nach der Beendigung der Uruguay-Runde geführt. Die Verhandlungen waren teilweise erfolgreich, und es wurden gesonderte Abkommen geschlossen, die dem GATS als Protokolle beigefügt wurden. Hierzu zählen das Abkommen über die freie Bewegung natürlicher Personen (Juni 1995), über die Basisdienste der Telekommunikation (Februar 1997) und über den internationalen Handel mit Finanzdienstleistungen (Dezember 1997). In anderen Dienstleistungssektoren, wie z.B. dem Seeverkehr und dem Luftverkehr, waren die Verhandlungen bisher erfolglos.

## 4.2 Vertragsverpflichtungen für Telekommunikationsdienstleistungen

Zu Beginn der Uruguay-Runde 1986 waren die nationalen Telekommunikationsmärkte noch vielfach durch nationale Monopole gekennzeichnet; in den USA war der nationale Monopolist AT&T aufgespalten worden, um wettbewerbliche Strukturen einzuführen; die EG unternahm erst 1987 erste Schritte für eine Liberalisierung der nationalen Telekommunikationsmärkte. Der technische Fortschritt in der Telekommunikation und die voranschreitende nationale Marktliberalisierung hatten auch Auswirkungen auf die multilateralen Verhandlungen im Rahmen der WTO (Bronckers und Larouche 1997: 5–7).

Im Verlauf der Verhandlungen zeigten sich vor dem Hintergrund des unterschiedlichen Liberalisierungsgrades der nationalen Märkte besondere Probleme im Bereich der netzgebundenen Basisdienste der Telekommunikation[153], da hier vielfach staatlich garantierte Monopole existierten. Für den Bereich der Mehrwertdienste konnte leichter eine Einigung erzielt werden (Reyna 1993: 2 372). Da die USA bereits Erfahrungen mit der nationalen Marktliberalisierung hatten und die Verhandlungen für Basistelekommunikation in der WTO problematisch

---

153 Die Unterscheidung in Basisdienste und Mehrwertdienste der Telekommunikation ist nicht eindeutig. Im Rahmen des GATS-Anhangs zur Telekommunikation (Para. 3(b)) werden Basisdienste definiert als „Public telecommunications transport services ... typically involving the real-time transmission of customer supplied information between two or more points without any end-to-end change in the form or content of the customer's information“, wohingegen die Mehrwertdienste eine Veränderung an der übermittelten Information vornehmen oder die Übermittlung zeitversetzt stattfindet. Auch die WTO selbst kritisiert mittlerweile diese Unterteilung, da sie für weitere Liberalisierungsverhandlungen hinderlich und aufgrund der technologischen Entwicklung überholt ist. Vgl. hierzu WTO (1998g).

waren, fand die aus der amerikanischen Telekommunikationsregulierung stammende Trennung in Mehrwert und Basisdienste der Telekommunikation Einzug in die multilateralen Verhandlungen. Aus dieser Struktur der Verhandlungen und des GATS resultieren heute vielfältige Probleme.[154]

Mit Abschluss der Verhandlungen gingen nur 48 Staaten Liberalisierungsverpflichtungen für den Telekommunikationssektor ein. Da die größten (Industrie-) Nationen fehlten, war die erreichte Marktöffnung für den internationalen Handel von Telekommunikationsdienstleistungen mit Abschluss der Uruguay-Runde gering (Bronckers und Larouche 1997: 18–19; Tietje 2000). Die Verhandlungen waren aber nicht erfolglos, denn zum einen wurde beschlossen, die Verhandlungen über die Marktöffnung der nationalen Telekommunikationsmärkte für ausländische Konkurrenz nach Inkrafttreten des GATS in einer gesonderten Verhandlungsgruppe (Negotiations Group on Basic Telecommunications (NGBT)) fortzuführen und bis zum Abschluss der Verhandlungen keine Maßnahmen zu ergreifen, die den Staus quo der Handelsliberalisierung im Telekommunikationssektor beeinflussten (Stillstandabkommen). Zum anderen wurde ein Anhang zur Telekommunikation beschlossen, der den Zugang zu und die Nutzung von Telekommunikationsdiensten im Zusammenhang mit dem internationalen Handel anderer Dienstleistungen regelt.[155]

Die Liberalisierungsverhandlungen wurden in der Verhandlungsgruppe fortgeführt und sollten bis zum April 1996 beendet sein.[156] Die Verhandlungen begannen mit 33 Mitgliedstaaten, wobei die EU als ein Mitglied gerechnet wird; im Verlauf stieg die Zahl der Teilnehmer auf 53 Mitgliedstaaten zuzüglich 24 Staaten mit Beobachterstatus (Tietje 2000: Rdnr. 216). Obwohl einige Liberalisierungsangebote der verhandelnden Staaten im Frühjahr 1996 vorlagen, erachteten insbesondere die USA diese im Sinne der Reziprozität für nicht ausreichend. Die Verhandlungen scheiterten, da nach Auffassung der USA die „kritische Masse" nicht erreicht wurde und insbesondere die Entwicklungsländer, aber auch einige Mitgliedstaaten der EU, Marktzutrittsbarrieren, z.B. in Form von Beschränkungen der Direktinvestitionen und Kapitalbeteiligungen, aufrechterhielten. Es wurde allerdings beschlossen, die Verhandlungen bis zum 15. Februar 1997 weiterzuführen. Die Verhandlungen wurden innerhalb einer neuen Verhandlungsgruppe – der so genannten Group an Basic Telecommunications

---

[154] Die Trennung in Mehrwert- und Basisdienste ist nicht technisch begründet, sondern grenzt in den USA die Kompetenzen der Aufsichtbehörde FCC ab. Vgl. Bronckers und Larouche (1997: 16–18) und Tietje (2000: Rdnr. 219–223).

[155] Der „Annex on Telecommunications" ist abgedruckt in WTO (1995b: 359–364). Vgl. auch die Darstellung in Abschnitt 4.2.1.

[156] Vgl. Abs. 5 Ministerbeschluss für die Verhandlungen über die Basisdienste der Telekommunikation. Abgedruckt in WTO (1995b: 461–462).

(GBT) –, die für alle WTO-Mitglieder offen war, fortgesetzt und konnten erfolgreich mit dem vierten Protokoll zum GATS beendet werden.[157]

Das derzeit gültige Regelwerk für den internationalen Handel von Telekommunikationsdienstleistungen besteht aus dem Anhang zur Telekommunikation und den sich im Rahmen des vierten Protokolls zum GATS ergebenden Liberalisierungsverpflichtungen (Länderlisten der spezifischen Liberalisierungsverpflichtungen, allgemeine Regelungen des GATS, Verpflichtungen des Referenzpapiers für die Grundzüge einer nationalen Regulierung).[158]

### 4.2.1 Anhang zur Telekommunikation

Der Anhang zur Telekommunikation[159] bezieht sich nicht auf den Handel mit Telekommunikationsdienstleistungen, sondern auf Basistelekommunikationsdienstleistungen als notwendiges Komplement zur Erbringung anderer Dienstleistungen. Ziel dieses Anhangs ist es, die in Artikel VI GATS (*Innerstaatliche Regelung*) festgelegten Grundsätze der objektiven, angemessenen und unparteiischen innerstaatlichen Regulierung für den Telekommunikationssektor genauer zu spezifizieren, damit nicht die eingegangenen Liberalisierungsverpflichtungen für andere Dienstleistungssektoren durch den behinderten Zugang zu Telekommunikationsdiensten faktisch zunichte gemacht werden.[160] Die Paragraphen 2 (c)(i) und 5(e)(iii) des Anhangs zur Telekommunikation verweisen deutlich darauf, dass der Anhang zur Telekommunikation die Unterzeichnerstaaten zu keiner Liberalisierung des Marktes für Telekommunikationsdienstleistungen verpflichtet.[161]

---

157 Vgl. Tietje (2000: Rdnr. 214–218), Bronckers und Larouche (1997: 7–10), Fredebeul-Krein und Freytag (1997: 486)

158 Vgl. z.B. Barth (1997), Bronckers und Larouche (1997), Drake und Noam (1997), Fetzer (1999), Fredebeul-Krein und Freytag (1997), Frid (1997), Langenfurth (1999), Tietje (2000) und Tuthill (1996).

159 Für eine umfangreiche Analyse des Regelungsgehalts des Anhangs zur Telekommunikation vgl. Bronckers und Larouche (1997: 19–21), Grewlich (1997: 190–191), Tietje (2000: Rdnr. 239–255) oder Tuthill (1996).

160 Das Ziel des Anhangs zur Telekommunikation wird in Abs. 5 wie folgt definiert: „Each member shall ensure that any service supplier of any other member is accorded access to and use of public telecommunications transport networks and services on reasonable and non-discriminatory terms and conditions for the supply of services included in its schedule". Abgedruckt in WTO (1995b: 359–363).

161 Paragraph 2(c)(i): „Nothing in this Annex shall be construed to require a member to authorize a supplier of any other member to establish, construct, acquire, lease, operate, or supply telecommunications transport networks or services other than provided for in its schedule ...". Abgedruckt in WTO (1995b: 360).

Die Struktur des GATS gibt den Staaten die Möglichkeit, den Grundsatz der Inländergleichbehandlung einzuschränken. Sobald ein Land aber eine Liberalisierungsverpflichtung für einen Dienstleistungssektor eingegangen ist und in die Länderliste aufgenommenen hat, darf die Inländergleichbehandlung für den Zugang zu und die Nutzung von Telekommunikationsdienstleistungen aufgrund des Anhangs zur Telekommunikation nicht eingeschränkt werden. Der Anhang zur Telekommunikation hat daher den Charakter einer generellen Verpflichtung für die (partiell) liberalisierten Dienstleistungssektoren (Tuthill 1996: 92–94). Er bezieht sich nicht ausschließlich auf die Regulierung staatlicher (Monopol-)Unternehmen, sondern der Zugang zu und die Nutzung von Basistelekommunikationsdiensten muss unabhängig von der Marktform und den Eigentumsverhältnissen gewährleistet werden (Tuthill 1996: 95; Tietje 2000: Rdnr. 246).

### 4.2.2 Das vierte Protokoll zum GATS

Die fortgesetzten Verhandlungen führten am 15. Februar 1997 zum Abschluss des vierten Protokolls zum GATS. Die 69 Unterzeichnerstaaten deckten mehr als 90 Prozent des Welttelekommunikationsmarktes ab (Drake und Noam 1997: 800). Die einzelnen Länderlisten der Unterzeichnerstaaten enthalten Liberalisierungsverpflichtungen für den Bereich der Basistelekommunikationsdienste, differenziert nach Erbringungsart, Marktzugang, Inländergleichbehandlung und sonstigen Verpflichtungen. Da in dieser Untersuchung die Liberalisierungsmethodik des GATS und die institutionelle Ausgestaltung – gerade auch in Hinblick auf die zukünftige Entwicklung – im Vordergrund stehen, soll auf die Liberalisierungsverpflichtungen einzelner Länder nicht näher eingegangen werden.[162] Vielmehr stehen die allgemeinen Verpflichtungen des GATS und insbesondere die Regelungen des Referenzpapiers der nationalen Regulierung (*Reference Paper*) im Mittelpunkt der Diskussion.[163]

Die Listen der Liberalisierungsverpflichtungen im Anhang zum vierten Protokoll enthalten zahlreiche „sonstige Verpflichtungen“. Zum einen haben Staaten einen Liberalisierungszeitplan festgeschrieben, der zwar nicht unmittelbar zur

---

162 Für eine Analyse der Listen der Liberalisierungsverpflichtungen einzelner Länder vgl. z.B. Drake und Noam (1997: 803–805), Hoekman (1996) oder Langenfurth (1999: 219–244). Mit Bezug auf die Einordnung des elektronischen Geschäftsverkehrs vgl. WTO (1998d).

163 Für eine ausführliche Analyse des vierten Protokolls zum GATS und des Referenzpapiers für die Grundzüge einer nationalen Regulierung vgl. stellvertretend Barth (1997), Blouin (2000), Bronckers und Larouche (1997), Drake und Noam (1997), Fetzer (1999), Fredebeul-Krein und Freytag (1997, 1999), Frid (1997), Grewlich (1997), Langenfurth (1999) und Tietje (2000).

Marktöffnung führt, aber die weitere Liberalisierung verbindlich festschreibt und dadurch Planungssicherheit gibt. Zum anderen haben die Staaten auf das Referenzpapier Bezug genommen, in dem Grundzüge der nationalen Regulierung festgelegt sind, und sind dadurch sehr weitgehende Verpflichtungen eingegangen (Drake und Noam 1997: 803–806).

Die allgemeine Meistbegünstigung (MFN) gilt nach Abschluss des vierten Protokolls auch für den Bereich der Basistelekommunikationsdienstleistungen, nachdem im Anhang des GATS zu den weiteren Verhandlungen über Basistelekommunikation zunächst ein Verstoß gegen die Meistbegünstigung bis zum Inkrafttreten eines Verhandlungsergebnisses zulässig war.[164] Allerdings sind auch bei den Basistelekommunikationsdienstleistungen weiterhin die Meistbegünstigungsausnahmen gemäss Artikel II Abs. 2 GATS möglich. Auch die übrigen Verpflichtungen des GATS erlangen für den Bereich der Basistelekommunikationsdienste Gültigkeit.

Einige der generellen Verpflichtungen des GATS werden nur für die Sektoren wirksam, die in die Liste der Liberalisierungsverpflichtungen aufgenommen wurden. Dadurch, dass im Rahmen des vierten Protokolls die Dienstleistungen der Basistelekommunikation in die nationalen Liberalisierungsverpflichtungen aufgenommen wurden, gelten für diesen Bereich auch die Verpflichtungen des Artikel VI GATS (*Innerstaatliche Regulierung*). Durch das im Rahmen der Verhandlungen ausgearbeitete Referenzpapier für die nationale Regulierung werden die Regelungen des Artikel VI weiter spezifiziert. Diesem Referenzpapier kommt erhebliche Bedeutung zu, da 63 der 69 Unterzeichnerstaaten in ihren nationalen Liberalisierungslisten darauf Bezug genommen haben.[165]

### 4.2.3 Das Referenzpapier für die nationale Regulierung

Das Referenzpapier (RP) bezieht sich auf Basistelekommunikationsdienste.[166] Es gibt einen Rahmen für die nationale Regulierung vor, damit wettbewerbliche

---

164 Vgl. „Annex on Negotiations on Basic Telecommunications", abgedruckt in WTO (1995a: 364) sowie Bronckers und Larouche (1997: 33–35). Insbesondere die USA hat im Verlauf der Verhandlungen die Reziprozität betont und war nicht bereit, die allgemeine Meistbegünstigungsklausel für den Bereich der Basistelekommunikationsdienste zu akzeptieren. Vgl. Drake und Noam (1997: 806).

165 57 Unterzeichnerstaaten haben die Regulierungsgrundsätze des Referenzpapiers fast vollständig als zusätzliche Verpflichtung aufgenommen. Vgl. Drake und Noam (1997: 805–806).

166 Eine Anwendung auf alle Telekommunikationsdienstleistung wäre sinnvoll und erscheint vor dem Hintergrund zumeist wettbewerblicher Strukturen auf den Märkten für Telekommunikations-Mehrwertdienste unproblematisch. Vgl. Bronckers und Larouche (1997: 23).

Strukturen auf den nationalen Telekommunikationsmärkten entstehen können. Dadurch wird erreicht, dass der im vierten Protokoll zum GATS zugesicherte Marktzugang für ausländische Anbieter und ausländische Direktinvestitionen nicht durch nationale Regulierungen oder marktbeherrschende Anbieter faktisch zunichte gemacht wird und die Einhaltung der Liberalisierungsverpflichtungen über das Streitschlichtungsverfahren der WTO einklagbar ist.[167]

Ein marktbeherrschender Anbieter ist nach der Terminologie des Referenzpapiers ein Anbieter, der die Marktbedingungen wesentlich beeinflussen kann (materially affect the terms of participation), indem er entweder wesentliche Einrichtungen (essential facilities) kontrolliert, d.h. Einrichtungen, die aus technischen oder ökonomischen Gründen nicht substituierbar sind und ausschließlich vom dominanten Anbieter angeboten werden, oder seine Marktstellung wettbewerbswidrig nutzt. Durch diese Definition wird einerseits eine umfangreiche Marktanalyse zur Bestimmung der Marktmacht eines Anbieters vermieden, andererseits aber auch sichergestellt, dass nur Anbieter betroffen sind, die tatsächlich die Marktzutrittsbedingungen wesentlich beeinflussen können.[168]

Wettbewerbswidriges Verhalten eines dominanten Anbieters soll durch angemessene Maßnahmen (appropriate measures) vermieden werden. Ob dies durch allgemeine Wettbewerbsregeln oder durch eine spezifische Regulierung des Telekommunikationssektors geschieht, ist den Unterzeichnerstaaten freigestellt. Das Referenzpapier nennt beispielhaft – und damit nicht abschließend – drei Möglichkeiten des wettbewerbswidrigen Verhaltens: Quersubventionierung, wettbewerbswidrige Nutzung von Informationen über Wettbewerber und Zurückhaltung von notwendigen technischen und wirtschaftlichen Informationen für (potentielle) Wettbewerber. Das Referenzpapier enthält aber keine Konkretisierung, wie die Unterzeichnerstaaten die Verhinderung wettbewerbswidriger Praktiken umzusetzen haben (Bronckers und Larouche 1997: 26–28).

Die für einen wettbewerblichen Telekommunikationsmarkt elementare Netzzusammenschaltung wird im zweiten Abschnitt behandelt. Die Regulierungsvorgaben des Referenzpapiers fordern, dass eine Zusammenschaltung:

- an jedem technisch sinnvollen Punkt des Netzes möglich sein muss,
- zu nichtdiskriminierenden Konditionen und in derselben Qualität, wie für den dominanten Anbieter selbst, erfolgen muss,
- innerhalb eines angemessenen zeitlichen Rahmens ermöglicht werden muss,
- zu kostenorientierten und transparenten Gebühren erfolgen muss,
- mit einzelnen Komponenten, d.h. ausreichend „entbündelt", möglich sein muss.

---

[167] Vgl. Bronckers und Larouche (1997: 22–23) oder Tietje (2000: Rdnr: 260–261).

[168] Vgl. Bronckers und Larouche (1997: 23–26) oder Tietje (2000: Rdnr: 263–267).

Darüber hinaus wird von der nationalen Regulierung gefordert, dass die Verfahren für Verhandlungen über die Netzzusammenschaltung öffentlich verfügbar sind, die geschlossenen Netzzusammenschaltungsvereinbarung zugänglich sind oder eine Muster-Netzzusammenschaltungsvereinbarung veröffentlicht wird und dass Zugang zu einem unparteiischen Streitschlichtungsverfahren bei Nichteinigung besteht (Bronckers und Larouche 1997: 28–30).

Die weiteren allgemeinen Regulierungsgrundsätze betreffen die Universaldienstverpflichtung, die Lizenzierung, die Unabhängigkeit der Regulierungsbehörde und die Allokation knapper Ressourcen. Das Referenzpapier ist in diesen Punkten wenig konkret und liefert keine inhaltlichen Vorgaben, sondern verweist nur auf den allgemeinen Verfahrensgrundsatz der objektiven, fristgerechten, transparenten und unparteiischen Regulierung.

### 4.2.4 Kooperation mit der Internationalen Telekommunikationsunion

Für Telekommunikationsdienstleistungen ist eine Kooperation mit der Internationalen Telekommunikationsunion (ITU) naheliegend, da diese neben der historischen Erfahrung insbesondere im Bereich der Standardisierung, Allokation von Frequenzen und der internationalen Verrechnung (accounting rate system) über faktische Entscheidungsbefugnisse verfügt. Die ITU gibt Empfehlungen heraus, die de jure unverbindlich sind, tatsächlich aber eine große normative Wirkung haben und als Standards anerkannt werden. Die Internationale Telekommunikationsunion als älteste Regierungsorganisation, gegründet 1865, und Sonderorganisation der Vereinten Nationen war bisher durch staatliche Institutionen geprägt. Durch die weltweite Liberalisierung der nationalen Telekommunikationsmärkte hat das Gewicht der privaten Unternehmen gegenüber den staatlichen Institutionen jedoch zugenommen (Wegfall staatlicher Telekommunikationsmonopole). Die Internationale Telekommunikationsunion hat sich deshalb dahingehend reformiert, dass den privaten Akteuren verstärkt die Möglichkeit der Mitwirkung gewährt wird, allerdings bisher ohne ein formales Stimmrecht.[169]

Nach Artikel XXVI GATS kann die WTO Kooperationsabkommen mit anderen internationalen Organisationen schließen. Die Verhandlungen mit der Internationalen Telekommunikationsunion haben zu einem Kooperationsabkommen geführt (WTO 2000a). Dieses Abkommen ist sehr allgemein formuliert und enthält keine Aussagen über Tatbestände, die direkten Einfluss auf den internationalen Handel mit Telekommunikationsdienstleistungen besitzen. Vielmehr han-

[169] Für weitere Informationen über Struktur und Aufgabenbereich der Internationalen Telekommunikationsunion vgl. http://www.itu.int/aboutitu/index.html (besucht am 20.03.2002).

delt es sich um eine verwaltungstechnische Zusammenarbeit, die den gegenseitigen Austausch von Informationen, die wechselseitige Beteiligung an Sitzungen sowie die regelmäßige Beratung beinhaltet. Die direkten Auswirkungen auf den internationalen Dienstleistungshandel sind daher gering. Erst wenn zentrale Themen, wie z.B. eine Reform des internationalen Verrechnungssystems oder Vorgaben für international verbindliche Standards, Gegenstand gemeinsamer Entscheidungen werden, könnte die Kooperation zwischen der WTO und der Internationalen Telekommunikationsunion eine stärkere Wirkung entfalten.

## 4.3 Vertragsverpflichtungen für Dienstleistungen der Informationstechnologie

Das Ausmaß der Marktöffnung bzw. weiterhin bestehender Handelsbarrieren für den internationalen Handel mit Dienstleistungen der Informationstechnologie ist nicht eindeutig zu ermitteln, denn diese werden innerhalb des GNS-Klassifikationsschemas nicht als eigenständige Kategorie aufgeführt. Die Marktliberalisierung hängt deshalb davon ab, wie die Dienstleistungen der Informationstechnologie klassifiziert werden. Zusätzlich erschwert die Konvergenz der Kommunikationsdienstleistungen die eindeutige Abgrenzung. Die Dienstleistungen der Informationstechnologie können sowohl in den Bereich der Basistelekommunikation – und damit unter das vierte Protokoll zum GATS – fallen, wie auch zu den Mehrwertdiensten der Telekommunikation, den Computerdienstleistungen oder den audiovisuellen Dienstleistungen zählen. Zusätzlich kann sich ein Abgrenzungsproblem ergeben, ob es sich um Güter oder um Dienstleistungen handelt (z.B. der elektronische Geschäftsverkehr und die elektronische Lieferung von „Produkten" über das Internet).[170]

In Abhängigkeit von der Klassifikation ergeben sich durch das GATS unterschiedlich weit gehende Liberalisierungsverpflichtungen. Der Markt für Mehrwertdienste der Telekommunikation ist weitgehend liberalisiert, und auch der Markt für Basistelekommunikationsdienstleistungen wird durch das vierte Protokoll zum GATS geöffnet, obwohl weiterhin Handelsbarrieren bestehen bleiben. Der nationale Markt für Dienstleistungen der Softwareindustrie sowie der Installation und Wartung von Computern ist von den großen Handelsnationen für ausländische Konkurrenz geöffnet worden. Beschränkungen bestehen hier vor allem für die (temporäre) Einwanderung natürlicher Personen (WTO 1998b). Im Gegensatz hierzu ist der internationale Handel mit audiovisuellen Dienstleistun-

---

170 Vgl. hierzu Choi (1999) und Krancke (2000a). Des Weiteren wird diese Problematik ausführlich in Abschnitt 5.2 diskutiert.

gen durch das GATS kaum gefördert fordern. Außerdem wird nicht die Verpflichtung zur Netzzusammenschaltung im Internet gefordert, und die Einordnung des elektronischen Geschäftsverkehrs in die WTO-Rechtsordnung ist unzureichend durch das GATS geregelt. Die unklare Klassifikation und Interpretation der Liberalisierungsverpflichtungen ermöglicht diskretionäres und protektionistisches staatliches Handeln.

Derzeit sind die internationalen Internet-Backbone-Betreiber nicht zur Netzzusammenschaltung und zur Gewährung des Netzzugangs mit konkurrierenden Netzbetreibern verpflichtet, wie dies für liberalisierte Telekommunikationsmärkte üblich ist und wie es auch im Rahmen des vierten Protokolls zum GATS auf internationaler Ebene festgelegt wurde. Das Referenzpapier der nationalen Regulierung bezieht sich nur auf Basisdienstleistungen der Telekommunikation, nicht jedoch auf die Datendienstleistungen der Internetbetreiber.[171] Deshalb können die Preise für die Zusammenschaltung mit regionalen Netzbetreibern einseitig von den großen, internationalen Internet-Backbone-Betreibern festgelegt und kleinere Netzbetreiber durch die Marktmacht der großen Backbone-Betreiber aus dem Markt gedrängt werden.

Die Analyse der Anreizstruktur von Internetinfrastrukturbetreibern im zweiten Kapitel dieser Untersuchung hat gezeigt, dass starke Anreize zu wettbewerbsbehinderndem Verhalten bestehen. Ob allein die privatwirtschaftlichen Anreize ausreichen, um weiterhin eine diskriminierungsfreie internationale Zusammenschaltung der Internetinfrastruktur zu gewährleisten, ist daher fraglich. Auch wenn bisherige Untersuchungen noch keine tatsächliche Handelsbeschränkung identifizieren, ist die Unsicherheit und die Gefahr einer Behinderung des grenzüberschreitenden Handels für Dienstleistungen der Informationstechnologie groß (OECD 1999a, 2000c).

### 4.3.1 Einordnung des elektronischen Geschäftsverkehrs

Die Interpretation der Liberalisierungsverpflichtungen für den grenzüberschreitenden Handel mit Dienstleistungen des elektronischen Geschäftsverkehrs hängt davon ab, wie der elektronische Geschäftsverkehr in die WTO-Rechtsordnung integriert wird.[172] Unklar ist, ob der elektronische Geschäftsverkehr durch das GATT oder das GATS geregelt wird. Fällt der grenzüberschreitende elektronische Geschäftsverkehr in den Regelungsbereich des GATS, stellt sich zusätzlich

---

171 Vgl. Bronckers und Larouche (1997), Foros und Kind (2000) oder Krancke (2000a).

172 Für eine ausführliche Diskussion der Einordnung des elektronischen Geschäftsverkehrs vgl. Abschnitt 5.2 dieser Untersuchung.

die Frage, welcher der vier Erbringungsarten der elektronische Handel zuzuordnen ist.[173] Folgende Argumentationen sind möglich:[174]

- Grenzüberschreitendes Angebot (Mode 1): Bei elektronischem Geschäftsverkehr handelt es sich um grenzüberschreitenden Handel, da sowohl der Anbieter als auch der Nachfrager in seinem Land verbleibt. Es findet keine Faktorwanderung statt, sondern die Dienstleistung wird über das Netz erbracht.
- Konsum im Ausland (Mode 2): Bei elektronischem Geschäftsverkehr handelt es sich um den Konsum im Ausland, da der Nachfrager via Internet in ein anderes Land „reist" und dort die Dienstleistung eines ausländischen Anbieters in Anspruch nimmt. Diese Einordnung wäre gleichbedeutend mit der Durchsetzung des Ursprungslandprinzips, da die Bestimmungen des Landes, aus dem der Dienstleistungsanbieter stammt, Geltung haben.[175]
- Kommerzielle Niederlassung (Mode 3): Bei elektronischem Geschäftsverkehr handelt es sich um eine kommerzielle Niederlassung, da sämtliche Dienstleistungen angeboten werden können, die früher von einer Niederlassung erfüllt wurden (z.B. Finanzdienstleistungen im Internet). Diese Einordnung wäre gleichbedeutend mit der Durchsetzung des Bestimmungslandprinzips, da die Regelungen des Landes des Konsumenten gelten.
- Neue Erbringungsart „elektronischer Geschäftsverkehr": Der elektronische Geschäftsverkehr verändert die Möglichkeiten des internationalen Dienstleistungshandels, da die Notwendigkeit der physischen Präsenz abnimmt, und erfordert daher eine grundsätzlich neue Erbringungsart.

Die Klassifikation des elektronischen Geschäftsverkehrs innerhalb des GATS ist nicht allein eine theoretische Frage der eindeutigen Abgrenzung, sondern hat weitreichende Konsequenzen für die Marktöffnung, da die Liberalisierungsverpflichtungen der Unterzeichnerstaaten je nach Erbringungsart erheblich differie-

---

173 Für eine Analyse des GATS und der vier unterschiedlichen Erbringungsarten vgl. stellvertretend Hoekmann (1996) oder Krancke (1999). Die vierte Erbringungsart (Mode 4) „Anwesenheit natürlicher Personen" erscheint für die Einordnung des elektronischen Geschäftsverkehrs kaum relevant. Eine Gegenauffassung vertritt Panagariya (1999: 9–10), der auch die Möglichkeit sieht, den elektronischen Geschäftsverkehr unter Mode 4 „Anwesenheit natürlicher Personen" einzuordnen.

174 Vgl. Choi (1999), Tianwi und Berkey (1999), Mattoo und Schuknecht (2000) und Mann (2001).

175 Mit der Durchsetzung des Ursprungslandprinzips innerhalb der WTO könnte ein großer Liberalisierungsfortschritt erreicht werden, denn ausländische Unternehmen wären nur an die Regulierung in ihrem Heimatland gebunden. Gegenüber ausländischen Unternehmen diskriminierende nationale Regulierungen wären unwirksam (Krancke 1999: 40–41).

ren.[176] Durch die Einordnung des elektronischen Geschäftsverkehrs in eine der bestehenden Erbringungsarten könnte sich die Reichweite einzelner Liberalisierungsverpflichtungen gravierend verändern. Dies könnte sowohl zu einer unfreiwilligen Marktöffnung, wie zu ungewollten Handelshemmnissen führen. Die Schaffung einer neuen, fünften Erbringungsart „elektronischer Geschäftsverkehr" würde hingegen die bereits bestehenden Abgrenzungsprobleme zwischen den Erbringungsarten weiter verschärfen und die Transparenz des GATS reduzieren.[177]

## 4.4 Vertragsverpflichtungen für audiovisuelle Dienstleistungen

Die Reduktion von Handelshemmnissen für audiovisuelle Dienstleistungen ist besonders problematisch, da diese neben der ökonomischen auch eine gesellschaftspolitische Funktion für die allgemeine Informations- und Meinungsfreiheit sowie für die kulturelle Vielfalt erfüllen sollen.[178] Diese speziellen Funktionen des audiovisuellen Sektors werden im GATS nicht erwähnt; stattdessen steht die ökonomische Bedeutung im Vordergrund. Die audiovisuellen Dienstleistungen werden vom GATS erfasst und unterliegen den dort geregelten Liberalisierungsgrundsätzen. Obwohl die Verhandlungen über spezielle Liberalisierungsverpflichtungen für den audiovisuellen Sektor am Ende der Uruguay-Runde wietestgehend gescheitert sind, zeigen gerade diese intensiven Diskussionen im Rahmen der GATS-Verhandlungen, dass diese Dienstleistungen grundsätzlich in den Regelungsbereich des GATS fallen (Tietje 2000: Rdnr. 61–62). Die kultur- und gesellschaftspolitische Funktion des audiovisuellen Dienstleistungssektors ist aber der Grund für viele Vorbehalte gegenüber einer an ökonomischen Effizienzkriterien orientierten Regulierung und einer internationalen Marktöffnung. Dies führte dazu, dass nur wenige Länder bereit waren, weitreichende Liberalisierungsverpflichtungen einzugehen.

---

176 Im Sektor der Gesundheitsdienstleistungen haben z.B. 80 Prozent der Unterzeichnerstaaten für die grenzüberschreitende Dienstleistungserbringung (Mode 1) keine Liberalisierungszugeständnisse gemacht (d.h., die Handelshemmnisse bleiben bestehen), wohingegen für die Erbringungsart „Konsum im Ausland" (Mode 2) 89 Prozent der Unterzeichnerstaaten alle Handelsbarrieren abgebaut haben (Tinawi und Berkey 1999: 5–6).

177 Zu den Abgrenzungsproblemen innerhalb des GATS vgl. Frid (1998), Hoekman (1996), Koehler (1999) und Krancke (1999).

178 Die nichtökonomischen Funktionen audiovisueller Dienstleistungen und die sich daraus ergebenden Konsequenzen wurden ausführlich im zweiten Kapitel analysiert. Vgl. zusätzlich auch WTO (1998a).

Insgesamt sind 17 WTO-Mitgliedstaaten spezifische Liberalisierungsverpflichtungen eingegangen.[179] Vielfach bleiben jedoch Handelsbarrieren insbesondere für die Anwesenheit natürlicher Personen, die Begrenzung ausländischer Beteiligungen, die Quotierung der Sendezeiten für ausländische Produktionen und den Ausschluss von ausländischen Anbietern an der Partizipation inländischer Fördermaßnahmen bestehen. Für die grenzüberschreitende Dienstleistungserbringung und für den Dienstleistungssektor des Angebots von Kinofilmproduktionen wurden die weitreichendsten Liberalisierungsverpflichtungen eingegangen (WTO 1998a).

Die EU hat durch Nichtaufnahme in die spezifische Liberalisierungsliste und durch weitreichende Meistbegünstigungsausnahmen faktisch den gesamten audiovisuellen Sektor (Fernsehen, Radio und Tonproduktionen) von einer Handelsliberalisierung ausgenommen. Es wurden keine Liberalisierungsverpflichtungen für den Marktzugang (Art. XVI) und die Inländergleichbehandlung (Art. XVII) eingegangen (Tietje 2000: Rdnr. 70–72, 137–141, 202). Die USA haben ihren Markt für audiovisuelle Dienstleistungen im grenzüberschreitenden Handel geöffnet, aber indirekte Einschränkungen in Form einer Beschränkung ausländischer Mehrheitsbeteiligungen und der Bewegung natürlicher Personen aufrechterhalten.[180] Darüber hinaus ist der Erwerb einer Lizenz für den Betrieb einer eigenständigen Rundfunksendeanstalt nur beschränkt möglich (WTO 1994b).

Die Liberalisierung des Dienstleistungssektors für Tonproduktionen (CD-Produktion) ist beschränkt; es bestehen weiterhin Handelshemmnisse für ausländische Anbieter. Die neuen technologischen Entwicklungen und die Möglichkeiten des Vertriebs von Musikproduktionen über das Internet (MP3-Technologie) werfen allerdings die Frage auf, inwieweit es überhaupt technisch möglich ist, den grenzüberschreitenden Handel zu unterbinden.

## 4.5 Exkurs: Vertragsverpflichtungen für den internationalen Handel mit Sachgütern der Informationstechnologie

Das Angebot von internationalen Kommunikationsdienstleistungen ist auf eine hochwertige technische Infrastruktur angewiesen. Die gilt zum einen für die Endgeräte (z.B. Computer, Telefon), zum anderen aber auch für die zur Vermitt-

---

179 Dies sind: Dominikanische Republik, El Salvador, Gambia, Hongkong, Indien, Israel, Japan, Kenia, Korea, Lesotho, Malaysia, Mexiko, Neuseeland, Nicaragua, Panama, Singapur, Thailand, USA und Zentralafrikanische Republik.

180 Vgl. hierzu die USA-Liste der Meistbegünstigungsausnahmen (WTO 1994a) und die USA-Liste der speziellen Liberalisierungsverpflichtungen (WTO 1994b).

lung und Weiterleitung notwendige Technik (z.B. Vermittlungscomputer, Kabel- und Funknetzinfrastruktur). Der freie internationale Handel mit Gütern der Informationstechnologie ist eine wesentliche Voraussetzung dafür, dass auch hochwertige Kommunikationsdienstleistungen angeboten werden können. Ist der Zugang zu diesen Gütern stark eingeschränkt, besteht eine erhebliche Barriere für den Handel mit Kommunikationsdienstleistungen, obwohl dies bei einer ausschließlichen Betrachtung des GATS nicht als Handelshemmnis identifiziert werden könnte. Da es sich um physische Güter und nicht um Dienstleistungen handelt, sind für den grenzüberschreitenden Handel mit Produkten der Informationstechnologie die Regelungen des GATT relevant. Es soll an dieser Stelle keine umfangreiche Analyse des GATT erfolgen; vielmehr wird nur auf das Sonderabkommen zum Handel von Gütern der Informationstechnologie (Information Technology Agreement (ITA)) eingegangen.

Im Rahmen der WTO-Ministerkonferenz im Dezember 1996 in Singapur wurde ein Beschluss gefasst, der zum Ziel hatte, die Zölle auf Güter der Informationstechnologie bis zum Jahre 2000 vollständig zu beseitigen (WTO 1996a). Dieser Beschluss ging auf Initiative der so genannten „Quad-Group" (USA, Kanada, Japan, EU) zurück, die bereits in den vorherigen Jahren eine Senkung der Zölle für Güter der Informationstechnologie erwirken wollte.[181] Der Ministerbeschluss verlangte, dass die Unterzeichnerstaaten dieses Abkommens ihre Zollsätze auf Güter der Informationstechnologie beginnend ab 1. Juli 1997 bis zum 1. Januar 2000 in gleichmäßigen Schritten reduzieren und spätestens zum 1. Januar 2000 vollständig beseitigen sollten. Diese Verpflichtungen sollten in die nationalen Listen der Liberalisierungsverpflichtungen aufgenommen werden, damit sie rechtskräftiger Bestandteil des völkerrechtlichen Vertragswerks der WTO werden.[182] Nationale Experten sollten bis zum 1. März 1997 technische Details klären, damit das Abkommen spätestens am 1. Juli 1997 in Kraft treten konnte. Der Ministerbeschluss sollte jedoch nur in Kraft treten, falls bis zu diesem Zeitpunkt genügend Staaten beigetreten waren, sodass ca. 90 Prozent des Welthandels mit Gütern der Informationstechnologie abgedeckt wurde. So konnte das

---

[181] Vgl. Wasescha und Schlagenhof (1998: 114–115). Die Handelsstreitigkeiten um Güter der Informationstechnologie zwischen den USA und Japan in den achtziger Jahren und das hieraus hervorgegangene bilaterale Abkommen können als Anfang der Liberalisierung des internationalen Handels mit diesen Produkten angesehen werden. Vgl. Vickrey (1999).

[182] Vgl. Tietje (2000: Rdnr. 289), der mit Blick auf das allgemeine Ziel der Eliminierung der Zölle auf Güter der Informationstechnologie von einem völkerrechtlich verbindlichen Rechtsbindungswillen der Vertragsparteien ausgeht. Im Gegensatz dazu gehen Wasescha und Schlagenhof (1998: 116) von einem informellen Abkommen aus. Spätestens durch die Aufnahme der Zollsenkungsverpflichtungen in die jeweilige nationale Liberalisierungsliste ist ein vor dem WTO-Streitschlichtungsverfahren einklagbares Liberalisierungszugeständnis zustande gekommen.

„free rider"-Problem umgangen werden, da aufgrund der allgemeinen Meistbegünstigung die Zollsenkungen für alle Mitgliedstaaten der WTO gelten.[183]

Das Abkommen erfasst alle wesentlichen Güter der Informationstechnologie; es erstreckt sich aber nicht auf elektronische Endverbrauchergeräte (z.B. Haushaltsgeräte). Das Sonderabkommen für den Handel mit Gütern der Informationstechnologie umfasst gemäß Anhang A zum Ministerbeschluss sowohl die informationstechnologischen Endprodukte als auch Güter, die zur Produktion von Halbleiterprodukten notwendig sind, sowie technische Prüfgeräte. Die Produktklassifikation wird anhand des in der Zollklassifikation gebräuchlichen „Harmonized System" (HS) vorgenommen. Darüber hinaus werden in einem zweiten Anhang die Gütergruppen aufgeführt, die von dem Sonderabkommen für den internationalen Handel mit Gütern der Informationstechnologie erfasst werden. Durch diese Doppelnennung wird die Reichweite des Abkommens eindeutig definiert, und Streitigkeiten hinsichtlich der korrekten Klassifikation können vermieden werden.[184] Es sollen innerhalb der WTO regelmäßige Konsultationen zwischen den Unterzeichnerstaaten stattfinden, um eine Änderung und/oder Erweiterung der von dem Sonderabkommen erfassten Produktgruppen zu prüfen. Diesen Konsultationen kommt vor dem Hintergrund des schnellen technischen Fortschritts erhebliche Bedeutung zu.[185]

Das Sonderabkommen zum Handel mit Gütern der Informationstechnologie ist von 57 Staaten unterzeichnet worden, die insgesamt ca. 93 Prozent des Welthandels dieser Produkte abdecken und die Zollsenkungen gemäß den vertraglichen Verpflichtungen durchgeführt haben (WTO 2002). Die Verhandlungen über eine Erweiterung des Abkommens auf zusätzliche Produktgruppen („ITA II") konnten bisher noch nicht beendet werden; weitere Verhandlungen über die Klassifikation von Gütern der Informationstechnologie werden geführt (WTO 2000c).

Das Sonderabkommen bezieht sich nur auf Zollsenkungen für Produkte der Informationstechnologie. Es geht weder auf nichttarifäre Handelshemmnisse ein, noch werden Dienstleistungen der Informationstechnologie berücksichtigt (Wasescha und Schlagenhof 1998: 117). Die Güter der Informationstechnologie beinhalten aber sowohl im Produktionsprozess, wie auch in der Beratung, Installation und Pflege der Produkte einen hohen Dienstleistungsanteil. Darüber hinaus sind Fragen der Normierung und damit der nationalen Regulierung von

183 Vgl. WTO (1996a) – Absatz 4 des Anhangs „Modalities and Product Coverage" zum Ministerbeschluss.

184 Vgl. WTO (1996a) – Anhang „Modalities and Product Coverage" zum Ministerbeschluss.

185 Vgl. Tietje (2000: Rdnr. 292), Wasescha und Schlagenhof (1998: 119–120) und WTO (1996a).

Bedeutung (WTO 1998b). Auf Initiative Australiens hat die WTO im November 2000 beschlossen, die Bedeutung nichttarifärer Hemmnisse für den Handel mit Gütern der Informationstechnologie zu untersuchen und geeignete Maßnahmen zu erarbeiten. Eine Arbeitsgruppe sollte bis März 2001 eine Bestandsaufnahme der relevanten nichttarifären Handelsbarrieren vorlegen, und das Komitee der Unterzeichnerstaaten des Sonderabkommens zum Handel mit Gütern der Informationstechnologie sollte bis spätestens November 2001 die Ergebnisse diskutieren und das weitere Verfahren festlegen. Es liegen zur Zeit aber noch keine Ergebnisse vor (WTO 2000b, 2001f).

## 4.6 Geforderte Kriterien und bestehendes Regelwerk: Kongruenz und Diskrepanz

Die im dritten Kapitel abgeleiteten Kriterien für ein effizientes multilaterales Regelwerk dienen als analytischer Rahmen für die Bewertung des bestehenden GATS-Regelwerks. Im Folgenden wird untersucht, inwieweit diese Kriterien im GATS berücksichtigt sind, welche Liberalisierungsfortschritte erreicht wurden, welche Handelshemmnisse weiterhin bestehen und in welchen Bereichen Reformen notwendig sind. Vorschläge für Reformen werden anschließend im fünften Kapitel diskutiert.

### 4.6.1 Marktzugang

Das GATS fördert durch die Reduktion von Handelshemmnissen den Marktzugang und die effiziente internationale Ressourcenallokation. Die Liberalisierung durch das GATS führt aber nicht für alle Unternehmen zu diskriminierungsfreiem Marktzugang, denn Artikel II Abs. 2 GATS lässt Ausnahmen von der Meistbegünstigung zu, sofern diese in einem Anhang zum Abkommen aufgenommen wurden.[186] Diese eingeschränkte Gültigkeit der Meistbegünstigung beeinträchtigt die Gleichbehandlung von Unternehmen aus unterschiedlichen Herkunftsländern, da die gegenüber einem Land gewährte Liberalisierung nicht automatisch für alle Unterzeichnerstaaten Gültigkeit erlangt.

---

186 Die Ausnahmeregelung wurde von 60 Nationen in Anspruch genommen, sodass die Gültigkeit der Meistbegünstigung stark eingeschränkt ist. Vgl. Hoekman (1996). Die zeitliche Befristung ist im Anhang zu den Ausnahmen von Artikel II sehr vage formuliert („Grundsätzlich sollen derartige Ausnahmen einen Zeitraum von 10 Jahren nicht überschreiten."). Daher sind die Ausnahmen von der Meistbegünstigung faktisch unbefristet gültig. Vgl. hierzu auch die Diskussion in Abschnitt 5.1.

Artikel V des GATS ermöglicht den Unterzeichnerstaaten die weitergehende wirtschaftliche Integration mit einzelnen Ländern (z.B. NAFTA, EU). Dies führt dazu, dass die Gültigkeit der unkonditionierten Meistbegünstigung weiter untergraben wird, da den Mitgliedsländern eines plurilateralen Abkommen Handelserleichterungen gewährt werden können, die anderen GATS-Mitgliedern verwehrt bleiben.[187] Damit ein Integrationsabkommen mit dem GATS vereinbar ist, genügt ein „beträchtlicher sektoraler Geltungsbereich" und der Verzicht auf zusätzliche Handelsbarrieren gegenüber Drittstaaten. Die Auflagen des GATS zur Bildung regionaler Freihandelszonen sind somit geringer als die des GATT Artikel XXIV und können dazu benutzt werden, die Meistbegünstigung zu unterlaufen, ohne regional weitergehende Verpflichtungen einzugehen. Darüber hinaus sind viele Integrationsabkommen gegenüber der WTO nicht angezeigt und auf WTO-Konformität überprüft worden.[188]

Die Wirksamkeit des Marktzugangs hängt maßgeblich von der Reichweite der Liberalisierungslisten ab, da erst durch spezifische Verpflichtungen für einzelne Dienstleistungssektoren Handelshemmnisse abgebaut werden und der Markt für internationale Konkurrenz geöffnet wird. Die Unterzeichnerstaaten sind zum Abschluss der Uruguay-Runde nur geringe Liberalisierungsverpflichtungen eingegangen und haben kaum über den bereits praktizierten Marktzugang hinaus ihre nationalen Dienstleistungsmärkte für ausländische Konkurrenz geöffnet. Das vierte Protokoll zum GATS führte für die Basisdienste der Telekommunikation zu weitergehenden sektorspezifischen Verpflichtungen, sodass für Telekommunikationsdienstleistungen die Marktzutrittschancen für Unternehmen, unabhängig von ihrem Herkunftsland, verbessert wurden.[189]

Eine zusätzliche Unsicherheit über den tatsächlichen Marktzugang resultiert daraus, dass viele Länder in ihren spezifischen Liberalisierungsverpflichtungen

---

[187] Hoekman und Sauvé (1994) kommen bei ihrer Analyse zu dem Ergebnis, dass weitergehende regionale Liberalisierungsabkommen für den internationalen Handel von Dienstleistungen förderlich sind, solange keine zusätzlichen Barrieren gegenüber Drittstaaten aufbaut werden. Regionale Abkommen können so den Weg für multilaterale Abkommen bereiten. Für eine Analyse der Wechselwirkung zwischen regionalen und multilateralen Liberalisierungsabkommen vgl. z.B. Hoekman und Kostecki (1995: 211–232). Bhagwati, Greenaway und Panagariya (1998) weisen darauf hin, dass die Vielzahl neuer regionaler Liberalisierungsabkommen nicht zwangsläufig zu einer weltweiten Wohlfahrtssteigerung führt, sondern sogar Wohlfahrtsverluste möglich sind. Für einen Überblick über die neueren theoretischen Konzepte regionaler Freihandelsabkommen vgl. auch Ethier (1998).

[188] Eine Zunahme regionaler Handelsabkommen ist weltweit zu beobachten. Gemäß einer Studie der WTO existieren mehr als 130 regionale Handelsabkommen; davon sind nur 60 der WTO offiziell gemeldet. Für eine umfassende Analyse der Reichweite von Artikel V GATS vgl. Stephenson (2000).

[189] Für eine Bewertung der Reichweite des GATS vgl. z.B. Hoekman (1996) und Sauvé (1995).

nicht den Status quo fixiert haben. Einige Staaten sind nur geringe Liberalisierungsverpflichtungen in ihren Listen eingegangen, d.h., zahlreiche Handelsbarrieren bleiben weiterhin bestehen, obwohl in der wirtschaftspolitischen Praxis ein erweiterter Marktzutritt gewährt wird.[190] Diese Diskrepanz zwischen tatsächlich praktiziertem Marktzugang und bindenden GATS-Verpflichtungen erhöht den diskretionären Spielraum der Regierungen, denn sie können Unternehmen einzelner Staaten den Marktzutritt gewähren, ohne ihre WTO-Verpflichtungen zu verletzten. Zusätzlich wird dadurch die Vertragstransparenz reduziert.[191]

Artikel IV (*Zunehmende Beteiligung der Entwicklungsländer*) gewährt den Entwicklungsländern nicht automatisch einen Sonderstatus mit weitergehenden Rechten[192], sondern verweist darauf, dass die Industrienationen spezifische Verpflichtungen mit den Entwicklungsländern aushandeln sollten, die diesen die Beteiligung am internationalen Dienstleistungshandel erleichtern. Diese formelle Gleichbehandlung der Entwicklungsländer und der Industrienationen führt zu einem effektiven Wettbewerbsnachteil der Entwicklungsländer, da der Marktzugang für die für diese Länder relevanten Exportdienstleistungen, insbesondere arbeitsintensive Dienstleistungen, stark eingeschränkt ist.

Die Allokationsmechanismen für knappe Ressourcen, z.B. Mobilfunklizenzen, werden innerhalb des GATS nicht geregelt. Auch die Vorgaben des vierten Protokolls sind sehr allgemein.[193] Der Marktzugang kann aber durch unterschiedliche nationale Zuteilungsverfahren beeinflusst werden, wenn Unternehmen in ihrem Heimatland Funklizenzen kostenlos erhalten (z.B. „beauty contest"-Verfahren) und Finanzmittel sparen, die dann bei dem Erwerb von Funkli-

---

[190] Durch diese Vorgehensweise sichern sich die Staaten einen erhöhten Verhandlungsspielraum in zukünftigen Liberalisierungsverhandlungen (negotiation leverage). Bei den diplomatischen Handelsgesprächen ist es ihnen möglich, großzügige Liberalisierungsangebote zu offerieren und dafür eine entsprechende Marktöffnung bei anderen Nationen zu fordern, ohne dass sie ihre tatsächliche Politik ändern müssen und nationale Interessenkonflikte riskieren.

[191] Dieses Problem der Abweichung zwischen gebundener und praktizierter Liberalisierung ist auch im Güterhandel verbreitet. Die Staaten können über ihre vertraglich zugesagten Liberalisierungsverpflichtungen hinaus jederzeit Handelshemmnisse reduzieren. Vgl. Senti (2000: Rdnr. 505–508, 1048).

[192] Im Gegensatz dazu gewährt GATT Artikel XXXVI den weniger entwickelten Volkswirtschaften einen Sonderstatus. Den Entwicklungsländern soll der Export von Waren in die Industrienationen ermöglicht werden, ohne dass die Industrienationen einen gleichberechtigten Marktzugang zu den Märkten der Entwicklungsländer erhalten.

[193] „Alle Verfahren für die Zuweisung und Nutzung knapper Ressourcen einschließlich Frequenzen, Nummern und Wegerechten werden objektiv, rechtzeitig, transparent und nichtdiskriminierend durchgeführt." (Referenzpapier für Grundzüge einer nationalen Regulierung, Abs. 6. Abgedruckt in Beck Gesetzestexte, Welthandelsorganisation: 223).

zenzen (z.B. in einem Auktionsverfahren) in einem anderen Land zur Verfügung stehen.

Die Struktur der Liberalisierungsverpflichtungen überlässt den Unternehmen nicht die freie Wahl, wie sie eine Dienstleistung grenzüberschreitend anbieten wollen. Vielmehr kann eine Erbringungsform in den Liberalisierungsverpflichtungen verboten oder bevorzugt werden.[194] Die Unternehmen sind gezwungen, sich nach diesen politischen Vorgaben zu richten, auch wenn dies nicht die für sie effizienteste Form des Marktzugangs darstellt. Dies wirkt sich auf die Faktorintensität von Dienstleistungen aus. Beispielsweise steigt die Kapitalintensität, wenn der Kapitaltransfer – ausländische Direktinvestitionen (Mode 3) – gegenüber der Anwesenheit natürlicher Personen (Mode 4) bevorzugt wird.

Die weitreichende Liberalisierung des Handels mit Sachgütern der Informationstechnologie durch das ITA legt die Grundlage dafür, dass auch komplementäre Dienstleistungen angeboten werden können. Die sektorspezifische Liberalisierungsstruktur des GATS berücksichtigt hingegen keine Komplementaritäten zwischen unterschiedlichen Dienstleistungen und reduziert dadurch die Wirksamkeit des Marktzugangs. Wird der grenzüberschreitende Handel einzelner Dienstleistungen liberalisiert, aber gleichzeitig für notwendige komplementäre Dienstleistungen behindert, sind die Liberalisierungsverpflichtungen in ihrer Effektivität stark eingeschränkt. Besonders deutlich wird dies bei Kommunikationsdienstleistungen, wenn beispielsweise der Zugang zu Netzen oder die Nutzung von Dienstleistungen nationaler Anbieter nicht gewährleistet ist, sodass vor- und nachgelagerte Dienstleistungen der Wertschöpfungskette des elektronischen Geschäftsverkehrs nicht angeboten werden können. Darüber hinaus ergeben sich für alle Dienstleistungen, die audiovisuelle Dienstleistungen beinhalten (z.B. Multimediaangebote), weitreichende Einschränkungen, da der audiovisuelle Sektor von der Liberalisierung nahezu ausgeschlossen ist. Vor dem Hintergrund der Konvergenz der Kommunikationsdienstleistungen liegt in der unzureichenden Berücksichtigung von Komplementaritäten ein zunehmendes Problem.

---

194 Während der Verhandlungen zum GATS wurde vor allem die dritte Erbringungsform (Kommerzielle Präsenz) liberalisiert, da die Staaten aufgrund der ausländischen Direktinvestitionen „spill over"-Effekte erwarteten. Vgl. Tinawi und Berkey (1999). Viele Unterzeichnerstaaten haben hingegen den grenzüberschreitenden Handel in Form der Anwesenheit natürlicher Personen (vierte Erbringungsart) nur geringfügig liberalisiert, sodass ein notwendiger personalintensiver Service vor Ort nicht erfolgen kann. Da dieser Service vor Ort vielfach aber ein notwendiges Komplement für die ursprüngliche Dienstleistung darstellt, wird der grenzüberschreitende Handel eingeschränkt. Vgl. Koehler (1999) für eine Diskussion der Liberalisierung des grenzüberschreitenden Personenverkehrs im Rahmen des GATS.

### 4.6.2 Kompetitive Marktstruktur

Das Ziel des GATS ist die Reduktion von Handelsbarrieren; die nationalen Wettbewerbsbedingungen stehen nicht im Vordergrund.[195] Allerdings behindern im internationalen Dienstleistungshandel oft nichttarifäre Handelshemmnisse und diskriminierende nationale Wettbewerbsbedingungen den grenzüberschreitenden Handel. Bei internationalem Güterhandel ist es von untergeordnetem Interesse, wie das Produkt im Exportland erstellt wird. Wichtig ist der freie Warenverkehr an der Grenze und die physischen Charakteristika des Produkts.[196] Bei internationalem Dienstleistungshandel ist dagegen die Art und Weise der Dienstleistungserbringung nicht vom Handel zu trennen, und deshalb sind die nationalen Vorschriften und Regulierungen des Dienstleistungssektors für den internationalen Handel von zentraler Bedeutung. Diese nationalen Regulierungen können entweder den Wettbewerb durch ausländische Anbieter behindern (z.B. Subventionen, staatliche Monopolgarantien) oder fördern (z.B. die Verpflichtung zur Netzzusammenschaltung).

Das GATS ist hinsichtlich der Forderung nach einer kompetitiven Marktstruktur insgesamt nicht ausreichend, denn die Unterzeichnerstaaten können weiterhin eine an nationalen Zielen orientierte Industriepolitik verfolgen. Zwar wird in Artikel XVII GATS die Inländergleichbehandlung gefordert und auf faktisch gleiche Wettbewerbsbedingungen verwiesen. Dennoch werden die diskriminierungsfreien nationalen Wettbewerbsbedingungen durch andere, nicht ausreichend normierte Artikel des GATS eingeschränkt. Artikel VI (*Innerstaatliche Regulierung*) greift nur für die in die Liberalisierungslisten aufgenommenen Dienstleistungssektoren und enthält darüber hinaus nur sehr schwache Vorgaben für eine wettbewerbsfördernde nationale Regulierung. Artikel VIII (*Monopole und Dienstleistungserbringer mit ausschließlichen Rechten*) erlaubt ausdrücklich den Fortbestand von nationalen Monopolen und trägt daher nicht zu einer kompetitiven Marktstruktur bei. Auch Artikel IX (*Geschäftspraktiken*) ist wirkungs-

---

195 Die Präambel zum GATS-Abkommen enthält nicht die Zielsetzung des freien Welthandels und vollständig kompetitiver Märkte. Vielmehr ist hier die Sprache von „dem Wunsch, einen multilateralen Rahmen von Grundsätzen und Regeln für den internationalen Handel unter Bedingungen der Transparenz und der fortschreitenden Liberalisierung ... zu schaffen“ sowie von „dem Wunsch, so bald wie möglich einen stetig zunehmenden Grad der Liberalisierung des Handels mit Dienstleistungen durch aufeinanderfolgende Runden multilateraler Verhandlungen zu erreichen“. Abgedruckt in: Beck Gesetzestexte, Welthandelsorganisation: 192.

196 Auch für die Güterproduktion gibt es bereits einige internationale Regeln (z.B. Emissionsauflagen für die Produktion, Umweltstandards, Verbot der Kinderarbeit), deren Einhaltung aber am fertig erstellten Gut nicht mehr nachvollziehbar ist. Durch die Einführung von international anerkannten und zertifizierten PPM's (Production and Process Methods) kann in Zukunft auch für die Gütererstellung die Art und Weise der Produktion an Bedeutung zunehmen.

los, da wettbewerbsbehindernde Geschäftspraktiken nicht untersagt werden, sondern lediglich Verhandlungen zwischen den Unterzeichnerstaaten über den Abbau solcher Hemmnisse stattfinden sollen. Gleiches gilt für Artikel XV (*Subventionen*). Des Weiteren ist Artikel XIII (*Öffentliches Beschaffungswesen*) materiell nicht geregelt, sodass ein diskriminierendes öffentliches Beschaffungswesen, welches sich nicht an objektiven und transparenten Auswahlkriterien orientiert, weiterhin möglich ist.[197]

Für Basisdienstleistungen der Telekommunikation ist durch das vierte Protokoll zum GATS und insbesondere durch das Referenzpapier für die Grundzüge einer nationalen Regulierung ein erheblicher Fortschritt in Hinblick auf eine kompetitive Marktstruktur erreicht worden. Durch die Integration von Regulierungsvorgaben für nationale Telekommunikationsmärkte in das GATS-Abkommen sind diese Bestandteil der einklagbaren WTO-Verpflichtungen der einzelnen Unterzeichnerstaaten geworden.[198] Die nationale Politik ist verpflichtet, Wettbewerb auf Telekommunikationsmärkten zu ermöglichen, sich an objektive Regulierungsvorgaben zu halten und ausländische Anbieter nicht zu diskriminieren. Obwohl das Referenzpapier nur allgemein gehaltene Regulierungsvorgaben enthält, die in der Umsetzung nach wie vor Interpretationsspielraum zulassen, werden die Voraussetzungen für bestreitbare nationale Telekommunikationsmärkte gestärkt.[199]

Die Integration wettbewerbspolitischer Vorgaben in bestehende Handelsabkommen – wie beispielsweise durch das vierte Protokoll zum GATS – reduziert die Notwendigkeit einer separaten internationalen Wettbewerbsordnung. Durch das Referenzpapier für die Grundzüge einer nationalen Marktregulierung ist auch der internationale Wettbewerb um das Angebot von Telekommunikationsdienstleistungen gefördert worden. Trotzdem kann das Fehlen einer internationalen Wettbewerbsordnung in spezifischen Situationen gleiche internationale Wettbewerbsbedingungen beeinträchtigen, wie z.B. im Fall einer weltweiten Monopolstellung oder von grenzüberschreitenden Auswirkungen nationaler Fusionen.[200]

---

197 Zwar existiert innerhalb der WTO ein gesondertes Abkommen über das öffentliche Beschaffungswesen. Dieses plurilaterale Abkommen ist jedoch nur von wenigen WTO-Mitgliedern unterzeichnet worden, sodass die Reichweite begrenzt ist. Vgl. Senti (2000: 664–682).

198 Dies gilt nur, wenn die Unterzeichnerstaaten des vierten Protokolls das Referenzpapier vollständig in ihre Liste der Liberalisierungsverpflichtungen übernommen haben. Dies trifft für fast alle Unterzeichner zu.

199 Für eine ausführliche Analyse des vierten Protokolls zum GATS und weiterhin bestehender Defizite vgl. stellvertretend Barth (1997), Blouin (2000), Bronckers und Larouche (1997), Drake und Noam (1997), Fetzer (1999), Fredebeul-Krein und Freytag (1997, 1999) oder Frid (1997). Speziell für den Telekommunikationssektor vgl. Langenfurth (1999).

200 Vgl. hierzu die Diskussion in Abschnitt 5.6 dieser Untersuchung.

Der internationale Handel mit audiovisuellen Dienstleistungen ist aufgrund des Kulturvorbehalts der EU und anderer Staaten nur stark eingeschränkt möglich. Durch das GATS-Abkommen ist für diesen Sektor kein erweiterter Marktzugang erreicht worden. Nach wie vor ist der europäische Markt für audiovisuelle Dienstleistungen vor internationaler Konkurrenz geschützt und durch massive staatliche Eingriffe gekennzeichnet. Durch diverse staatliche Förderprogramme auf lokaler, nationaler und regionaler Ebene sowie Richtlinien für die Programmgestaltung herrscht auf dem Markt für audiovisuelle Dienstleistungen keine kompetitive Marktstruktur.

Die Konvergenz der Kommunikationsdienstleistungen beeinflusst die Wettbewerbsbedingungen und führt zu zusätzlichen Handelsbarrieren, da die nationalen Regulierungen für einzelne Kommunikationsdienstleistungen unterschiedlich sind und es nicht immer eindeutig ist, welche Regelung gilt. Die Voraussetzungen für die Bestreitbarkeit einzelner Dienstleistungsmärkte sind unterschiedlich, je nachdem ob die Wettbewerbsregeln für Telekommunikationsdienstleistungen, Internetdienstleistungen oder audiovisuelle Dienstleistungen Anwendung finden.[201] Des Weiteren erfordert die dynamische Entwicklung im Kommunikationsdienstleistungssektor auch eine flexible Anpassung der Wettbewerbsregeln an neue Rahmenbedingungen. Das GATS berücksichtigt diese Konvergenz der Kommunikationsdienstleistungen und die Auswirkungen auf die nationale Marktstruktur nicht. Vielmehr wird durch die Liberalisierungsmethodik des GATS jeder Dienstleistungssektor separat betrachtet.

### 4.6.3 Kompatibilität

Das Kriterium der technischen Kompatibilität fordert die Ermittlung des richtigen Zeitpunktes und Ausmaßes an Kompatibilität, die korrekte Ermittlung tatsächlicher Kosten, internationaler Verrechnungspreise oder von Zwischenpreisen für notwendige vor- und nachgelagerte komplementäre Dienstleistungen der Multimediawertschöpfungskette. Das GATS-Abkommen berücksichtigt diese ökonomischen Überlegungen nicht. Beispielsweise wird das internationale Verrechnungssystem für Telekommunikationsdienste im GATS nicht erwähnt, obwohl es einen großen Einfluss auf den internationalen Handel mit Telekommunikationsdienstleistungen besitzt, insbesondere zwischen Nationen unterschiedlichen Entwicklungsstands.

---

201 Hoffmann-Riem et al. (2000) analysieren den Handlungsbedarf hinsichtlich einer Neuordnung der nationalen Regulierung in Deutschland und stellen unterschiedliche Handlungsoptionen anhand verschiedener Länderstudien dar.

Es ist fraglich, ob für die technische Kompatibilität zwangsläufig eine zwischenstaatliche Kooperation und eine weltweite Harmonisierung erforderlich ist. Eine internationale Harmonisierung der Standards ist nur dann sinnvoll, wenn die Kosten reduziert werden. Für die Infrastrukturebene, sowohl bei kabelgebundener Übertragung wie auch bei Mobilfunk und Satellitenkommunikation, wirkt sich die Einigung auf einheitliche Frequenzen und technische Standards kostensenkend aus. Darüber hinaus können positive Netzwerkexternalitäten realisiert werden, da miteinander kompatible Netze zu einer Nutzensteigerung aufgrund gestiegener Netzwerkgröße führen. Die positiven Effekte einer internationalen Harmonisierung technischer Vorgaben auf der Dienstleistungs- und Inhalteebene sind hingegen zweifelhaft. Da erweiterte Wahlmöglichkeiten den Nutzen der Konsumenten steigern, können unterschiedliche, miteinander nicht kompatible Dienstleistungsangebote die gesamtwirtschaftliche Wohlfahrt fördern.

Das Kriterium der technischen Kompatibilität wird im vierten Protokoll zum GATS durch das Referenzpapier für die Grundzüge einer nationalen Regulierung teilweise berücksichtigt. Die Konkretisierung der Zusammenschaltungsverpflichtung zeigt deutlich, dass hier die Auffassung zugrunde liegt, dass eine Netzzusammenschaltung die Markteintrittskosten reduziert, die marktwirtschaftliche Effizienz steigert und die Realisierung von Wohlfahrtsgewinnen ermöglicht. Die Ermittlung der Kosten für die Netzzusammenschaltung soll gemäß dem Referenzpapier zu „kostenorientierten Entgelten, die transparent, angemessen, wirtschaftlich realistisch" sind, führen.[202] Diese allgemeine Vorgabe lässt einen Spielraum für die konkrete Umsetzung und führt nicht zwangsläufig zu ökonomischer Effizienz.

Ist die aktuelle Kostenstruktur der Netzbetreiber maßgeblich, so werden auch die Kosten für mögliche ineffiziente Strukturen berücksichtigt; es besteht kein Anreiz zu Innovation und Kostensenkung. Durch einen internationalen Vergleich könnten die derzeit effizientesten Kostenstrukturen berücksichtigt werden, aber es fehlt ein Anreiz für weitergehende Kostensenkungen. Eine Ermittlung der tatsächlichen Kosten auf Grundlage der zukünftigen langfristigen Durchschnittskosten kann sinnvoll sein, da dies einen dynamischen Anreiz für zukünftige Kostensenkungen liefert. Aufgrund begrenzter Datenverfügbarkeit ist aber die Ermittlung der zukünftigen langfristigen Durchschnittskosten für die Netzzusammenschaltung oder die Nutzung einzelner Telekommunikationsdienstleistungen (z.B. Weiterleitung) in der Praxis problematisch. Ein häufig praktizierter Weg ist daher die Preisregulierung durch „price caps", wodurch nicht nur eine Preisobergrenze, sondern auch ein vorher festgelegter Reduktionsparameter festgelegt

---

202 Vgl. Referenzpapier Abschnitt 2. Abgedruckt in Beck Gesetzestexte, Welthandelsorganisation: 222.

wird. Die für die Zukunft zu erwartenden Kostensenkungen sind damit Bestandteil der Preisvorgaben.[203]

Die Festlegung technischer Schnittstellen und Standards wird für den Bereich der Kommunikationsdienstleistungen von anderen internationalen Organisationen wahrgenommen, wie z.B. von der Internationalen Telekommunikationsunion (ITU) für den Telekommunikationssektor oder von der Internet Corporation for Assigned Names and Numbers (ICANN)[204] für das Internet. Der Vergleich dieser beiden Institutionen zeigt erhebliche Unterschiede in ihrer Arbeitsweise, vor allem auch in Bezug auf das Verfahren zur Standardisierung.[205] GATS Artikel XXVI (*Beziehungen zu anderen internationalen Organisationen*) ermächtigt die WTO zur Kooperation mit anderen mit Dienstleistungen befassten zwischenstaatlichen Organisationen. Insbesondere im Bereich der technischen Standardisierung könnte eine Kooperation mit der ITU und der ICANN für die Liberalisierung förderlich sein. Das Kooperationsabkommen mit der ITU ist bisher wenig konkret, und Entscheidungen der ITU haben keine direkte Wirkung für die GATS-Unterzeichnerstaaten.[206] Da die ICANN keine zwischenstaatliche Organisation im juristischen Sinn ist, ist es fraglich, ob Artikel XXVI auch zur Kooperation mit der ICANN ermächtigt.

Das GATS trägt nur in geringem Umfang zur Kompatibilität der nationalen institutionellen Regeln bei. Nach Artikel VII (*Anerkennung*) können die Unterzeichnerstaaten Vereinbarungen treffen, die die gegenseitige Anerkennung von Berufsqualifikationen ermöglichen. Artikel VII ist jedoch materiell nicht geregelt und verweist nur auf weitere Verhandlungen. Die Einigung auf Grundsätze für

---

203 Eine umfangreiche Diskussion unterschiedlicher Berechnungsmethoden der tatsächlichen Kosten internationaler Telekommunikation ist in ITU (1999) enthalten. Verschiedene Berechnungsverfahren werden auch in Klodt et al. (1995: 69–135) und Laffont und Tirole (2000) dargestellt. Vgl. hierzu auch die Analyse in Abschnitt 5.4.

204 Die ICANN ist rechtlich ein privatwirtschaftliches Unternehmen. Die Struktur der ICANN ähnelt allerdings eher der einer internationalen Organisation. Das Gründungsprotokoll wurde sowohl von den Nationalstaaten als auch von internationalen Organisationen (vor allem ITU und WIPO), privaten Unternehmen und gesellschaftlichen Verbänden unterzeichnet. Für einen Überblick über die Entstehungsgeschichte und Funktionsweise der ICANN vgl. Mueller (2000) oder Hofmann (2000) sowie die Ausführungen in Abschnitt 2.3 dieser Untersuchung.

205 Das Standardisierungsverfahren der ICANN ist wesentlich flexibler, transparenter und stärker an den Interessen der Unternehmen orientiert. Die Entscheidungsmechanismen der Internationalen Telekommunikationsunion sind langwieriger und stark durch politischen Einfluss und nationalstaatliche Interessen geprägt. Vgl. hierzu die Ausführungen im zweiten Kapitel dieser Untersuchung.

206 Dies schließt nicht aus, dass aufgrund der doppelten Mitgliedschaft der meisten Staaten sowohl in der ITU, als auch in der WTO faktisch eine direkte Wirkung besteht. Eine Einschränkung der Wirksamkeit bleibt aber in jedem Fall bestehen, da die Beschlüsse der ITU lediglich Empfehlungen und nicht völkerrechtlich verbindlich sind.

die Anerkennung beruflicher Qualifikationen würde zur institutionellen Kompatibilität beitragen, da ein Dienstleistungsanbieter dann einfacher grenzüberschreitend tätig werden könnte.

Artikel VI Abs. 4 (*Innerstaatliche Regulierung*) könnte einen Ansatzpunkt für kompatible nationale Regelungen bieten, die den grenzüberschreitenden Dienstleistungshandel erleichtern. Dieser Artikel enthält aber keine Vorgaben, wie das grundsätzliche Ziel erreicht werden soll, dass die innerstaatliche Regulierung bei der Umsetzung legitimer staatlicher Zielsetzungen den internationalen Dienstleistungshandel nicht mehr als unabwendbar nötig behindert. Die nach Abschluss des GATS innerhalb einer Arbeitsgruppe geführten Verhandlungen zur Konkretisierung dieser allgemeinen Vorgaben für den Bereich der Wirtschaftsprüfer und Steuerberater haben keinen wesentlichen Fortschritt gebracht. Zwar wurde ein Entwurf für Prinzipien der innerstaatlichen Regulierung für den Dienstleistungssektor der Steuerberater und Wirtschaftsprüfer erarbeitet. Dieser erlangt aber nur Gültigkeit, wenn die Staaten Liberalisierungsverpflichtungen für den Sektor eingegangen sind (WTO 1998c, 1998f). Darüber hinaus können die Staaten Modifikationen an den festgelegten Prinzipien in ihre Liberalisierungslisten aufnehmen. Eine wirksame Kompatibilität nationaler Regelungen wird jedoch erst dann erreicht, wenn die unter Artikel VI ausgehandelten Grundsätze für eine nationale Regulierung unabhängig von den länderspezifischen Liberalisierungslisten gültig sind und nicht beliebig verändert werden können. Die Verhandlungen werden in einer neuen Arbeitsgruppe mit der Zielsetzung fortgeführt, sektorübergreifende Grundsätze zu entwickeln.[207]

Das Referenzpapier der nationalen Regulierung im Rahmen des vierten Protokolls zum GATS erfüllt das Kriterium der institutionellen Kompatibilität. Die im Referenzpapier enthaltenen Vorgaben für die Basisdienste der Telekommunikation fordern nationale Regelungen, die gleichen Zielen und Grundsätzen verpflichtet sind, ohne dabei die konkrete Umsetzung auf internationaler Ebene vorzugeben.

### 4.6.4 Transparenz

Die besondere Bedeutung der Transparenz staatlichen Handelns für den internationalen Dienstleistungshandel zeigt sich an Artikel III GATS (*Transparenz*). Artikel III fordert von den Unterzeichnerstaaten die öffentliche Zugänglichkeit

[207] Vgl. WTO (1999a, 1999c, 2001h). In den laufenden Verhandlungen zur Entwicklung von sektorübergreifenden Grundsätzen für die innerstaatliche Regulierung ist bisher wenig erreicht worden. Dieses Thema ist politisch problematisch, da der nationale Handlungsspielraum berührt wird, bestehende staatliche Regulierungsbehörden um ihre Stellung fürchten und auch private Verbände intervenieren.

von Informationen über alle Maßnahmen, die den internationalen Dienstleistungshandel betreffen. Änderungen entsprechender Gesetze, Vorschriften oder Verwaltungsrichtlinien müssen mindestens einmal jährlich gegenüber der WTO angezeigt werden. Des Weiteren sind die Staaten verpflichtet, Anfragen anderer Staaten über geltende nationale Regelungen, die den internationalen Dienstleistungshandel beeinflussen, umgehend zu beantworten. Durch die Anforderungen des Artikel III wird die Unsicherheit über gültige Regelungen im grenzüberschreitenden Handel reduziert und der diskretionäre Spielraum staatlichen Handelns eingeschränkt. Für den Telekommunikationsdienstleistungssektor wird die Transparenz staatlichen Handelns im Rahmen des vierten Protokoll zum GATS durch das Referenzpapier für die Grundzüge einer nationalen Regulierung weitergehend konkretisiert.[208]

Artikel III GATS enthält keine Aussagen über den Inhalt oder über das Zustandekommen bestehender Regelungen; die alleinige Bekanntmachung genügt, um die Auflagen des GATS zu erfüllen. Ineffiziente Regelungen und eine unterschiedliche Kompetenzzuordnung auf kommunaler, regionaler und nationaler Ebene sind weiterhin mit dem GATS vereinbar. Zwar ermöglicht die Transparenzanforderung des Artikel III die Information über bestehende Regelungen; ob dies ausreicht, um den internationalen Dienstleistungshandel wirksam zu fördern, ist fraglich. Neben der Transparenz ist vor allem die inhaltliche Ausgestaltung der nationalen Gesetze und Regelungen maßgeblich.[209]

Artikel IIIbis GATS schränkt die Reichweite der Offenlegungsverpflichtung ein. Die Unterzeichnerstaaten sind nicht verpflichtet, vertrauliche Informationen zugänglich zu machen, deren Offenlegung die Durchsetzung von Gesetzen behindern oder dem öffentlichen Interesse widersprechen würde. Des Weiteren können Staaten Informationen, deren Offenlegung die berechtigten kommerziellen Interessen bestimmter öffentlicher oder privater Unternehmen schädigen würde, unterlassen. Der Wortlaut dieses Artikels lässt eine weitreichende Interpretation zu, was „berechtigte kommerzielle Interessen" sind oder wodurch das „öffentliche Interesse" berührt sein kann. Die Transparenz staatlichen Handelns wird eingeschränkt, da die Auslegung des Artikels IIIbis diskretionären Spielraum eröffnet.

Die Transparenz staatlichen Handelns wird darüber hinaus durch die bisher nicht substantiell geregelten Artikel des GATS eingeschränkt. Artikel X (*Notstandsmaßnahmen*) legt nicht fest, wann eine Notstandssituation eintritt, die dazu

---

208 Die Regulierungsgrundsätze des Referenzpapiers sind keine allgemeinen Verpflichtungen der Unterzeichnerstaaten des GATS, sondern sie erlangen nur durch die Aufnahme in die nationalen Liberalisierungslisten Gültigkeit.

209 Die Anforderungen an die inhaltliche Ausgestaltung der GATS-Regelungen wird durch die übrigen Kriterien definiert.

berechtigt, Liberalisierungsverpflichtungen auszusetzen. Auch die Artikel XIII (*Öffentliches Beschaffungswesen*) und Artikel XV (*Subventionen*) regeln nicht die diskriminierungsfreie inhaltliche Umsetzung. Darüber hinaus geben die Artikel XIV (*Allgemeine Ausnahmen*) und Artikel XIVbis (*Ausnahmen zur Wahrung der Sicherheit*) Ansatzpunkte für diskretionäres und intransparentes staatliches Handeln.

Neben den Regelungen des GATS fördern weitere allgemeine WTO-Verpflichtungen die Transparenz staatlichen Handelns.[210] Die regelmäßige Überprüfung der nationalen Handelspolitiken der Mitgliedstaaten im Rahmen des TPRM (Trade Policy Review Mechanism), die im dritten Anhang zum WTO-Übereinkommen geregelt ist, unterstützt die Transparenz und vertragskonforme nationale Umsetzung der WTO-Verpflichtungen. Auch das Streitschlichtungsverfahren der WTO beeinflusst die Transparenz staatlichen Handelns, da nationale Maßnahmen auf ihre Konformität mit WTO-Verpflichtungen überprüft werden können.[211]

Das geforderte Kriterium der Transparenz geht in seiner Reichweite über das in GATS Artikel III geregelte Minimum hinaus. Artikel III trägt zwar zur Transparenz staatlichen Handelns bei, berücksichtigt aber nicht die Vertragstransparenz. Obwohl das GATS-Abkommen insgesamt die Unsicherheit im grenzüberschreitenden Handel reduziert und dadurch zur Liberalisierung beiträgt, ist die Transparenz des Vertrags unzureichend. Es ist nicht immer eindeutig, welche Regelungen für welche (Kommunikations-)Dienstleistungen unter welchen Umständen gelten.

Das GATS kombiniert den Ansatz einer Positivliste mit einer sektorspezifischen Negativliste.[212] Dies führt dazu, dass jeder Staat eine À-la-carte-Liberalisierung vornehmen und nicht nur die Sektoren, sondern auch die präferierte Erbringungsart wählen kann. Ein wirksamer Marktzugang wird jedoch erst dann erreicht, wenn der Dienstleistungserbringer die Form der Dienstleistungserbringung frei wählen kann. Des Weiteren werden durch den Ansatz einer Positivliste nicht alle Handelshemmnisse offengelegt. Die Vertragstransparenz wird zusätzlich beeinträchtigt, da einige Artikel des GATS nur Gültigkeit für die Dienstleistungssektoren erlangen, für die spezifische Verpflichtungen übernommen wor-

---

210 Für einen Überblick über die Transparenzanforderungen in den einzelnen WTO-Abkommen vgl. Senti (2000: 195–200).

211 Für eine Analyse der Wirkungsweise des Streitschlichtungsverfahrens vgl. z.B. Hauser und Martel (1997) oder Petersmann (1997). Mit speziellem Bezug zum Dienstleistungshandel vgl. Millán Smitmans (2000).

212 Die Struktur des GATS-Abkommens und die Methodik der Liberalisierung wird in zahlreichen Analysen kritisiert. Vgl. stellvertretend Feketekuty (2000), Hoekman (1996), Hoekman und Sauvé (1994), Koehler (1999), Low und Mattoo (2000), Sapir (1999), Sauvé (1995) oder Snape (1998).

den sind, wie z.B. Artikel VI (*Innerstaatliche Regulierung*) und Artikel XI (*Zahlungen und Übertragungen*). Eine Interpretation des Vertragstextes kann daher nur in Zusammenhang mit den länderspezifischen Liberalisierungslisten erfolgen.

Die Vertragstransparenz und die Interpretation der Liberalisierungsverpflichtungen wird durch die getrennte Listung von Marktzugang (Artikel XVI) und Inländergleichbehandlung (Artikel XVII) eingeschränkt. Im internationalen Dienstleistungshandel ist die Teilung in Marktzugang und Inländergleichbehandlung nicht immer eindeutig, da im Gegensatz zu Gütern schwer zwischen diskriminierenden Maßnahmen an der Grenze und innerhalb eines Landes unterschieden werden kann. Die nationale Regulierung ist für die ausländischen Dienstleistungsanbieter von zentraler Bedeutung, und eine diskriminierende nationale Regelung kann als vollständige Marktzutrittsbarriere wirken. Wird der Begriff der Inländergleichbehandlung umfassend interpretiert, deckt er alle Erbringungsformen des Dienstleistungshandels ab und macht den Artikel des Marktzugangs überflüssig. Wird aber eine klare Trennlinie gezogen, dann wird die Inländergleichbehandlung erst wirksam, nachdem der Dienstleistungserbringer Marktzugang erhalten hat. In diesem Falle wäre die Aufnahme einer unbeschränkt gültigen Inländergleichbehandlung in der Liste der Liberalisierungsverpflichtungen nur dann wirkungsvoll, wenn diese nicht gleichzeitig durch Einschränkungen beim Marktzugang relativiert wird.[213]

Unterschiedliche Interpretationen der Reichweite der Verpflichtung zur Inländergleichbehandlung reduzieren die Vertragstransparenz. Die Inländergleichbehandlung des Artikel XVII GATS bezieht sich auf gleiche Dienstleistungen. Da Dienstleistungen aber weniger standardisiert sind als materielle Güter, wird die notwendige Abgrenzung, wann Dienstleistungen als identisch oder unterschiedlich angesehen werden, besonders schwierig. Hinzu kommt, dass sich die Abgrenzung nicht nur auf die Dienstleistung, sondern auch auf den Dienstleistungserbringer beziehen kann, da diese teilweise nicht voneinander zu trennen sind. Um die wirksame Gleichbehandlung von in- und ausländischen Dienstleistungsanbietern zu gewährleisten, kann die Inländergleichbehandlung nach Artikel XVII Abs. 2 GATS entweder durch formell identische oder durch formell unterschiedliche Behandlung der ausländischen Dienstleistungsanbieter erfüllt werden.[214] Darüber hinaus gilt die Verpflichtung zur Inländergleichbehandlung nur

---

213 Zur Abgrenzungsproblematik zwischen Inländergleichbehandlung und Marktzugang vgl. Mattoo (1997).

214 Durch diese Regelung soll eine De-facto- und nicht eine De-jure-Gleichbehandlung erreicht werden, sodass tatsächlich identische Wettbewerbsbedingungen für in- und ausländische Anbieter herrschen. Damit wird auf eine zu Artikel III Abs. 4 GATT fest etablierte Rechtspraxis Bezug genommen. Vgl. Tietje (1998: 221–244).

für die Sektoren, die in die Liberalisierungsverpflichtungen aufgenommen wurden.

Die Vertragstransparenz des GATS wird durch die fehlende Definition einer Dienstleistung beeinträchtigt. Was als Dienstleistung bezeichnet wird, ergibt sich aus der enumerativen Vorgehensweise des GNS-Klassifikationsschemas. Hieraus resultiert einerseits das Problem, dass die GNS-Struktur nicht automatisch neue Dienstleistungen erfasst. Je nachdem, wie eine neue Dienstleistung innerhalb des GNS-Schemas klassifiziert wird, ergeben sich unterschiedliche Liberalisierungsverpflichtungen. Besonders deutlich wird dieses Problem bei der Einordnung des elektronischen Geschäftsverkehrs in die GATS-Rechtsordnung.[215] Andererseits ist aufgrund der fehlenden Definition die Abgrenzung zwischen dem Geltungsbereich des GATT und GATS schwierig. Es existieren Grenzfälle, bei denen nicht eindeutig ist, ob es sich um ein Gut oder eine Dienstleistung handelt. Der Import von Früchten kann beispielsweise als Dienstleistungshandel (der Handel und der Transport steht dann im Vordergrund) oder als Güterhandel (das Produkt, die Früchte selbst, stehen im Vordergrund) aufgefasst werden.[216] Noch schwieriger wird die Abgrenzung bei digitalisierbaren Gütern, wie z.B. dem Kauf und der Lieferung eines Buches über das Internet. Die Vertragstransparenz wird hier zusätzlich dadurch beeinträchtigt, dass eine eindeutige Definition des Herkunftslands bzw. der Grenzüberschreitung fehlt.

Die Forderung nach Vertragstransparenz erstreckt sich auch auf die Verhandlungsführung. Die Transparenz der Verhandlungen innerhalb der WTO war in der Vergangenheit nur in geringem Umfang gewährleistet. Dies reduziert nicht nur die Akzeptanz der WTO innerhalb der Bevölkerung, sondern auch kleinere Mitgliedstaaten, vornehmlich Entwicklungsländer, können sich ausgeschlossen fühlen. Da innerhalb der WTO jedes Land ein gleichberechtigtes Stimmrecht besitzt, können die quantitativ überlegenen Entwicklungsländer die Entscheidungen

---

215 Vgl. hierzu Choi (1999), Tianwi und Berkey (1999) oder Mattoo und Schuknecht (2000) sowie die Ausführungen in Abschnitt 5.2.

216 Im „Bananenstreit" zwischen der EU und den USA wurde diese Frage aufgeworfen, und die Berufungsinstanz des Streitschlichtungsverfahrens (appellate body) hat festgestellt, dass dieses Frage nur fallweise entschieden werden kann. Es gibt handelshemmende Maßnahmen, die ausschließlich unter den Regeln des GATT, den Regeln des GATS oder unter beiden Regeln beurteilt werden können. Die dritte Kategorie der gemischten Anwendung beider Abkommen wird voraussichtlich der häufigste Fall sein, und deshalb gibt der Schiedsspruch Richtlinien vor. Bei den Regeln des GATT liegt der Schwerpunkt darauf, inwieweit die handelshemmende Maßnahme das Gut betrifft; bei den Regeln des GATS wird ermittelt, ob die handelshemmende Maßnahme die Erbringung der Dienstleistung behindert. Vgl. die Entscheidung des „appellate body" in WTO (1997b: Part IV.C.1). Zu derselben Dreiteilung kam auch ein weiterer Schiedsspruch des „appellate body" (WTO 1997a: 19). Eine kurze Darstellung findet sich auch in Frid (1998).

innerhalb der WTO blockieren.[217] Transparente Liberalisierungsverhandlungen fördern die Vertragstransparenz, da im Verhandlungsverlauf unterschiedliche Auffassungen geklärt werden müssen, sodass der Ex-post-Interpretationsspielraum reduziert wird.

### 4.6.5 Rechtssicherheit

Das GATS als völkerrechtlicher Vertrag zwischen Staaten trägt zur Reduktion von Handelshemmnissen im grenzüberschreitenden Dienstleistungshandel bei und regelt nicht das Rechtsverhältnis zwischen Privatrechtssubjekten aus unterschiedlichen Staaten. Bei Rechtsstreitigkeiten müssen die Parteien den zivilen Gerichtsweg innerhalb eines Landes beschreiten. Falls Anwälte nicht in anderen Ländern tätig werden können, liegt eine indirekte Beschränkung vor, die durch das GATS nicht ausreichend beseitigt wird.

Die institutionelle Kompatibilität und private Rechtssicherheit beim Angebot grenzüberschreitender Dienstleistungen des elektronischen Geschäftsverkehrs wird durch das GATS nicht erreicht. Der gültige privatrechtliche Rechtsrahmen, z.B. für Gewährleistungsansprüche, gültige Datenschutzvorschriften oder die Besteuerung der Transaktionen[218], wird nicht definiert.

Öffentlich-rechtliche Tatbestände, die die Rechtssicherheit von Privatrechtssubjekten gegenüber staatlichen Eingriffen stärken, sind Bestandteil des GATS. Es handelt sich um die unter dem Transparenz-Kriterium diskutierten Regulierungs- und Rechtsgrundsätze. Privatrechtssubjekte können die Staaten nicht direkt auf Einhaltung der Verpflichtungen des GATS verklagen. Da diese direkte Wirkung nicht besteht, ist die öffentliche Rechtssicherheit stark einge-

---

217 Obwohl innerhalb der WTO Mehrheitsentscheidungen zulässig sind, wurde bisher immer nach einem allgemeinen Konsens gesucht. Von daher kann bereits eine Staatenminderheit faktisch eine Entscheidung blockieren.

218 Die Virtualisierung des Geschäftsvorgangs und die problematische Definition der Grenzüberschreitung erschweren es, das zu besteuernde Gut oder die Dienstleistung zu identifizieren und einer steuerlichen Jurisdiktion eindeutig zuzuordnen. Des Weiteren ist es für die Steuererhebung auf Internettransaktionen bedeutsam, ob die Umsatzbesteuerung nach dem Ursprungsland- oder dem Bestimmungslandprinzip berechnet wird. In Abhängigkeit davon können sich für einzelne Länder erhebliche Steuermehr- oder Mindereinnahmen ergeben. Für einige Länder kann es zu einer Erosion der Steuerbasis und Staatseinnahmen kommen, wodurch Regierungen zum Ergreifen einseitiger, handelshemmender Maßnahmen veranlasst werden könnten (z.B. Doppelbesteuerung). Zur Diskussion um die Besteuerung von Internettransaktionen vgl. z.B. Chan (2000), Economist (2000), Goolsbee (2000), Goolsbee und Zittrain (1999) Hinnekens (1999), Siebert (2000c), Stehn (2002) oder Watanabe (2000).

schränkt.[219] Des Weiteren fehlt innerhalb des GATS die Forderung nach einem unabhängigen, objektiven und transparenten Gerichtsverfahren, um öffentlich-rechtliche Streitfragen zu klären.

Das Referenzpapier für die Grundzüge einer nationalen Regulierung im vierten Protokoll zum GATS geht in der Berücksichtigung der öffentlichen Rechtssicherheit über die generellen Regeln des GATS hinaus. Die materiellen Anforderungen des Referenzpapiers sind detaillierter festgelegt, obwohl auch hier noch ein weitgehender Interpretationsspielraum verbleibt. Darüber hinaus wird im Zusammenhang mit der Netzzusammenschaltung auf die Notwendigkeit eines objektives Streitschlichtungsverfahrens verwiesen.

Die verstärkte Berücksichtigung der Rechtssicherheit auf der internationalen Ebene führt zu einer Legalisierung des Welthandelssystems anstelle der bisher vorherrschenden Handelsdiplomatie. Das GATS ist ein Vertrag zwischen souveränen Staaten, der die rechtliche Bindung verstärkt, aber nicht eine einheitliche Rechtsordnung schafft, die mit einem nationalstaatlichen Rechtsrahmen vergleichbar wäre. Durch die Legalisierung wird die Objektivität erhöht und werden politisch motivierte Entscheidungen eingeschränkt, denn die Staaten sind an ihre Liberalisierungsverpflichtungen gebunden. Die Souveränität der Mitgliedstaaten bleibt aber grundsätzlich erhalten, sodass unter veränderten politischen Rahmenbedingungen auch abweichende Vertragsinterpretationen oder Vertragsverletzungen möglich bleiben.

Der Abschluss des GATS fördert die internationale Rechtssicherheit im grenzüberschreitenden Handel mit Dienstleistungen, denn es werden erstmalig auf multilateraler Ebene verbindliche Regeln festgelegt, die die Staaten zu einer (eingeschränkten) Marktöffnung verpflichten und Grundzüge für staatliches Handeln definieren. Darüber hinaus können gemäß Artikel XXIII GATS (*Streitbeilegung und Durchsetzung*) die Unterzeichnerstaaten die Einhaltung der vertraglichen Verpflichtungen durch das Streitbeilegungsverfahren der WTO überprüfen lassen.[220]

Die internationale Rechtssicherheit wird eingeschränkt, wenn das Herkunftsland eines Anbieters nicht eindeutig bestimmt werden kann und deshalb nicht ersichtlich ist, welche Liberalisierungsverpflichtungen gelten. Die Ermittlung des Herkunftslandes ist bei vollständig digitalisierten, grenzüberschreitenden Trans-

---

219 Die direkte Wirkung von WTO-Verpflichtungen wird in Abschnitt 5.5 umfassend analysiert.

220 Für eine Diskussion des Streitbeilegungsverfahrens der WTO vgl. z.B. Hauser und Martel (1997), Millán Smitmans (2000), Petersmann (1997) oder Senti (2000: 134–152).

aktionen erschwert.[221] Dies verstärkt einerseits die Wirksamkeit der Meistbegünstigung für Dienstleistungen der Informationstechnologie, denn es wird schwierig, Ausnahmen von der Meistbegünstigung sowie regionale Handelsabkommen bei elektronischem Handel aufrecht zu erhalten (Choi 1999: 4). Die internationale Rechtssicherheit wird gefördert. Andererseits sind die Meistbegünstigungsausnahmen sowie die regionalen Handelsabkommen ein wesentlicher Bestandteil des GATS, und die Unterzeichnerstaaten könnten bei reduzierter Durchsetzungsfähigkeit von Ausnahmeregeln ihre Liberalisierungsverpflichtungen insgesamt reduzieren bzw. nicht zu weiteren Handelsliberalisierungen bereit sein. Dies vermindert die internationale Rechtssicherheit.

Die internationale Rechtssicherheit hängt davon ab, wer die Nichteinhaltung vertraglicher Verpflichtungen anzeigen kann, wie das Untersuchungsverfahren ausgestaltet ist und welche Sanktionen bei einer festgestellten Vertragsverletzung möglich sind. Die Rechtssicherheit ist durch eine fehlende direkte Wirkung der WTO-Verpflichtungen eingeschränkt. Nur Regierungen der Mitgliedstaaten können auf Einhaltung der Verpflichtungen klagen. Da die Unterzeichnerstaaten sowohl Ankläger als auch Verklagte in einem Streitschlichtungsverfahren sein können und dies zum Zeitpunkt des Vertragsabschlusses unsicher ist, sind die Sanktionsmechanismen gering (Ethier 2001). Obwohl das Streitschlichtungsverfahren der WTO im Vergleich zum früheren Streitschlichtungsverfahren des GATT wirksamer ist, ist es dennoch langwierig, und die Sanktionen sind relativ schwach; eine unbedingte Vertragsdurchsetzung würde zusätzliche Sanktionsmechanismen verlangen.[222]

Das Liberalisierungsverfahren einer Positivliste und die allgemeinen Formulierungen des GATS beeinträchtigen die Vertragsdurchsetzung und damit die Rechtssicherheit. Sind aufgrund unpräziser Verpflichtungen die Länder ex post zu langwierigen Interpretationen und Streitschlichtungsverfahren gezwungen, erhöht sich die Neigung der Staaten, andere (plurilaterale) Wege der Handelsli-

---

[221] Bietet beispielsweise ein amerikanischer Anbieter auf seiner Homepage eine Dienstleistung an (z. B. Informationen, die gegen Bezahlung aus dem Internet heruntergeladen werden können), so kann jeder Internetnutzer weltweit diese Information beziehen. Fraglich ist, ob diese Dienstleistung in dem Land erbracht wird, in dem die Information heruntergeladen wird oder in dem der Anbieter sie bereitstellt. Komplexer wird es, wenn ein amerikanischer Anbieter eine Dienstleistung anbietet, der Server aber nicht in Amerika, sondern in einem Drittland steht. Handelt es sich dann um eine Dienstleistung des amerikanischen Anbieters, des Landes, in dem der Server steht oder um eine Dienstleistung aus dem Land, in dem die Information aus dem Internet genommen wird?

[222] Heister (1997) analysiert unterschiedliche Strategien zur Stabilisierung multilateraler Kooperation zwischen souveränen Staaten in Bezug auf ein internationales $CO_2$-Abkommen. Die Untersuchung könnte Ansatzpunkte für eine Reform des WTO-Streitschlichtungsverfahrens geben; ob die Ergebnisse auf internationale Handelsabkommen direkt übertragbar sind, bedarf jedoch einer genauen Analyse.

beralisierung zu verfolgen. Eine stärkere Berücksichtigung ökonomischer Effizienz im GATS-Abkommen könnte daher die Anwendung des GATS und Einhaltung der Verpflichtungen fördern.

### 4.6.6 Dynamische Effizienz

Die Beachtung des Kriteriums der dynamischen Effizienz erfordert von einem multilateralen Regelwerk, dass es die Einführung von Produkt- und Prozessinnovationen und den grenzüberschreitenden Handel mit neuen Dienstleistungen nicht durch starre Regelungen behindert. Dies gilt insbesondere für Kommunikationsdienstleistungen, die durch eine hohe Innovationsdynamik und kurze Produktlebenszyklen gekennzeichnet sind. Die Trennung in Basis- und Mehrwertdiensten der Telekommunikation, die unzureichende Berücksichtigung von Mobilfunkdiensten, die mangelhafte Berücksichtigung der Wertschöpfungskette des elektronischen Geschäftsverkehrs oder die zweifelhafte Reichweite der Regulierungsvorgaben des vierten Protokolls für Internetinfrastrukturbetreiber zeigen, dass das bestehende GATS-Regelwerk die dynamische Effizienz, insbesondere vor dem Hintergrund der Konvergenz, nur unzureichend berücksichtigt.

Die Mitgliedstaaten des GATS verpflichten sich zu einer sektorspezifischen und nach Marktzugang und Inländerbehandlung sowie nach Erbringungsarten getrennten Liberalisierung. Die Dienstleistungssektoren werden nach dem starren GNS-Klassifikationsschema unterteilt. Dies verstößt gegen das Kriterium der dynamischen Effizienz, denn die Liberalisierungslisten können nur im Rahmen umfangreicher Verhandlungen revidiert werden, um z.B. bestehende Handelsbarrieren für neue, innovative Dienstleistungen zu reduzieren oder um auf eine veränderte Interdependenz einzelner Dienstleistungssektoren zu reagieren.[223] Des Weiteren ist das GATS ein statisches Vertragswerk, welches keine dynamischen Anpassungen vorschreibt. Ein Ansatz einer vertragsimmanenten Anpassung ist die Verpflichtung des GATS Artikel XIX Abs. 1 neue Liberalisierungsverhandlungen spätestens fünf Jahre nach Inkrafttreten des WTO-Übereinkommens zu beginnen. Denkbar wäre eine Ausdehnung solcher vertraglichen Verpflichtungen auf eine regelmäßige Überarbeitung des Klassifikationsschemas oder auf die Anpassung regulatorischer Vorgaben.

Ein multilaterales Regelwerk ist im Zeitablauf stabil und damit dynamisch effizient, wenn für die Staaten ein ausreichender Anreiz besteht, an dem Regelwerk zu partizipieren und die vereinbarten Regelungen einzuhalten. Der Vertrag muss die Balance zwischen staatlicher Souveränität und nationalen Interessen auf der einen Seite und internationaler Kooperation, Handelsliberalisierung und

---

223 Vgl. hierzu die ausführliche Diskussion in den Abschnitten 5.1 und 5.3.

Realisierung von Wohlfahrtsgewinnen auf der anderen Seite berücksichtigen. Das GATS ist in seiner derzeitigen Fassung insofern anreizkompatibel, da das Abkommen eine von allen Unterzeichnerstaaten akzeptable Balance zwischen den sich widersprechenden Interessen gefunden hat.

Ein anreizkompatibler Vertrag kann allerdings die ökonomische Effizienz verletzen. Die Möglichkeit, die Gültigkeit der Meistbegünstigung einzuschränken sowie regionale Handelsabkommen zu schließen, erleichtert den Staaten die Teilnahme an dem Abkommen, da sie weiterhin einzelnen Ländern im internationalen Handel zusätzliche Handelserleichterungen einräumen können.[224] Ebenso wird die Unterzeichnung des Abkommens dadurch gefördert, dass einige Artikel nur rudimentär materiell geregelt sind und daher den nationalstaatlichen Handlungsspielraum kaum beeinträchtigen. Das eigentliche Liberalisierungsverfahren durch spezifische Verpflichtungen in den Länderlisten überlässt den Unterzeichnerstaaten einen sehr großen Entscheidungsspielraum über die Öffnung der nationalen Märkte für ausländische Konkurrenz. Diese Vertragsfreiheiten haben das Zustandekommen des GATS gefördert, sind aber auch ursächlich für die bisher geringe Marktöffnung.

Der Grundsatz der Inländergleichbehandlung und damit die Fixierung auf das Bestimmungslandprinzip ist aus der Erfahrung der Liberalisierung des Güterhandels im Rahmen des GATT übernommen. Da insbesondere beim internationalen Dienstleistungshandel die nationalen Regelungen und das Prinzip der wechselseitigen Anerkennung wesentlich zur Liberalisierung beitragen könnten, sollte eine Durchsetzung des Herkunftslandprinzips angestrebt werden. Dies schränkt allerdings den nationalen Handlungsspielraum der Unterzeichnerstaaten stärker ein und reduziert den Anreiz, sich an einem solchen Vertrag zu beteiligen.

### 4.6.7 (Miss-)Erfolg des GATS?

Das GATS ist das erste multilaterale Abkommen, welches für den heterogenen Dienstleistungssektor ein Regelwerk zur Reduktion der Handelsbarrieren entwickelt hat. In dieser Hinsicht ist es ein Erfolg, da erstmalig der Dienstleistungshandel Gegenstand multilateraler Liberalisierungsverhandlungen war und die Liberalisierung des Dienstleistungshandels im Rahmen eines völkerrechtlichen Vertrages verankert wurde. Die Reichweite des Abkommens ist in Artikel I sehr weit gefasst und ermöglicht dadurch die umfassende Reduktion von Handels-

[224] Als Beispiel kann das Verhalten der EU im Bereich audiovisueller Dienstleistungen dienen: Die EU hat eine generelle Meistbegünstigungsausnahme für diesen Sektor in ihre Liste aufgenommen. Gleichzeitig werden aber einzelnen Staaten, insbesondere den osteuropäischen Ländern, Möglichkeiten zum grenzüberschreitenden Handel eingeräumt (Tietje 2000).

hemmnissen im internationalen Dienstleistungshandel. Die sektorspezifischen Eigenarten des internationalen Handels mit Telekommunikationsdienstleistungen sind zusätzlich durch das vierte Protokoll zum GATS und das Referenzpapier für die Grundzüge einer nationalen Regulierung ansatzweise berücksichtigt. Die im dritten Kapitel geforderten Kriterien für ein effizientes multilaterales Regelwerk sind im GATS allerdings nur unzureichend umgesetzt, und die erreichte Reduktion der Barrieren für den grenzüberschreitenden Handel von Kommunikationsdienstleistungen ist gering.

Der Aufbau des GATS, die fehlende Normierung zentraler Artikel und der Ansatz einer Positivliste sind strukturelle Defizite des Vertrags, die die Liberalisierung des internationalen Dienstleistungshandels behindern. Der bisher erreichte Marktzugang ist unzureichend. Die veraltete und starre Struktur des GNS-Klassifikationsschemas für Dienstleistungen reduziert die dynamische Anpassung an veränderte Rahmenbedingungen. Des Weiteren ist es unklar, wie der elektronische Geschäftsverkehr in die WTO-Rechtsordnung integriert werden kann. Den internationalen Dienstleistungshandel behindernde nationale Regulierungen werden bisher kaum durch das GATS erfasst; das Kriterium einer kompetitiven Marktstruktur ist nicht erfüllt. Darüber hinaus wird dem Kriterium einer an ökonomischen Effizienzkriterien orientierten Kompatibilität eine zu geringe Bedeutung beigemessen. Zwar wird durch das GATS die Rechtssicherheit gefördert, aber aufgrund der fehlenden direkten Wirkung von WTO-Verpflichtungen ist die Vertragseinhaltung und potentielle Klageführung stark politisch beeinflusst.

Das folgende Kapitel greift die hier identifizierten Problembereiche auf und entwickelt Vorschläge für Reformen. Hierbei muss berücksichtigt werden, dass jede Veränderung des GATS einen Ausgleich zwischen einerseits der Berücksichtigung der Kriterien und der Effizienzsteigerung und andererseits der Anreizkompatibilität und der politischen Umsetzbarkeit erreichen muss.

# 5 Reformvorschläge für ein effizientes GATS-Regelwerk

In dem vorherigen Kapitel wurden den internationalen Handel mit Kommunikationsdienstleistungen behindernde Defizite des GATS-Regelwerks und eine unzureichende Berücksichtigung der geforderten Kriterien festgestellt. Hierzu zählen insbesondere die Struktur des GATS-Vertrags, die unklare Einordnung des elektronischen Geschäftsverkehrs in die WTO-Rechtsordnung, die unvollständige Erfassung der Dienstleistungssektoren innerhalb des GNS-Klassifikationsschemas sowie die unpräzise Reichweite der Regelungsvorgaben des Referenzpapiers, insbesondere in Hinsicht auf die Internetinfrastruktur. Im Folgenden werden verschiedene institutionelle Reformen für das GATS analysiert, um die Kriterien verstärkt zu berücksichtigen und eine weitere Handelsliberalisierung zu erreichen.

Generelle, sektorübergreifende Reformen des GATS werden in Abschnitt 5.1 untersucht. Spezielle Reformen des GATS-Regelwerks für den Sektor der Kommunikationsdienstleistungen sind notwendig für die Einordnung des elektronischen Geschäftsverkehrs in die WTO-Rechtsordnung (Abschnitt 5.2), die Reform des GNS-Klassifikationsschemas (Abschnitt 5.3) sowie die Reform des Referenzpapiers für die Grundzüge nationaler Regulierung (Abschnitt 5.4). Für eine weitere Liberalisierung des internationalen Dienstleistungshandels sind zusätzliche Reformen außerhalb des GATS denkbar. Ein Aspekt ist die Reform der Verbindung zwischen WTO-Recht und nationalem Recht (Abschnitt 5.5). Dieser in der rechtswissenschaftlichen Literatur diskutierte Weg findet in der ökonomischen Analyse bisher kaum Beachtung. Zusätzlich zum GATS können auch andere bestehende oder neu zu schaffende internationale Regelwerke für die Umsetzung der Kriterien geeignet sein. Beispielsweise könnten andere WTO-Übereinkommen reformiert (Trade-Related Aspects of Intellectual Property Rights (TRIPS), Streitschlichtungsverfahren, internationale Wettbewerbsordnung), privatwirtschaftliche internationale Regelwerke entworfen oder eine erweiterte Kooperation mit anderen internationalen Organisationen angestrebt werden. Diese Möglichkeiten werden in Abschnitt 5.6 analysiert. Vor dem Hintergrund der laufenden Liberalisierungsverhandlungen wird in Abschnitt 5.7 untersucht, inwieweit die in dieser Arbeit entwickelten Reformvorschläge innerhalb des Mandats von Doha umgesetzt werden können.

## 5.1 Reform der Struktur des GATS-Vertrags

Wie die bisherige Analyse gezeigt hat, sind die Anforderungen an ein effizientes multilaterales Regelwerk im GATS unzureichend umgesetzt, und das GATS könnte das Ziel der Liberalisierung des internationalen Dienstleistungshandels effektiver erreichen, wenn die Vertragsstruktur reformiert würde. Dies ist jedoch aufgrund der Entscheidung des Rats für Dienstleistungshandel der WTO vom 28. März 2001 für die laufenden Liberalisierungsverhandlungen nicht zu erwarten, denn diese sollen innerhalb der bestehenden Struktur des GATS geführt werden.[225] Mittelfristig müssen diese strukturellen Probleme des GATS aber Gegenstand von Liberalisierungsverhandlungen sein. Deshalb wird im Folgenden die wissenschaftliche Diskussion für eine grundsätzliche Reform der GATS-Struktur skizziert, und es werden Lösungsansätze diskutiert.[226]

### 5.1.1 Struktur der Listen der Liberalisierungsverpflichtungen

Der Ansatz einer Positivliste in Kombination mit einer sektorspezifischen Negativliste führt dazu, dass der Status quo nicht automatisch für alle Dienstleistungssektoren festgeschrieben wird, dass nicht alle Handelshemmnisse offengelegt werden und dass die Länder individuell entscheiden können, welche Handelsbeschränkungen weiterhin Bestand haben. Dadurch wird gegen das Prinzip der Nichtdiskriminierung verstoßen, und es ergeben sich allokative Verzerrungen. Der grenzüberschreitende Handel ermöglicht nicht die optimale internationale Ressourcenallokation, sondern richtet sich nach den selektiven, in den Listen festgelegten Liberalisierungsverpflichtungen. Des Weiteren besteht kein Automatismus, durch den neue Dienstleistungen von den Liberalisierungsverpflichtungen des GATS erfasst werden. Ferner ist die Struktur der Länderlisten unübersichtlich, und den am internationalen Handel beteiligten Unternehmen fehlt die notwendige Transparenz.

Eine grundlegende Reform der Struktur der Liberalisierungslisten durch eine Umkehrung des Ansatzes einer Positivliste hin zu einer Negativliste würde die

---

225 Vgl. WTO (2001d): „The negotiations shall take place within and shall respect the existing structure and principles of the GATS, including the right to specify sectors in which commitments will be undertaken and the four modes of supply."

226 Verschiedene Untersuchungen beleuchten einige der strukturellen Schwächen des GATS-Abkommens. Vgl. z.B. Feketekuty (2000), Hoekman (1996), Hoekman und Sauvé (1994), Koehler (1999), Krancke (1999), Low und Mattoo (2000), Sapir (1999), Sauvé (1995) oder Snape (1998).

Transparenz erhöhen, für internationale Rechtssicherheit sorgen und dadurch den internationalen Wettbewerb fördern. Alle Dienstleistungssektoren würden zunächst vom GATS erfasst und für den internationalen Handel geöffnet; die Staaten könnten aber weiterhin konkrete, zeitlich befristete Handelsbeschränkungen in ihre Listen aufnehmen. Durch diese Umkehrung würden neue Dienstleistungen, die bisher nicht in dem GNS-Klassifikationsschema aufgeführt sind, automatisch vom GATS erfasst werden und einer Liberalisierung unterliegen. Zusätzlich bestünde eine bessere Informationsgrundlage für weitere Liberalisierungsverhandlungen, da alle gültigen Handelsbeschränkungen in den Listen aufgeführt und dadurch offen und transparent wären.

Dieser Ansatz einer Negativliste wird bei regionalen Liberalisierungsabkommen, wie z.B. dem North American Free Trade Agreement (NAFTA), verwandt (González 2000; Hoekman und Sauvé 1994: 45). Auf multilateraler Ebene ist die Umsetzbarkeit schwieriger, da die Mitgliedstaaten der WTO heterogener sind und die nationalen Politikziele und nationalen Regulierungen stärker voneinander abweichen. Die weitgehende Öffnung der nationalen Märkte für ausländische Anbieter ist nicht für jedes Land gleich bedeutsam. Viele Entwicklungsländer sind darüber hinaus nicht in der Lage, eine vollständige Bestandsaufnahme aller gültigen nationalen Regelungen, die den internationalen Handel beeinflussen, zu erstellen.[227]

Eine weniger weitgehende Reform könnte in veränderten Vorgaben für die Struktur der nationalen Listen bestehen, wobei die Positivliste verbunden mit einer sektorspezifischen Negativliste bestehen bliebe. Die Trennung der Liberalisierungsverpflichtungen nach Marktzugang und Inländerbehandlung könnte entfallen.[228] Die WTO-Richtlinien für den Aufbau der Liberalisierungslisten sollten überarbeitetet werden und für alle Mitgliedstaaten verpflichtend sein, um eine einheitliche Struktur der Länderlisten zu erreichen.[229] So könnte die Vertragstransparenz verbessert und die Vertragsdurchsetzung erleichtert werden.

---

[227] Dies war in den Verhandlungen ein Hauptargument für die Einführung einer Positivliste, da sich viele Staaten in der Kürze der Zeit nicht zur Erstellung einer vollständigen Liste in der Lage sahen. Sie befürchteten, dass sie bei der Einführung einer Negativliste ihre Märkte stärker als beabsichtigt öffnen würden, da sie aus Unkenntnis keine Ausnahmen in ihren Listen aufführten (Reyna 1993). Dieses Argument verliert jedoch bei einer langfristigen Betrachtung an Gewicht.

[228] Für eine ausführliche Diskussion der Überschneidungs- und Abgrenzungsproblematik von Inländerbehandlung und Marktzugang vgl. Mattoo (1997).

[229] Die von der WTO (1993a, 1993b) erarbeiteten Richtlinien sind für die Mitgliedstaaten bisher nicht bindend („should not be considered as an authoritative legal interpretation of the GATS"). Die WTO hat die Richtlinien für den Aufbau der nationalen Liberalisierungslisten überarbeitet und die hier angesprochenen Kritikpunkte teilweise berücksichtigt. Die grundsätzliche Struktur wird hierbei allerdings nicht in Frage gestellt (WTO 1999c).

Ohne eine Änderung des Vertragstextes, könnte bereits durch folgende Maßnahmen die Vertragstransparenz und Rechtssicherheit erhöht werden:

- Die gelisteten Ausnahmen und Handelshemmnisse sollten stärker konkretisiert werden, damit der Spielraum bei der Interpretation der Länderlisten eingeschränkt wird.
- Es sollten verstärkt horizontale Verpflichtungen eingegangen werden. Eine horizontale Liberalisierungsverpflichtung gilt für alle Dienstleistungssektoren gleichermaßen, sodass die selektive Marktöffnung einzelner Sektoren vermieden wird. Staaten könnten nicht mehr nur konkurrenzfähige und exportstarke Sektoren liberalisieren, sondern müssten auch in für das Land problematischen Sektoren eine Marktöffnung akzeptieren.[230]
- Weitere Dienstleistungssektoren sollten den Regelungen des GATS unterworfen und bestehende Handelsbeschränkungen in den gültigen Listen reduziert werden.

### 5.1.2 Gültigkeit der Meistbegünstigungsklausel

Die unkonditionierte Meistbegünstigungsklausel ist wesentlicher Bestandteil des GATT. Sie bewirkt eine schnelle Ausbreitung der Handelsliberalisierung, da die gegenüber einem Land gewährte Marktöffnung automatisch für alle Unterzeichnerstaaten Gültigkeit erlangt. Zusätzlich wird vermieden, dass eine starke Verhandlungsposition gegenüber einem Staat zum Nachteil anderer ausgenutzt werden kann. Die Meistbegünstigungsklausel kommt insbesondere den Entwicklungsländern zugute. Bei den Verhandlungen des GATS hatten viele Staaten Bedenken, dieses Prinzip uneingeschränkt zu übernehmen, denn sie befürchteten eine starke Einschränkung nationalen Handlungsspielraums, insbesondere im Hinblick auf Regulierungsvorgaben und sektoral differenzierte Marktöffnung (Reyna 1993). Die eingeschränkte Gültigkeit der unkonditionierten Meistbegünstigung im internationalen Dienstleistungshandel führt dazu, dass die Staaten individuell entscheiden können, gegenüber welchem Land sie welche konkreten Handelserleichterungen gewähren.

Die allgemeine Meistbegünstigung sollte für den Dienstleistungshandel innerhalb des GATS-Abkommens generell verpflichtend sein. Die bestehenden Ausnahmeregelungen müssen auslaufen und dürfen nicht verlängert werden.[231] Des

[230] Die Vertragsstruktur des GATS lässt allerdings zu, dass horizontale Verpflichtungen sektorspezifisch eingeschränkt werden. Wird dies intensiv genutzt, ist die positive Wirkung horizontaler Verpflichtungen reduziert.

[231] Gemäß dem Beschluss des Rats für Dienstleistungen (WTO 2001d)) sollen die Meistbegünstigungsausnahmen Gegenstand der Verhandlungen sein. Die Formulie-

Weiteren darf die Meistbegünstigung nicht indirekt über Artikel V GATS (*Wirtschaftliche Integration*) unterlaufen werden.[232] Die generelle Gültigkeit der Meistbegünstigung könnte insbesondere auch für die Entwicklungsländer einen Anreiz für Zugeständnisse in anderen Bereichen bieten, da diese von der Gültigkeit der Meistbegünstigung positiv betroffen sind.

## 5.2 Einordnung des elektronischen Geschäftsverkehrs in die WTO-Rechtsordnung

Der elektronische Geschäftsverkehr wurde im zweiten Kapitel anhand unterschiedlicher Definitionskriterien untergliedert (Ebenen des elektronischen Geschäftsverkehrs, Digitalisierungsgrad oder Wertschöpfungskette). In der vorliegenden Untersuchung steht der grenzüberschreitende elektronische Geschäftsverkehr und die Frage, wie dieser in die bestehende WTO-Rechtsordnung integriert werden kann, im Vordergrund. Die bisher dargestellten Unterteilungen sind hierfür unzureichend. Im Folgenden wird daher ein Lösungsvorschlag dargelegt, wie der elektronische Geschäftsverkehr in die WTO-Rechtsordnung unter Berücksichtigung der im dritten Kapitel hergeleiteten Kriterien eingeordnet werden kann.

Die WTO hat aufgrund eines Ministerbeschlusses ein umfangreiches Arbeitsprogramm begonnen, um die handelsbezogenen Auswirkungen des elektronischen Geschäftsverkehrs zu untersuchen (WTO 1998e, 1998h). Die Organe der WTO (Council for Trade in Goods, Council for Trade in Services, Council for TRIPS, Committee for Trade and Development) sollen für die einzelnen Handelsabkommen untersuchen, ob der elektronische Geschäftsverkehr in den Geltungsbereich des jeweiligen Abkommens fällt und welche Konsequenzen sich für die weitere Umsetzung des Abkommens ergeben. Für dieses Arbeitsprogramm hat die WTO eine sehr weitgehende Definition des elektronischen Geschäftsverkehrs vorgegeben.[233] Es wird ausdrücklich darauf verwiesen, dass sich aufgrund der Ergebnisse des Arbeitsprogramms eine neue, bessere Definition ergeben kann.

---

rung lässt allerdings die Möglichkeit einer Verlängerung der Ausnahmen von der Meistbegünstigung zu. Faktisch bestehen daher zeitlich unbefristete Ausnahmen von der Meistbegünstigung.

232 Für eine Diskussion von Artikel V GATS vgl. Stephenson (2000).

233 Vgl. WTO (1998h: 1): „... the term 'electronic commerce' is understood to mean the production, distribution, marketing, sale or delivery of goods and services by electronic means.“

Die allgemeine und weitreichende Definition des Arbeitsprogramms ist wenig hilfreich, da der gesamte Dienstleistungs- und Güterhandel erfasst wird, sofern auch nur in einem Teilsegment der Produktions- und Vertriebskette („production, distribution, marketing, sale or delivery“) eine elektronische Übermittlung („by electronic means“) enthalten ist. Seit langem übliche Geschäftspraktiken, wie beispielsweise die Bestellung per Fax oder die Beratung per Telefon, werden so als elektronischer Geschäftsverkehr definiert.

Zur weiteren Analyse wird der elektronische Geschäftsverkehrs in drei Arten unterschieden, die unterschiedliche Fragen hinsichtlich des grenzüberschreitenden Handels und der Integration in die bestehenden Handelsabkommen aufwerfen. Diese Dreiteilung ermöglicht eine eindeutige Zuordnung des elektronischen Geschäftsverkehrs zu bestehenden Handelsabkommen und trägt damit zur internationalen Rechtssicherheit und Vertragstransparenz im grenzüberschreitenden Handel bei. Die drei Arten des elektronischen Geschäftsverkehrs sind:

(1) Elektronischer Geschäftsverkehr mit materiellen Gütern und physischer Lieferung

Beispiel:
- Kauf von Kleidungsstücken über das Internet und Lieferung per Versand
- Bestellung von Maschinen und Vorprodukten für die Produktion über Internet und anschließende physische Anlieferung der Güter

(2) Elektronischer Geschäftsverkehr mit Dienstleistungen und elektronischer Erbringung

Beispiel:
- Beratungsdienstleistungen, Architektur- und Designdienstleistungen mit elektronischer Übermittlung der Konstruktionspläne
- Telemedizin
- Bildungsdienstleistungen (z.B. Vorlesungen über Internet)

(3) Elektronischer Geschäftsverkehr mit digitalisierten Produkten und elektronischer Übermittlung

Beispiel:
- Kauf von standardisierter Software und Lieferung über das Internet (das Produkt erlangt keine materielle Form)
- Kauf von Büchern, die als Datei über Internet geliefert werden (das Produkt kann eine materielle Form annehmen, wenn es der Käufer ausdruckt; es bleibt immateriell, wenn der Käufer nur am Computer liest (e-book))

### 5.2.1 Elektronischer Geschäftsverkehr mit materiellen Gütern und physischer Lieferung

Diese Form des elektronischen Geschäftsverkehrs wirft keine neuen Abgrenzungsprobleme auf, da weiterhin materielle Güter die nationalstaatlichen Grenzen überschreiten müssen. Es handelt sich somit um traditionellen Güterhandel, der den Regelungen des GATT unterworfen ist. Alle Handelsbeschränkungen, die sich aus der Anwendung des GATT und der Sonderabkommen (beispielsweise dem Textilabkommen) ergeben, können kontrolliert und durchgesetzt werden. Die Ermittlung des Herkunftslandes ist nach denselben bisher gültigen Regelungen möglich. Die in der Vergangenheit üblichen Grenzkontrollen und -formalitäten, wie z.B. Zollerhebung, Kontrolle der Einhaltung von Quotierungen o.ä., können weiterhin angewandt werden. Diese Form des elektronischen Geschäftsverkehrs unterscheidet sich nicht von einer Bestellung von Gütern per Telefon oder Fax.

Bei der Reform des GNS-Klassifikationsschemas sollte erreicht werden, dass diese Form des elektronischen Geschäftsverkehrs als gesonderte Unterkategorie aufgeführt wird, um eine zweifelsfreie Einordnung zu erreichen. Damit wird die Vertragsanbahnung, die Information und der Kauf von materiellen Gütern im Internet eindeutig den Internetdienstleistungen zugeordnet, die anschließende physische Lieferung der Güter unterliegt jedoch den Handelsbeschränkungen des GATT und eventueller Sonderabkommen.[234] Die Einführung einer Unterkategorie „Elektronischer Geschäftsverkehr für physische Güter" darf nicht dazu führen, dass die Unterzeichnerstaaten zusätzliche Handelsbeschränkungen für den Güterhandel in ihre nationalen Länderlisten aufnehmen. Vielmehr muss auf die jeweilig gültigen Regelungen des GATT und der Sonderabkommen verwiesen werden.

### 5.2.2 Elektronischer Geschäftsverkehr mit Dienstleistungen und elektronischer Erbringung (elektronischer Dienstleistungshandel)

Diese Form des elektronischen Geschäftsverkehrs fällt eindeutig in den Regelungsbereich des GATS, denn es werden Dienstleistungen international gehandelt. Im Gegensatz zum elektronischen Geschäftsverkehr mit materiellen Gütern und physischer Lieferung kann für diese Kategorie keine eigenständige Untergruppe in dem GNS-Klassifikationsschema eingeführt werden. Dies würde der

---

[234] Theoretisch ist denkbar, dass der Vertragsabschluss per Internet möglich ist, obwohl die Lieferung der Güter Handelsbeschränkungen unterliegt. Es ist jedoch nicht zu erwarten, dass solche Angebote langfristig bestehen können, da die Kunden keine Geschäfte tätigen werden, wenn sie wissen, dass die Vertragserfüllung nicht möglich ist.

Grundstruktur des GATS widersprechen, denn alle elektronisch erbrachten Dienstleistungen würden, unabhängig von den sektorspezifischen Handelsbeschränkungen, von dieser Untergruppe erfasst. Die sektorspezifischen Marktzugangs- und Inländergleichbehandlungsverpflichtungen, die sich aus den nationalen Liberalisierungslisten ergeben, müssen aber für jeden Dienstleistungssektor separat beachtet werden. Daher muss diese Form des elektronischen Geschäftsverkehrs die spezifische Struktur des GATS berücksichtigen. Dabei stellt sich die Frage, ob die elektronische Erbringung einer Dienstleistung eine grundsätzlich neue Erbringungsform ist, ob sie Bestandteil aller vier Formen sein kann oder ob sie einer einzigen Erbringungsform zugeordnet werden kann.

Zum Zeitpunkt der GATS-Verhandlungen war die technische Möglichkeit der Erbringung einer Dienstleistung ohne physische Anwesenheit nur eingeschränkt möglich, und daher war die territoriale Präsenz des Anbieters und des Konsumenten einer Dienstleistung ein hinreichendes Unterscheidungskriterium für die unterschiedlichen Erbringungsformen. Die Erbringungsformen des GATS stellen daher auf die territoriale Präsenz des Anbieters oder Konsumenten ab und nicht auf die technologische Form, in der die Dienstleistung erbracht wird (Internet, Telefon, Fax, Post etc.). Die WTO geht bisher davon aus, dass die elektronische Erbringung einer Dienstleistung unter allen vier Erbringungsarten erfolgen kann. Die gleichberechtigte Einordnung dieser Form des elektronischen Geschäftsverkehrs in alle vier Erbringungsarten wird damit begründet, dass der grenzüberschreitende elektronische Dienstleistungshandel sowohl als eine „virtuelle Bewegung" des Konsumenten zum Anbieter (Mode 2) wie auch des Anbieters zum Konsumenten (Mode 3) interpretiert werden kann. Geht man hingegen von der physischen Bewegung aus, so ist diese Form des elektronischen Geschäftsverkehrs Bestandteil der ersten Erbringungsform (Mode 1), denn weder Anbieter noch Konsument müssen sich physisch in das jeweils andere Land bewegen. Darüber hinaus kann auch die Person eines Dienstleistungsanbieters innerhalb eines fremden Landes auf elektronische Medien zur Dienstleistungserbringung angewiesen sein (Mode 4) (WTO 1998i: 1–2).

Die Einordnung des grenzüberschreitenden elektronischen Dienstleistungshandels in die dritte oder vierte Erbringungsart ist eine theoretisch mögliche Argumentation. Im Vordergrund bei Mode 3 und Mode 4 steht aber zunächst die physische Präsenz im Ausland (in Form von juristischen oder natürlichen Personen). Diese natürlichen oder juristischen Personen können dann zur weiteren Dienstleistungserbringung innerhalb des Auslands auch auf elektronische Medien angewiesen sein. Dennoch findet die eigentliche Grenzüberschreitung nicht in elektronischer Weise statt. Eine internationale Dienstleistungstransaktion, die von der Bestellung bis zur Lieferung vollständig elektronisch abläuft und sich weder der Anbieter noch der Konsument der Dienstleistung außerhalb ihres Landes befinden, sollte daher nicht in diese beiden Erbringungsformen integriert werden.[235] Der Zugang zu und die Nutzung von elektronischen Vertriebswegen innerhalb eines Landes müssen für ausländische Firmen gewährleistet sein. Dies wird für Telekommunikationsdienstleistungen durch den „Annex on Telecommunications" garantiert und ist nicht eine Frage der korrekten Einordnung des elektronischen Geschäftsverkehrs in die GATS-Struktur.

Aufgrund der Tatsache, dass für den elektronischen Dienstleistungshandel die Distanz zwischen Dienstleistungsanbieter und Konsument irrelevant wird, ist es naheliegend, diese Form des elektronischen Geschäftsverkehrs unter Mode 1 zu subsumieren. Aber auch die Einordnung unter Mode 2 ist denkbar, denn der Konsument fragt die Dienstleistung eines ausländischen Anbieters nach, während letzterer in seinem Land verbleibt und die Dienstleistung in seinem Territorium erbringt. In Artikel I Abs. 2 GATS wird Mode 2 als „die Erbringung einer Dienstleistung im Hoheitsgebiet eines Mitglieds an den Dienstleistungsnutzer eines anderen Mitglieds" definiert. Es wird nicht die physische Anwesenheit des Konsumenten verlangt, sondern die Unterscheidung zwischen den ersten beiden Erbringungsformen basiert nur darauf, ob der Dienstleistungserbringer die Dienstleistung „in das Hoheitsgebiet eines anderen Mitglieds" (Mode 1) oder innerhalb seines Landes (Mode 2) erbringt. Die elektronische Erbringung einer Dienstleistung findet in einem „virtuellen Raum" statt, der sowohl als Territorium des Dienstleistungserbringers (Mode 2) als auch des Dienstleistungskonsumenten (Mode 1) definiert werden kann. Folgende Wege sind zur Einordnung des elektronischen Dienstleistungshandels in die GATS-Struktur möglich:[236]

(1) *Die Zusammenlegung von Mode 1 und 2.* Das Zuordnungsproblem entfällt, da die neue Erbringungsform in jedem Fall die elektronische Erbringung enthalten würde. Diese Lösung ist problematisch, da die Mitgliedstaaten unterschiedlich weitreichende Liberalisierungsverpflichtungen unter Mode 1 und 2 eingegangen sind. Sollen die bestehenden Verpflichtungen unter beiden Erbringungsformen in eine gemeinsame Erbringungsform transferiert werden, muss sichergestellt sein, dass dieses nicht zu einer Absenkung des bisher erreichten Liberalisierungsniveaus führt. Darüber hinaus sind die beiden Erbringungsformen in ihren Auswirkungen nicht deckungsgleich. Die Staaten können ein legitimes Interesse besitzen, den Konsum von Dienstleistungen in ihrem Land anders zu regulieren (z.B. aus Gründen des

---

235 Die Diskussion in der Literatur konzentriert sich darauf, ob eine Einordnung unter Mode 1 oder 2 sinnvoller ist und welche Konsequenzen sich ergeben. Vgl. Bhatnagar (1999), Choi (1999), Krancke (2000a), Mattoo und Schuknecht (2000, 2001), Tinawi und Berkey (1999). Die Einordnung als Mode 3 oder 4 wird von Panagariya (1999) erwogen.

236 Diese Lösungswege werden in Ansätzen auch in Drake und Nicolaidis (2000), Mann et al. (2000) und Mattoo und Schuknecht (2000) diskutiert.

Verbraucherschutzes) als den Konsum im Ausland (hier kann der Staat nur die Reisefreizügigkeit seiner Bürger beeinflussen).

(2) *Neue Erbringungsform „elektronisch gehandelte Dienstleistungen"* (Tinawi und Berkey 1999). Eine fünfte Erbringungsform würde die Abgrenzungsproblematik auf scheinbar einfache Weise lösen: Es sind keine umfangreichen Reformen des GATS-Abkommens und der bestehenden Liberalisierungsverpflichtungen nötig. Dieser Weg führt allerdings zu neuen Problemen: Die bestehenden Liberalisierungsverpflichtungen unter Mode 1 und 2 müssen mit der neuen Erbringungsart abgeglichen werden; neue Verhandlungen über bestehende Liberalisierungsverpflichtungen werden nötig. Diese Unterteilung durchbricht das Prinzip der Trennung der Erbringungsarten nach dem Territorialprinzip, und das GATS wäre in der Klassifikation der Erbringungsarten nicht mehr neutral gegenüber der benutzten Technologie. Des Weiteren wird durch eine fünfte Erbringungsart die Vertragstransparenz des GATS weiter reduziert. Darüber hinaus wird das Zuordnungsproblem nicht vollständig gelöst, denn weiterhin sind unterschiedliche Interpretationen zwischen Mode 1, 2 und 5 denkbar. Wird bereits jedes Telefonat als elektronische Erbringung definiert, wird ein Großteil des Dienstleistungshandels durch Mode 5 erfasst.

(3) *Die Einordnung des elektronischen Dienstleistungshandel in Mode 2.* Durch eine verbindliche Festlegung auf die Einordnung in Mode 2 könnte Rechtssicherheit im internationalen Dienstleistungshandel und Vertragstransparenz gewährleistet werden. Die Einordnung in Mode 2 hätte den Vorteil einer weitreichenderen Marktöffnung, da die bestehenden Liberalisierungsverpflichtungen umfangreicher sind als bei Mode 1. Des Weiteren würde durch diese Einordnung das Ursprungslandprinzip im internationalen Dienstleistungshandel eingeführt werden, denn bei elektronischem Dienstleistungshandel würden stets die Bestimmungen des Landes des Produzenten gelten. Mit der Einordnung in Mode 2 ist somit eine weitreichende Marktöffnung und ein Souveränitätsverlust der Mitgliedstaaten verbunden.

(4) *Die Einordnung des elektronischen Dienstleistungshandel in Mode 1.* Dies könnte dadurch erreicht werden, dass die Definition der Erbringung nach Mode 2 ausdrücklich die physische Anwesenheit des Konsumenten verlangt und so alle elektronisch erbrachten Dienstleistungen unter Mode 1 fallen. Diese eindeutige Zuordnung würde die Transparenz und Rechtssicherheit im grenzüberschreitenden Dienstleistungshandel erhöhen. Da die Dienstleistung nicht in dem Land des Dienstleistungsanbieters erbracht wird, gilt weiterhin, wie in allen bisherigen WTO-Abkommen, das Bestimmungslandprinzip. Allerdings sind die derzeitigen Liberalisierungsverpflichtungen der WTO-Mitgliedstaaten bei Mode 1 deutlich geringer als bei Mode 2, d.h., diese Einordnung hätte zunächst eine geringere Marktöffnung zur Folge. Auf-

grund der nur geringen Verpflichtungen unter Mode 1 sind keine langwierigen Neuverhandlungen über bestehende Liberalisierungsverpflichtungen notwendig; die Verhandlungen könnten sich auf zusätzliche Marktzutrittsmöglichkeiten konzentrieren.

Die Abwägung der verschiedenen Alternativen legt es nahe, dass der elektronische Dienstleistungshandel nicht durch eine Zusammenlegung von Mode 1 und 2 oder durch die Schaffung einer fünften Erbringungsart integriert werden sollte, denn die Vertragstransparenz wäre nicht gewährleistet. Durch die Einordnung in Mode 1 oder Mode 2 könnte Rechtssicherheit im internationalen Dienstleistungshandel für elektronisch erbrachte Dienstleistungen erreicht werden, und die Vertragstransparenz würde erhöht. Die Integration in Mode 2 hätte eine größere liberalisierende Wirkung, und die Durchsetzung des Ursprungslandprinzips würde zur Definition des gültigen Rechtsrahmens für den grenzüberschreitenden elektronischen Dienstleistungshandel (z.B. Gewährleistungsansprüche, Datenschutzbestimmungen) beitragen und daher auch die private Rechtssicherheit bei Internettransaktionen fördern. Ob die WTO-Mitgliedstaaten zu diesem weitgehenden, aus der Liberalisierungsperspektive wünschenswerten Schritt bereit sind, bleibt jedoch zweifelhaft.

### 5.2.3 Elektronischer Geschäftsverkehr mit digitalisierten Produkten und elektronischer Übermittlung

Die Klassifizierung als Güterhandel oder als Dienstleistungshandel der in diese Kategorie fallenden Produkte ist nicht eindeutig. Für den grenzüberschreitenden Handel ist die Festlegung aber elementar, da entweder die Marktzugangsregelungen des GATS oder des GATT gelten. Einerseits wird argumentiert, dass bisher als Güter klassifizierte Produkte – wie z.B. Bücher, Videokassetten oder Disketten mit Softwareprogrammen[237] – nicht aufgrund des technischen Fortschritts und der daraus erwachsenden neuen Form des internationalen Handels (rein elektronische Übermittlung) ihre charakteristischen Eigenschaften als Gut verlieren. Andererseits ist die Trennung zwischen Gütern und Dienstleistungen nicht statisch oder unveränderbar. Bereits Bhagwati (1984) analysierte dieses Phänomen und prägte die Begriffe „splintering" und „disembodiment". „Splintering" bedeutet die Abspaltung neuer Dienstleistungen von Gütern (z.B. Transport oder

---

[237] Die Diskussion innerhalb der WTO um die korrekte Ermittlung des Zollwertes für Softwareprogramme auf Disketten zeigt, dass bereits in der Vergangenheit Uneinigkeit darüber bestand, was den Wert ausmacht: Ist es der materielle Wert der Diskette oder der Wert des Softwareprogramms (WTO 1995a, 1999b)? Entfällt nun aufgrund des technologischen Fortschritts die Notwendigkeit eines materiellen Trägermediums, verbleibt die reine Dienstleistung.

Marketing wird aus einem Produktionsbetrieb ausgegliedert und von einem separaten Dienstleistungsunternehmen durchgeführt) oder neuer Güter von Dienstleistungen (z.B. Aufnahme eines Konzertes und die Erstellung einer CD). „Disembodiment" bedeutet die von der Person des Dienstleistungserbringers losgelöste Erbringung einer Dienstleistung, d.h., die physische Anwesenheit der Person des Dienstleistungserbringers wird überflüssig (z.B. Vorlesungen über Internet oder die Entwicklungen der Telemedizin).
In der Vergangenheit benötigten einige Dienstleistungen (z.B. Software, Film- und Musikproduktionen) immer ein komplementäres materielles Gut als Trägermedium, damit sie handelbar waren. Der technologische Fortschritt ermöglicht es nun, dass ein materielles Trägermedium entfällt und die Dienstleistungen ohne komplementäres Gut gehandelt werden können, d.h., die reine Dienstleistung wird handelbar. Es wird lediglich eine komplementäre Dienstleistung, die Telekommunikationsdienstleistung der elektronischen Weiterleitung, in Anspruch genommen. Der Endkonsument kann mit den elektronisch übermittelten Informationen ein materielles Gut erstellen (z.B. Ausdruck eines Buches, welches als Datei über Internet gesendet wurde) oder immateriell nutzen (z.B. wenn die über Internet gelieferte Software direkt auf dem Computer installiert wird). Sind die gehandelten Dienstleistungen Bestandteil des GNS-Klassifikationschemas, so fallen sie in den Regelungsbereich des GATS als grenzüberschreitender Dienstleistungshandel in elektronischer Erbringungsform, der im vorherigen Abschnitt diskutiert wurde.

Bei dieser Form des elektronischen Geschäftsverkehrs handelt es sich jedoch nicht zwangsläufig um Dienstleistungen, die Bestandteil des GNS-Klassifikationschemas sind. Beispielsweise können Bücher in digitalisierter Form übertragen werden. In einem solchen Fall ist eine internationale Einigung nötig, ob dies Güter- oder Dienstleistungshandel darstellt. Die Klassifikation als Gut hat den Vorteil, dass die Regelungen des GATT zu einer stärkeren unmittelbaren Liberalisierung führen, als die Regelungen des GATS. Andererseits unterstützen innerhalb der WTO viele Mitgliedstaaten die Forderung der generellen Klassifikation elektronischer Übermittlungen digitalisierter Güter als Dienstleistung.[238]

---

[238] Die WTO-Mitgliedstaaten haben sich bisher nicht eindeutig auf diese Klassifizierung festgelegt. In der andauernden Diskussion wird aber auf diese Interpretation als mögliche Lösung verwiesen. Vgl z.B. WTO (1999e): „Several delegations expressed the view that all products delivered electronically are services and that in the context of the work program it would be useful to make clear that the GATS applies to all products delivered electronically." oder WTO (2001g): „Some delegations stated that electronic transmissions were always to be considered services, and the disciplines developed under the GATS would apply." So auch die Position der EU (Kommission 2001) in den laufenden Verhandlungen: „The European Union believes that all electronic deliveries are services, and therefore that the GATS principles should apply to the regulation of electronic commerce."

Dies führt zur Anwendbarkeit des GATS für alle internationalen, elektronischen Übermittlungen, unabhängig von ihrem Inhalt (Musik, Software, Telefon, Daten, Bücher, Video etc.). Pragmatische Überlegungen stützen diese Auffassung: Ist es technisch überhaupt möglich, bei einer elektronischen Übermittlung festzustellen, was gesendet wird? Zu Bedenken ist auch, dass eine Feststellung des Übermittlungsinhalts gegen Datenschutzbestimmungen verstoßen würde. Ist eine Zollerhebung bei einer Klassifikation als materielles Gut und einer elektronischen Übermittlung überhaupt realisierbar?

Zur Klärung der Frage, welches Handelsabkommen (GATT oder GATS) anwendbar ist, ist die theoretisch einwandfreie Definition elektronisch übermittelter Produkte von untergeordneter Bedeutung.[239] Entscheidend ist die eindeutige Festlegung auf die Anwendbarkeit eines Handelsabkommens und die sich hieraus ergebenden Möglichkeiten des Marktzugang. Werden elektronische Übermittlungen unabhängig von ihrem Inhalt als Dienstleistung klassifiziert und fallen damit in den Regelungsbereich des GATS, so steht es den Mitgliedstaaten frei, in ihre nationalen Liberalisierungslisten Handelsbeschränkungen aufzunehmen und damit diese Handelsform - zumindest formal - zu beschränken. Sinnvoller ist es, auch hier auf die in der Vergangenheit im Rahmen des GATT gültigen Regelungen zu verweisen und darauf aufbauend weitergehende Liberalisierungsverpflichtungen zu verhandeln.

In den laufenden GATS-Verhandlungen sollte eine Einigung erzielt werden, wie die elektronische Übermittlung von Produkten in die WTO-Rechtsordnung integriert werden kann. Die systematisch korrekte Abgrenzung sowie die pragmatischen Gründe der Umsetzung sprechen für die Definition als Dienstleistungshandel und damit für die grundsätzliche Anwendbarkeit des GATS. Im Rahmen der Änderung des GNS-Klassifikationsschemas sollte eine eigenständige Untergruppe „Elektronischer Geschäftsverkehr mit Gütern und elektronischer Übermittlung“ eingeführt werden. Der Nachteil dieser Definition ist die Gefahr, dass diese systematische Abgrenzung dazu benutzt wird, bestehende GATT-Verpflichtungen aufzuweichen. Die unmittelbare Liberalisierungswirkung würde sinken. Dieses Problem wird vermieden, wenn in den Verhandlungen zusätzlich verpflichtend festgelegt wird, dass mindestens das unter den Regelungen des GATT bestehende Liberalisierungsniveau in die Liberalisierungslisten des GATS übertragen werden muss.

---

239 Auch in der Central Product Classification (CPC) (UN 1998: 8) wird darauf verwiesen, dass eine eindeutige Trennung zwischen Dienstleistungen und Gütern nicht immer möglich und auch nicht unbedingt notwendig ist. Entscheidend ist die Festlegung auf ein Klassifikationsschema, dass alle Objekte, die Gegenstand einer Transaktion sein können, enthält. In der Produktklassifikation sind daher nicht nur Güter und Dienstleistungen, sondern auch immaterielle Rechte (z.B. Patentrechte) und nicht produzierte Güter (z.B. Grund und Boden) enthalten.

### 5.2.4 Berücksichtigung der Kriterien

Die Unterteilung des elektronischen Geschäftsverkehrs in drei Kategorien, die Ergänzung des GNS-Klassifikationsschemas und die Einordnung des elektronischen Dienstleistungshandels unter die erste Erbringungsform ermöglicht eine eindeutige und widerspruchsfreie Integration des elektronischen Geschäftsverkehrs in die WTO-Rechtsordnung. So kann jede Form des elektronischen Geschäftsverkehr eindeutig dem Regelungsbereich eines WTO-Abkommens zugeordnet werden. Für die handelnden Unternehmen wird Rechtssicherheit erreicht, da sie eindeutig ersehen können, inwieweit ein Marktzutritt möglich ist bzw. welche Handelsbarrieren weiterhin Bestand haben.

Der Vorschlag fördert die Vertragstransparenz, denn die bisher unscharfe Abgrenzung und Einordnung des elektronischen Geschäftsverkehrs wird eindeutig geregelt. Es wird eine erhöhte Intransparenz, wie im Falle einer zusätzlichen Erbringungsform, vermieden. Des Weiteren wird aufgrund der Reduktion der Unsicherheit ein verstärkter Wettbewerb möglich. Darüber hinaus ist dieser Vorschlag anreizkompatibel, denn diese Einordnung verpflichtet die Mitgliedstaaten nicht zu ungewollten Liberalisierungsverpflichtungen. Das Problem könnte ein zu geringer Liberalisierungsgrad sein, denn die neuen Kategorien im GNS-Schema eröffnen die Möglichkeit zur Listung von Handelsbeschränkungen. Die Verhandlungen sollten daher nicht nur die Einordnung des elektronischen Geschäftsverkehrs in die WTO-Rechtsordnung erreichen, sondern zusätzlich die Staaten verpflichten, dass diese vertragliche Klarstellung nicht zur Listung zusätzlicher Beschränkungen genutzt werden darf.

## 5.3 Reform des GNS-Klassifikationsschemas

Während der Uruguay-Runde wurde das GNS-Klassifikationsschema für Dienstleistungen entwickelt, um die einzelnen Dienstleistungssektoren eindeutig voneinander abzugrenzen und die Listung sektorspezifischer Liberalisierungsverpflichtungen zu ermöglichen.[240] Die Analyse im vierten Kapitel hat gezeigt, dass dieses statische GNS-Schema für den dynamischen Kommunikationsdienstleistungssektor unzureichend ist. Die Zuordnung neuer Dienstleistungen im Zusammenhang mit dem Internet ist unklar; ebenso führt die Trennung von Mehrwert- und Basisdiensten der Telekommunikation zu Problemen. Darüber hinaus könnte eine geänderte Unterteilung der audiovisuellen Dienstleistungen

---

240 Vgl. WTO (1991) sowie die Ausführungen in Abschnitt 2.1.1.

den Weg für eine Liberalisierung des internationalen Handels dieser Dienstleistungen eröffnen.[241]

Die derzeit gültige GNS-Struktur wurde 1991 entwickelt und basierte auf der vorläufigen CPC-Liste der Vereinten Nationen. Die WTO hat bereits bei der Veröffentlichung des GNS-Klassifikationsschemas darauf verwiesen, dass zukünftige Entwicklungen eine Revision dieses Klassifikationsschemas notwendig machen könnten.[242] Die Veröffentlichung der endgültigen CPC-Liste (Version 1.0) der Vereinten Nationen 1998 enthält zahlreiche Veränderungen gegenüber der vorläufigen Fassung von 1991. Dies gilt im Besonderen für den Dienstleistungssektor.[243] Die WTO nimmt in ihrer überarbeiteten Fassung der Empfehlung für die Struktur der nationalen Liberalisierungslisten auf diese neue Produktklassifikation Bezug, geht allerdings nicht soweit, die GNS-Struktur zu reformieren. Darüber hinaus ist die Anwendung der Empfehlungen nicht verpflichtend vorgeschrieben (WTO 1999d).

Der hier unterbreitete Vorschlag für eine Reform des GNS-Klassifikationsschemas für elektronische Kommunikationsdienstleistungen in Tabelle 14 basiert auf der neuen Produktklassifikation der Vereinten Nationen (CPC, Vers. 1.0.). Er berücksichtigt die im dritten Kapitel entwickelten Kriterien für ein internationales Regelwerk und trägt zur Lösung der im vierten Kapitel diskutierten Probleme bei.[244] Der Klassifikationsvorschlag ist nicht mit der Klassifikation der Vereinten Nationen identisch, sodass teilweise kein entsprechender CPC-Code existiert bzw. nur eine partielle Übereinstimmung gegeben ist.

Das neue Klassifikationsschema beinhaltet neben den Telekommunikations- und audiovisuellen Dienstleistungen eine Klassifikation für Internetdienstleistungen. Aufgrund der starken Zunahme der Kommunikation über Internet – z.B. per E-Mail, Datentransfer, Information, Kauf und Verkauf oder Telefonie über

---

241 Es wäre aus Sicht der Handelsliberalisierung sinnvoll, ganz auf das starre GNS-Schema zu verzichten und allgemeine Regelungen zu entwerfen, die für alle Dienstleistungen gelten. Dieser Idealzustand kann aber nur schwer erreicht werden, da erhebliche, sektoral differenzierte Marktstrukturen bestehen, die sich unterschiedlich auf den internationalen Handel auswirken. Vgl. hierzu die Ausführungen im zweiten Kapitel dieser Untersuchung.

242 Vgl. WTO (1991: 1): „It could, of course, be subject to further modification in the light of developments in the services negotiations and ongoing work elsewhere."

243 „In developing CPC version 1.0, the main intention was to revise and update those parts of the provisional document that needed further refinement in order to change its provisional status. Particular attention was paid to the services part of the classification". Vorwort zur Produktklassifikation (CPC, Vers. 1.0.) der Vereinten Nationen (UN 1998: VII).

244 Es bleibt das Problem bestehen, dass auch das neue Klassifikationsschema statisch ist. Aufgrund der Definitionsproblematik von Dienstleistung ist dies nicht vermeidbar. Vgl. hierzu die Ausführungen in Abschnitt 2.1.1 dieser Untersuchung.

*Tabelle 14:*
Neue GNS-Klassifikation für elektronische Kommunikationsdienstleistungen

| GNS-Nr. (neu) | Neue Dienstleistungsgruppen des GNS-Schemas für Kommunikationsdienstleistungen (angelehnt an CPC, Vers. 1.0) | | CPC-Nr. (Vers 1.0) |
|---|---|---|---|
| | Englische Originalfassung der CPC | Deutsche Übersetzung | |
| 2. C | Telecommunication Services | Telekommunikationsdienstleistungen (TKD) | 841 |
| a. | Wired telecommunication services | Kabelgebundene TKD | 8411 |
| b. | Wireless telecommunication services | Funkgestützte TKD | 8412 |
| c. | Satellite telecommunication services | Satellitengestützte TKD | 8413 |
| d. | Other | Sonstige Dienstleistungen | |
| 2. D | Internet Services | Internetdienstleistungen | |
| a. | On-line access services | Dienstleistungen für den Internetzugang | 842 |
| b. | On-line information provision services | Dienstleistungen der Internet Informationsbereitstellung | 843 |
| c. | On-line collection, search and retrieval services | Dienstleistungen der Internet Informationssuche, -sammlung, -bearbeitung und -auswertung | 845[a] |
| d. | E-commerce with goods and physical delivery | Elektronischer Geschäftsverkehr mit Gütern und materieller Lieferung | 623[a] |
| e. | E-commerce with goods and digital delivery | Elektronischer Geschäftsverkehr mit Gütern und elektronischer Lieferung | 623[a] |
| f. | Other | Sonstige Dienstleistungen | |
| 2. E | Audiovisual Services | Audiovisuelle Dienstleistungen | 961 |
| a. | Sound recording and audio post-production services | Ton-/Musikaufnahmen und -bearbeitung | 9611 |
| b. | Motion picture, video tape, television and radio program production services | Kino-, Video und Fernsehfilmherstellung Produktion von Radiobeiträgen | 9612 |
| c. | Audiovisual production support services | Audiovisuelle Unterstützungsdienstleistungen der Produktion | 9613 |
| d. | Services related to the production and distribution of motion pictures, video tapes, and television and radio programs | Dienstleistungen im Zusammenhang mit der Herstellung und dem Vertrieb von Kino-, Video- und Fernsehfilmen sowie von Radiobeiträgen | 9614 |
| e. | On-line distribution, sale, and delivery of specific audiovisual works to the general public | Internetgestützter Verkauf und Lieferung einzelner audiovisueller Produkte an Endkonsumenten | 7322[a] 623[a] |
| f. | Motion picture and video tape projection services | Kino- und Videofilmvorführungen | 9615 |
| g. | Broadcasting (programming and scheduling) services | Radio- und Fernsehprogrammzusammenstellung und -sendung | 9616 |
| h. | Other | Sonstige Dienstleistungen | |

[a]Die hier gewählte Definition weicht von der Klassifikation der Vereinten Nationen ab. Es gilt nur eine partielle Übereinstimmung mit der zitierten CPC-Nummer.

*Quelle:* Eigene Darstellung.

Internet (so genannte „IP-telephony") – sollte diese eigenständige Kategorie eingeführt werden. Durch diese eindeutige Klassifikation der Internetdienstleistungen können die bisherigen Abgrenzungsprobleme gegenüber Computerdienstleistungen, Basis- und Mehrwertdienstleistungen der Telekommunikation überwunden werden. Dies fördert die Transparenz und Rechtssicherheit im internationalen Handel, da die Marktzutrittsmöglichkeiten eindeutig ersichtlich sind. Auch die Vertragsdurchsetzung wird gefördert, da im Nachhinein unterschiedliche Interpretationen der korrekten Zuordnung einzelner Dienstleistungen und der gewährten Marktzutrittsmöglichkeiten vermieden werden.

### 5.3.1 Telekommunikationsdienstleistungen

Die Unterteilung der Telekommunikationsdienstleistungen in Basis- und Mehrwertdienste der Telekommunikation sollte entfallen. Diese aus der nationalen, amerikanischen Regulierungspolitik stammende Trennung ist für den internationalen Handel ungeeignet, denn die Grenze zwischen Basis- und Mehrwertdiensten ist nicht immer eindeutig zu ziehen.[245] Darüber hinaus führt der technische Fortschritt zu zahlreichen innovativen Dienstleistungen, die nicht eindeutig in Mehrwert- und Basisdienste unterschieden werden können.[246]

Die kabelgebundenen (2.C.a), funk- (2.C.b) oder satellitengestützten (2.C.c) Telekommunikationsdienstleistungen beinhalten jeweils alle für die Übermittlung zwischen zwei Netzwerkendpunkten notwendigen Dienstleistungen. Dies umfasst nicht nur die Errichtung und den Betrieb der Übertragungsinfrastruktur, sondern auch solche Dienstleistungen, die unter der alten Klassifikation zu den Mehrwertdiensten zählten (z.B. die Rufumleitung, die temporäre Speicherung oder die Protokolltransformation). Des Weiteren ist die elektronische Übermittlung unabhängig von dem Inhalt. Es kann sich sowohl um Telefongespräche und Datentransfers als auch um Text- und Tonübermittlung oder Versendung vollständiger Filmproduktionen handeln. Darüber hinaus ist die Vermittlung technologieunabhängig; Leitungsvermittlung (wie sie bei Sprachtelefonie - noch - üblich sind) und Paketvermittlung (wie sie bei internetgestützten Übermittlungen üblich sind) sind möglich.

---

245 Vgl. ebenso Bronckers und Larouche (1997) und Tietje (2000: Rdnr. 219–223).

246 Vor Abschluss des vierten Protokolls hatte diese Trennung den pragmatischen Vorteil, dass die langwierigen Verhandlungen zur Liberalisierung der Basisdienstleistungen nicht eine vorzeitige Marktöffnung bei den Mehrwertdiensten verhindert haben. Vor dem Hintergrund des weitreichenden Liberalisierungserfolgs im Rahmen des vierten Protokolls ist dies hinfällig.

Für den Nachfrager von Telekommunikationsdienstleistungen ist allein die elektronische Übermittlung zwischen zwei Netzwerkendpunkten entscheidend. Es ist irrelevant, ob im Übertragungsprozess unterschiedliche Basis- und/oder Mehrwertdienste benötigt und kombiniert werden. Diese neue Klassifikation der Telekommunikationsdienstleistungen verzichtet daher auf detailliertere Unterteilungen und stellt die End-zu-End-Übertragung in den Mittelpunkt. Für ein ausländisches Unternehmen ist es leichter ersichtlich, ob der Marktzugang und das Angebot dieser Dienstleistung möglich ist, denn aufgrund der Fokussierung auf die Übertragung zwischen zwei Netzwerkendpunkten muss nicht die Handelbarkeit jeder Teildienstleistung im Übermittlungsprozess geprüft werden.

Die Backbone-Struktur des Internets fällt ebenfalls in den Bereich der Telekommunikationsdienstleistungen. Dies ist sinnvoll, da die multinationalen Telekommunikationsunternehmen auch die Internetinfrastruktur bereitstellen und große Teile der Infrastruktur sowohl für Sprachtelefonie wie auch für Internetübertragung genutzt werden können (verbunden mit geringen technischen Umrüstungen). Der Regelungsbereich des Referenzpapiers der nationalen Regulierung, wie es im vierten Protokoll zum GATS entwickelt worden ist, sollte sich daher auch auf die Backbone-Infrastrukturbetreiber beziehen. Dies erfordert eine Überarbeitung der Regulierungsgrundsätze, denn die Regulierungstatbestände sind nicht vollständig deckungsgleich.[247]

Die aus der Klassifikation der Vereinten Nationen stammende Unterteilung der Telekommunikationsdienstleistungen in drei technologisch unterschiedliche Übertragungsformen besitzt den Nachteil, dass die Konvergenz der drei Übertragungstechniken unberücksichtigt bleibt, denn die elektronische Weiterleitung kann im Übertragungsvorgang auch die Netztechnik (kabelgebunden, funk- oder satellitengestützt) wechseln. Die Marktöffnung für funkgestützte Telekommunikationsdienste könnte daher aufgrund von Handelshemmnissen bei der kabelgebundenen Weiterleitung eingeschränkt werden. Andererseits ist hierfür nicht zwangsläufig die vollständige Öffnung des Marktes für ausländische Konkurrenz nötig, sofern eine Verpflichtung des lokalen Anbieters (Monopolisten) zur Installation von Netzschnittstellen besteht. So wäre gewährleistet, dass eine kabelgebundene Weiterleitung erfolgen kann; entscheidend ist die nationale Regulierung und die korrekte Ermittlung der tatsächlichen Kosten.

Obwohl die Trennung der Telekommunikationsdienstleistungen anhand der genutzten Netztechnik aus technischer Sicht nicht voll befriedigen kann, ist sie aus Sicht der Handelsliberalisierung sinnvoll. Ein Staat kann daran interessiert sein, bei der Öffnung des nationalen Telekommunikationsmarktes für ausländische Anbieter nach der Netztechnik zu differenzieren. Besteht beispielsweise ein historisch gewachsenes oder politisch gestütztes nationales Telekommunikati-

---

247 Vgl. hierzu die Ausführungen in Abschnitt 5.4 dieser Untersuchung.

onsmonopol für die kabelgebundene Übertragung, wie es in vielen (Entwicklungs-)Ländern der Fall ist, so könnte ein ausländischer Mobilfunkanbieter trotzdem in den Markt eintreten. Auf diese Weise können neue Kommunikationsmedien im Markt eingeführt werden, ohne dass eine vollständige Reform der bestehenden institutionellen Regelungen notwendig ist. Auch wenn dies für die Liberalisierungsverhandlungen hilfreich sein kann, bleibt es für das betreffende Land nur eine zweitbeste Lösung; eine weitgehende Marktliberalisierung aller Übertragungstechniken ist ökonomisch sinnvoll.

### 5.3.2 Internetdienstleistungen

Die grenzüberschreitende Kommunikation wird heutzutage zu einem großen Teil durch das Internet unterstützt. Daher ist eine zusätzliche Kategorie „Internetdienstleistungen" notwendig. Die handelnden Unternehmen müssen aus den Liberalisierungslisten der Mitgliedstaaten eindeutig ersehen können, inwieweit der Marktzutritt für diese Dienstleistungen möglich ist und welche Handelsbarrieren weiterhin Bestand haben. Die bisherige Klassifikation ist nicht eindeutig, denn die neuen Internetdienstleistungen enthalten Teilleistungen, die sowohl als Mehrwert- und Basisdienste der Telekommunikationsdienstleistungen wie auch als Computerdienstleistungen kategorisiert werden können.

Die überarbeitete Produktklassifikation der Vereinten Nationen berücksichtigt bereits diese neue technologische Entwicklung und führt einzelne Internetdienstleistungen als eigenständige Dienstleistungskategorie auf. Der hier entwickelte Vorschlag baut darauf auf, ergänzt die Kategorisierung aber noch zusätzlich um den elektronischen Geschäftsverkehr. Die Dienstleistungen für den Internetzugang (2.D.a), der Internetinformationsbereitstellung (2.D.b) und der Internetinformationssuche, -sammlung, -bearbeitung und -auswertung (2.D.c) sind identisch mit der Klassifikation der Vereinten Nationen. Diese Dienstleistungen sind eindeutig von den Telekommunikationsdienstleistung abgegrenzt, da sie nicht die Datenübermittlung betreffen, sondern dem Konsumenten einen eigenständigen Nutzen stiften.

Die Einordnung des elektronischen Geschäftsverkehrs in die WTO-Rechtsordnung, die im vorherigen Abschnitt diskutiert wurde, spiegelt sich auch in dem Reformvorschlag des GNS-Klassifikationsschemas wieder. Die Unterkategorie „Elektronischer Geschäftsverkehr mit Gütern und physischer Lieferung" (2.D.d) unterscheidet sich nicht von dem in der Vergangenheit üblichen Versandhandel, bei dem per Post oder Telefon bestellt wurde. Die Einführung einer Unterkategorie „Elektronischer Geschäftsverkehr mit Gütern und elektronischer Lieferung" (2.D.e) löst das Problem des internationalen Handels digitalisierbarer Produkte.[248] Beide Kategorien besitzen Ähnlichkeit mit dem CPC-Code 623 „Mail Order Retail Trade Services", sind jedoch nicht vollständig deckungsgleich, denn die Definition in der Klassifikation der Vereinten Nationen enthält keine Unterscheidung, ob ein Produkt physisch oder elektronisch geliefert wird.[249]

Die neue Klassifikation fördert die Transparenz und Rechtssicherheit im internationalen Handel, denn die ausländischen Unternehmen können die Marktzutrittsmöglichkeit für die nationalen Märkte eindeutig beurteilen. Die Staaten haben gemäß den Regeln des GATS weiterhin die Möglichkeit, Einschränkungen der Handelsfreizügigkeit in ihre Liberalisierungslisten aufzunehmen. Ungelöst bleibt allerdings die Frage, inwieweit die Einhaltung der gelisteten Handelsbarrieren in der Praxis überwacht werden kann. Wird der Zugang zum Internet gewährt, ist es technisch schwierig, einzelne Dienstleistungen, wie z.B. die Datenrecherche und -auswertung, vom internationalen Handel auszuschließen.

### 5.3.3 Audiovisuelle Dienstleistungen

Der Sektor der audiovisuellen Dienstleistungen wird in dem hier vorgelegten Reformvorschlag anders als bisher untergliedert. Die neue GNS-Klassifikation unterscheidet in Dienstleistungen der Produktion, den notwendigen Unterstützungsdienstleistungen sowie in Dienstleistungen der Programmgestaltung und Sendung. Die elektronische Übermittlung und Ausstrahlung audiovisueller Produktionen wird unter Telekommunikationsdienstleistungen klassifiziert, da es sich hierbei um eine elektronische End-zu-End-Übertragung handelt.

Die Dienstleistungen der Produktion umfassen die Kategorie der Ton- und Musikaufnahmen und -bearbeitung (2.E.a) sowie die Kino-, Video- und Fernsehfilmproduktion und die Produktion von Radiobeiträgen (2.E.b). Die Unterstützungsdienstleistungen lassen sich in Dienstleistungen der Produktion (2.E.c) und Dienstleistungen im Zusammenhang mit dem Vertrieb audiovisueller Produktionen und der nachträglichen Bearbeitung (2.E.d) klassifizieren. Der Vertrieb beinhaltet ausschließlich den Verkauf an Zwischenhändler, nicht an Endkonsumenten.

Der internetgestützte Verkauf und die elektronische Lieferung einzelner audiovisueller Dienstleistungen an Endkonsumenten stellt eine eigene Dienstleistungskategorie dar (2.E.e). In Bezug auf die Klassifikation der Vereinten Nationen ergibt sich eine partielle Übereinstimmung sowohl mit der Definition für

---

248 Vgl. hierzu auch die ausführliche Analyse in Abschnitt 5.2 dieser Untersuchung.

249 Die Kategorie 623 wird in der CPC, Vers. 1.0 wie folgt definiert: „This Group includes: mail, catalogue or internet sales services by stores that accept orders of new or second hand good by mail, telephone, e-mail etc., and ship or deliver products to the customer's door."

„Leasing or Rental Services Concerning Video Tapes" (7322) als auch mit „Mail Order Retail Trade Services" (623), denn es ist nicht eindeutig, ob ein Produkt dauerhaft erworben oder nur für eine temporäre Nutzung bezahlt wird. Beides ist technisch möglich, je nachdem ob ein Videofilm als Datei versendet wird, die dann auf dem Computer des Besitzers beliebig oft angesehen werden kann, oder ob ein Videofilm nur ein einziges Mal über Internet gesendet wird und nicht gespeichert werden kann. Die Einrichtung einer eigenständigen Kategorie für diese Dienstleistung ist sinnvoll, da diese Form des Vertriebs an Bedeutung gewinnt. Zusätzlich wird eine eindeutige Einordnung des elektronischen Handels audiovisueller Produkte erreicht.[250]

Die öffentliche Vorführung audiovisueller Produktionen im Kino (2.E.f) oder die Programmgestaltung und Ausstrahlung von Radio- und Fernsehsendungen an private Haushalte (2.E.g) sind weitere Unterkategorien des neuen GNS-Klassifikationsschemas. Die zentrale Funktion dieser Dienstleistungen ist die Auswahl von Film- und Tonproduktionen, die Programmzusammenstellung und die Festlegung der Sendezeiten. Die technische Ausstrahlung kann durch Dritte erfolgen und ist Bestandteil der Telekommunikationsdienstleistungen.

### 5.3.4 Grundlage zur Lösung des Kulturvorbehalts

Die hier unterbreitete Reform der Klassifikation eröffnet einen Weg, den grenzüberschreitenden Handel audiovisueller Dienstleistungen stärker zu liberalisieren. Die Öffnung der audiovisuellen Dienstleistungsmärkte für ausländische Konkurrenz könnte die ökonomische Effizienz steigern und zu niedrigeren Preisen und/oder besserer Qualität führen. Das Argument, dass der ungehinderte internationale Handel mit audiovisuellen Produkten aus kulturellen Gründen nicht möglich sei (Kulturvorbehalt)[251], verliert an Gewicht. Selbst wenn das politische Argument des Kulturvorbehalts weiterhin vorgebracht wird, rechtfertigt dies nach dem neuen GNS-Klassifikationsschema nicht mehr ein generelles Verbot des grenzüberschreitenden Handels und einen vollständigen Schutz nationaler Märkte vor ausländischer Konkurrenz.

Das Argument des Kulturvorbehalts kann nur Gültigkeit für die neuen Dienstleistungskategorien 2.E.f und 2.E.g beanspruchen, denn bei diesen

---

[250] Des Weiteren ergibt sich ein verhandlungsstrategischer Vorteil, denn die separate Kategorie für elektronisch gehandelte, audiovisuelle Produkte setzt diese eindeutig von dem übrigen elektronischen Handel mit elektronischer Lieferung ab. Es besteht daher nicht die Gefahr, dass das politische Argument des Kulturvorbehalts gegen eine Marktöffnung für ausländische Konkurrenz, auch den übrigen grenzüberschreitenden, rein elektronischen Handel behindert.

[251] Vgl. hierzu die Ausführungen im zweiten Kapitel dieser Untersuchung.

Dienstleistungen geht es um die qualitative Bewertung und Auswahl der zu zeigenden Filme, die Festlegung der Sendezeiten und die Ausstrahlung an die breite Öffentlichkeit. Die Kategorie 2.E.e bezieht sich auf die individuelle Kaufentscheidung eines einzelnen Konsumenten. Die Argumentation des Kulturvorbehalts stützt sich vor allem auf die (kostenlose) Ausstrahlung an die breite Öffentlichkeit, weniger auf die individuelle Kaufentscheidung für ein einzelnes Produkt. Deshalb kann für den Verkauf und die internetgestützte Lieferung einzelner audiovisueller Produktionen nicht das Argument des Kulturvorbehalts gelten. Wird dem Fernsehen und Radio eine kulturelle und gesellschaftspolitische Dimension beigemessen, die einen staatlichen Eingriff rechtfertigen, so sollte dies ausschließlich bei den Dienstleistungskategorien 2.E.f und 2.E.g erfolgen. Darüber hinaus sollten die kulturellen Auswahlkriterien eindeutig definiert werden, sodass eine objektive Auswahl und Programmgestaltung möglich ist. Die Filmherstellung, die technische Filmbearbeitung, der Vertrieb an Zwischenhändler und der internetgestützte Verkauf einzelner audiovisueller Produktionen an Endkonsumenten sind eine unternehmerische Tätigkeit, die keine kulturellen Aufgaben erfüllt.

## 5.4 Reform des Referenzpapiers für die Grundzüge nationaler Regulierung

Die Analyse im vierten Kapitel hat gezeigt, dass durch das vierte Protokoll zum GATS und insbesondere durch das Referenzpapier für die Grundzüge der nationalen Regulierung für Basisdienste der Telekommunikation der internationale Handel für diese Dienstleistungen erheblich liberalisiert worden ist. Der beschrittene Weg der stärkeren Integration wettbewerbspolitischer Vorgaben in das GATS und der Entwurf von Grundsätzen für die nationale Marktregulierung sind ein zukunftsweisender Weg für die weitere Liberalisierung des internationalen Dienstleistungshandels. Trotz dieser grundsätzlich positiven Bewertung haben sich seit Abschluss des vierten Protokolls zum GATS die Rahmenbedingungen des Telekommunikationssektors weiter verändert, sodass auch eine Überarbeitung des Referenzpapiers für die Grundzüge einer nationalen Regulierung notwendig ist. Zum einen ist die Reform nötig, da einige Regelungen des Referenzpapiers großen Interpretationsspielraum zulassen, der protektionistisches Verhalten ermöglicht.[252] Zum anderen ist die technologische Entwicklung sowie die

---

[252] Zur Diskussion hinsichtlich der Probleme des Referenzpapiers vgl. z.B. Blouin (2000), Drake und Noam (1997), Fredebeul-Krein und Freytag (1999) oder Tuthill

Konvergenz der Kommunikationsdienstleistungen vorangeschritten, sodass neue Regelungserfordernisse auftreten, die in der derzeitigen Fassung nicht berücksichtigt werden. Darüber hinaus sollten auch im Referenzpapier die im dritten Kapitel hergeleiteten Kriterien beachtet werden. Auch wenn das Referenzpapier Anforderungen für die nationale Regulierung für Telekommunikationsmärkte festlegt, sollten diese so ausgestaltet sein, dass die internationale Bestreitbarkeit der nationalen Märkte gefördert wird.

### 5.4.1 Die Vorteilhaftigkeit der multilateralen Einigung auf nationale Regulierungsziele

Die Entwicklung von Reformvorschläge für das Referenzpapier unterstellt implizit die Vorteilhaftigkeit der multilateralen Einigung auf nationale Regulierungsziele. Hierbei geht es nicht um eine internationale, detaillierte Vorgabe für die nationale Marktregulierung, sondern darum, dass der Grundsatz der internationalen Bestreitbarkeit bei der Ausgestaltung der nationalen Regulierung hinreichend beachtet wird. Bevor mögliche internationale Vorgaben analysiert werden, sollen daher die Gründe für diese implizite Annahme dargestellt werden. Die internationale Vorgabe von Regulierungsgrundsätzen für die nationale Regulierung der Märkte für (Tele-) Kommunikationsinfrastruktur ist aufgrund folgender Eigenschaften sinnvoll:

- *Liberalisierungsgrad:* Die internationale Einigung auf nationale Regulierungsvorgaben verpflichtet die Unterzeichnerstaaten, auch Hemmnisse innerhalb des Marktes zu reduzieren. Liberalisierungsverpflichtungen im Rahmen des GATS können nicht durch eine unzureichend wettbewerbsfördernde nationale Regulierung faktisch zunichte gemacht werden. Regulierungsvorgaben, die sich an der Bestreitbarkeit orientieren, führen daher zu einer größeren unmittelbaren Marktöffnung.
- *Netzwerkeffekte:* Bei den Märkten für Kommunikationsdienstleistungen handelt es sich um Märkte, die durch starke – auch grenzüberschreitende – Netzwerkeffekte geprägt sind. Die Analyse im zweiten Kapitel hat gezeigt, dass die Internalisierung positiver und negativer externer (Netzwerk-)Effekte nicht immer durch den Marktmechanismus allein möglich ist und regulative staatliche Eingriffe gerechtfertigt sein können.
- *Monopole:* Die Kommunikationsdienstleistungsmärkte sind teilweise durch monopolistische Marktstrukturen gekennzeichnet, sodass die Regulierung nicht nur die Aufgabe hat, bestehenden Wettbewerb zu schützen, sondern

(1996). Zur Diskussion über allgemeine Reformen der Regulierung des Dienstleistungssektors vgl. Nicoletti (2001) oder OECD (2000e).

durch regulative Eingriffe den Wettbewerb und die internationale Bestreitbarkeit erst zu ermöglichen.

- *Legitimität* (Nicholaidis und Trachtmann 2000a, 2000b): Ein Handelsabkommen wird von (demokratisch) legitimierten Regierungen ausgehandelt und unterzeichnet. Werden innerhalb des Abkommens spezifische Regelungsgrundsätze festgelegt, so sind diese direkter legitimiert, als wenn im Rahmen des WTO-Streitschlichtungsverfahrens allgemeine Vertragsprinzipien interpretiert werden.
- *Berücksichtigung der Kriterien:* Die Transparenz, Kompatibilität und Rechtssicherheit werden durch Regulierungsvorgaben gefördert. Die Auswirkungen auf den Wettbewerb sind positiv, da notwendige Regulierungserfordernisse, z.B. zur Netzzusammenschaltung oder zur Ermittlung tatsächlicher Kosten, festgelegt werden. Der Einschränkung der dynamischen Effizienz aufgrund detaillierter Regelungen kann auf der Infrastrukturebene ein geringeres Gewicht beigemessen werden[253], denn die grundsätzlichen Regulierungsziele bleiben auch bei technischen Innovationen unverändert. Der Marktzugang und eine kompetitive Marktstruktur wird durch eine wettbewerbsfördernde Regulierung begünstigt. Die Auswirkungen der Regulierungsvorgaben auf die Anreizkompatibilität können sowohl negativ (z.B. zu starke Einschränkung des nationalen Handlungsspielraums) als auch positiv sein (z.B., da andere Staaten dieselben Auflagen erfüllen müssen und Exportchancen für die heimische Industrie entstehen).

### 5.4.2 Ausdehnung der Reichweite

Das Referenzpapier für die Grundzüge der nationalen Regulierung bezieht sich ausschließlich auf die Basisdienste der Telekommunikation.[254] Wie bereits der Vorschlag für die Reform des GNS-Klassifikationsschemas gezeigt hat, ist die Trennung in Basis- und Mehrwertdienste ungeeignet. Die Reichweite des Referenzpapiers sollte daher erweitert werden und sich generell auf die nationale Regulierung von Netzinfrastrukturen für elektronische Kommunikation beziehen. Bei einer solchen Ausdehnung der Reichweite würden sowohl reine Telekommunikations-, wie auch Internetinfrastrukturen unabhängig von der genutzten

---

253 Diese Aussage setzt voraus, dass der Nutzen aufgrund der Netzwerkeffekte größer ist als der Nutzen aufgrund der Wahlmöglichkeit zwischen unterschiedlichen, inkompatiblen Netzen.

254 Die Reichweite des Referenzpapiers (Bronckers und Larouche 1997: 46).wird wie folgt definiert: „The following are definitions and principles on the regulatory framework for the basic telecommunications services".

Technologie (Festnetz, Mobil, Satellit) erfasst.[255] Alle Dienstleistungen, die nicht im direkten Zusammenhang mit der Sprach- und Datenvermittlung zwischen zwei Netzwerkendpunkten stehen, sollten weiterhin außerhalb des Regelungsbereichs des Referenzpapiers bleiben.[256]

Aufgrund des technischen Fortschritts verschwimmt die in der Vergangenheit übliche Trennung zwischen unterschiedlichen Übertragungstechnologien und Netzen für verschiedene Dienste. Die Netzinfrastrukturen konvergieren, aber die Marktregulierung für einzelne Kommunikationsdienste sind zur Zeit unterschiedlich. Wird ein Telefongespräch über „klassische" Telefoninfrastrukturen weitergeleitet, unterliegt es der nationalen Telekommunikationsregulierung und damit auch den internationalen Regelungsvorgaben des Referenzpapiers.[257] Wird dasselbe Gespräch über die Internetinfrastruktur weitergeleitet (so genannte „IP-telephony"), so unterliegt es anderen Regelungsvorgaben.[258] Das Referenzpapier verpflichtet die Unterzeichnerstaaten unter anderem dazu, die Netzzusammenschaltung zu Gebühren, die den „tatsächlichen Kosten" entsprechen, zu gewährleisten. Wird allerdings das Gespräch über eine Internetinfrastruktur geleitet, so besteht diese Verpflichtung nicht. Ein nationaler Anbieter kann internationalen Konkurrenten den Netzzugang verweigern, ohne dass dies gegen WTO-Verpflichtungen verstößt.

Der technische Fortschritt führt dazu, dass bisher anders genutzte Netzinfrastrukturen zur Übertragung von Kommunikationsdiensten umgerüstet werden. Dies gilt z.B. für Kabelfernsehnetze oder das Stromnetz. Beide Netztechnologien werden nicht vom Referenzpapier erfasst, und die nationalen Anbieter werden nicht zur Netzzusammenschaltung verpflichtet. Die Kriterien des Marktzugangs und einer kompetitiven Markstruktur verlangen, dass jedes Unternehmen, das grenzüberschreitend Kommunikationsdienstleistungen anbieten will, frei entscheiden kann, welche Übertragungstechnologie aus seiner Sicht die effizienteste

---

[255] Dieser Vorschlag der Ausdehnung der Reichweite des Referenzpapiers ist in der Literatur bisher nicht diskutiert worden. Drake und Nicholaidis (2000) kritisieren zwar den nicht eindeutigen Geltungsbereich vor dem Hintergrund des globalen elektronischen Geschäftsverkehrs, fordern aber keine Ausdehnung der Reichweite des Referenzpapiers.

[256] Die Reichweite würde dann den Telekommunikationsdienstleistungen des neuen GNS-Klassifikationsschemas entsprechen.

[257] Dies gilt nur unter der Voraussetzung, dass das betreffende Land WTO-Mitglied und Unterzeichner des vierten Protokolls zum GATS ist.

[258] Die Regulierung von Internettelephonie ist weltweit unterschiedlich. Die USA regulieren Internettelephonie nicht, die EU macht die Regulierung abhängig von Echtzeitübertragung oder zeitlicher Verzögerung und andere Staaten unterscheiden nach Endgeräten (PC-zu-PC oder PC-zu-Telefon). Des Weiteren ist unklar, wie Internettelephonie von anderen Internetübertragungen unterschieden werden kann. Vgl. ITU (2000).

ist. Erstreckt sich die Verpflichtung zur Netzzusammenschaltung aber nur auf „alte" Telekommunikationsnetze, so ist diese Flexibilität eingeschränkt, denn die Anbieter können nur zwischen den durch die Regulierung möglichen und nicht den ökonomisch effizientesten Alternativen wählen.

Die unzureichende Reichweite des Referenzpapiers wiegt besonders schwer, da die Anbieter von Internetinfrastrukturdienstleistungen starke Anreize für wettbewerbsbehinderndes Verhalten besitzen. Die Analyse der Anreizstrukturen im zweiten Kapitel hat gezeigt, dass ein kompetitiver Markt der Internet-Backbone-Anbieter wettbewerbswidriges Verhalten weitestgehend verhindern kann. Kommt es allerdings zu dominanten Backbone-Anbietern kann durch unterschiedliche Strategien (z.B. vertikale Integration, Verweigerung oder Qualitätsminderung der Netzzusammenschaltung, Höhe der Zusammenschaltungsgebühren, Verweigerung von Transit- und/oder Peering-Abkommen) die Bestreitbarkeit der Märkte behindert werden. In der Diskussion um die Regulierung der Internetinfrastrukturbetreiber wird vielfach argumentiert, dass diese nicht von staatlicher Regulierung erfasst werden sollten, da dies die Marktdynamik behindert (Kende 2000). Die zunehmende Zahl von Wettbewerbsklagen gegen Backbone-Anbieter oder die Untersagung der Fusion von MCI-Worldcom mit Sprint zeigen, dass die Kommerzialisierung des Internets die Anreize zu wettbewerbswidrigem Verhalten steigert, sodass nicht unbedingt von der Regulierungsfreiheit der Vergangenheit auch auf die Zukunft geschlossen werden kann.

Der Vorschlag, die Reichweite des Referenzpapiers zu erweitern, bedeutet nicht, dass zwangsläufig eine detaillierte Regulierung der Märkte für Internetinfrastrukturdienstleistungen gefordert wird. Solange die privatwirtschaftlichen Anreize stark genug sind, eine Monopolstellung zu verhindern und den Wettbewerb zu stützen, sollte der Staat nicht intervenieren. Vielmehr geht es darum, dass der Staat zum Eingriff verpflichtet wird, falls monopolistische Marktstrukturen entstehen und diese Verpflichtung auch international im Rahmen der WTO einklagbar ist. Dominieren die Backbone-Anbieter eines Landes die weltweite Internetvermittlung, so besteht für diesen Staat kein Anreiz, wettbewerbswidriges Verhalten zu ahnden, denn die negativen Wohlfahrtseffekte wirken sich in anderen Teilen der Welt aus.[259] Falls einzelne Länder monopolistische Marktstrukturen zulassen, die den grenzüberschreitenden Handel behindern oder

---

259 Vor diesem Hintergrund ist es nicht überraschend, dass insbesondere die USA keine Regulierung der Backbone-Anbieter fordern. Die weltweite Internet-Backbone-Struktur ist von amerikanischen Unternehmen dominiert und ein Großteil des innereuropäischen Internetverkehrs wird über die USA geleitet. Erst seit kurzem entstehen innereuropäische Netzstrukturen.

grenzüberschreitende Auswirkungen besitzen, sollten die Staaten die Möglichkeit zur Klage vor dem WTO-Schiedsverfahren besitzen.[260]

Die Ausdehnung der Reichweite des Referenzpapiers verfolgt daher das Ziel, die Bestreitbarkeit der Märkte für Internetinfrastrukturdienstleistungen aufrecht zu erhalten und die technologische Neutralität und Wahl der Handelsform im internationalen Handel zu gewährleisten. Sollten einzelne Staaten monopolistische Marktstrukturen zulassen, bestünde die Möglichkeit zur Klage vor der WTO. Die Ausdehnung verpflichtet die Unterzeichnerstaaten, auf nationale, industriepolitische Eingriffe zu verzichten und das Augenmerk auf die Wahrung kompetitiver Märkte für Internetinfrastrukturdienstleistungen zu lenken.

### 5.4.3 Konkretisierung der Zielsetzung

Das Referenzpapier enthält weder eine Präambel noch einen einleitenden Artikel, der die Zielsetzung definiert. Vielmehr werden für einzelne Regulierungstatbestände allgemeine Vorgaben festgelegt. Das Fehlen einer konkreten Zielsetzung erleichtert es den Staaten, die allgemeinen Grundsätze unterschiedlich und zu ihren Gunsten zu interpretieren. Die Staaten können Maßnahmen ergreifen, die dem Wortlaut des Referenzpapiers nicht direkt widersprechen, aber trotzdem eine protektionistische Wirkung besitzen (z.B. Auswahlkriterien für eine Lizenz, Vergabeverfahren von Funkfrequenzen).

Eine unterschiedliche Interpretation der allgemeinen Regelungsgrundsätze je nach nationaler Interessenlage könnte dadurch vermieden werden, dass eine Präambel die Zielsetzung des Referenzpapiers präzisiert. Der institutionelle Wettbewerb wird so nicht eingeschränkt, da jeder Staat einen unterschiedlichen Weg zur Zielerreichung wählen kann. Eine der Zielsetzung widersprechende Interpretation der Regelungsgrundsätze wird aber vermieden. Das Kriterium der dynamischen Effizienz bleibt gewahrt, und zusätzlich wird die institutionelle Kompatibilität gefördert.

Die Regulierungsvorgaben des Referenzpapiers sollten das Ziel verfolgen, die Bestreitbarkeit der Kommunikationsmärkte unabhängig von dem Herkunftsland der Anbieter zu fördern. Grundsätzlich sollte ein staatlicher, regulatorischer Eingriff objektiv notwendig (economic needs test) und in seiner Umsetzung effizient sein („regulatory impact analysis" oder „efficient regulation principle") sowie den grenzüberschreitenden Handel nicht mehr als nötig behindern (least trade restrictivness) (Mattoo 2001a; OECD 2000e). Die multilaterale Einigung auf diese Zielsetzung würde die Rechtssicherheit im grenzüberschreitenden Handel

---

260 Neben der hier diskutierten Frage der nationalen Regulierung wird die Notwendigkeit einer eigenständigen internationalen Wettbewerbsordnung diskutiert. Dies wird in Abschnitt 5.6 aufgegriffen.

erhöhen, denn der Interpretation der Regelungsvorgaben werden Grenzen gesetzt. In einem eventuellen WTO-Schiedsgerichtsverfahren müsste der Nachweis erbracht werden, dass eine Maßnahme tatsächlich notwendig, effizient und nicht unnötig handelsbeschränkend ist.[261] Die juristische Auslegung anhand dieser Zielsetzung erhöht die Objektivität und fördert dadurch den Wettbewerb.

### 5.4.4 Erweiterte Verpflichtung zur Netzzusammenschaltung

Die Verpflichtung des Referenzpapiers zur Netzzusammenschaltung spiegelt die Realität Anfang der neunziger Jahre wieder, als der Schwerpunkt der Regulierung darauf lag, auf einem bisher monopolistischen Telekommunikationsmarkt Wettbewerb zu ermöglichen. Die Regulierungsauflagen konzentrieren sich daher auf den Exmonopolisten und verpflichteten ihn dazu, seine Netzinfrastruktur für Wettbewerber zu öffnen. Der technische Fortschritt bewirkt, dass zahlreiche unterschiedliche Netzinfrastrukturen für die elektronische Sprach- und Datenvermittlung genutzt werden können. Dies führt dazu, dass es nicht mehr ausschließlich um die einseitige Zusammenschaltung eines kleineren Wettbewerbers mit der Infrastruktur eines dominanten Anbieters geht, sondern die zweiseitige Netzzusammenschaltung zwischen großen Anbietern zunehmend an Gewicht gewinnt (Laffont und Tirole 2000: 179–216; Klodt et al. 1995: 91–116). Dies gilt z.B. für die zweiseitige Zusammenschaltung zwischen großen Mobilnetzen und dem Festnetz, zwischen Anbietern aus unterschiedlichen Ländern, zwischen ehemaligen Fernsehkabelnetzen, Stromnetzen und der Telekommunikationsinfrastruktur und besonders für die Internetinfrastruktur. Existiert keine Verpflichtung zur zweiseitigen Netzzusammenschaltung, kann dennoch Wettbewerb herrschen, allerdings nur zwischen unterschiedlichen, nicht kompatiblen Netzen. Positive Netzwerkexternalitäten, die sich aufgrund der Erreichbarkeit zusätzlicher Konsumenten eines anderen Netzbetreibers ergeben, werden dabei aber nicht hinreichend berücksichtigt. Das Kriterium der Kompatibilität sollte stärker umgesetzt werden, um diese positiven Netzwerkexternalitäten zu internalisieren. Eine Netzzusammenschaltung sollte immer dann erfolgen, wenn die positiven Netzwerkeffekte hinreichend groß sind.[262]

---

261 Zahlreiche Staaten haben ihre nationalen Märkte für Kommunikationsdienstleistungen liberalisiert, sodass internationale Vergleiche möglich sind. Die abstrakten Zielvorgaben können im Einzelfall anhand von Ländervergleichen konkretisiert werden.

262 Einerseits werden durch die Netzzusammenschaltung die positiven Netzwerkeffekte einer größeren Nutzerzahl internalisiert. Andererseits nimmt die Vielfalt ab. Diese gegenläufigen Effekte könnten auch dazu führen, dass die Wohlfahrt bei fehlender Kompatibilität steigt und daher eine beidseitige Netzzusammenschaltung nicht im gesamtwirtschaftlichen Interesse steht. Vgl. Besen und Farrell (1994), Choi (1996), Farrell und Saloner (1986), Katz und Shapiro (1985, 1994), Shapiro und Varian

Die Auswirkungen dieser fehlenden Verpflichtung zur wechselseitigen Netzzusammenschaltung zu den tatsächlichen Kosten entsprechenden Gebühren zeigt sich deutlich bei den hohen Roaming-Gebühren im Mobilfunk. Diese Gebühren werden ausschließlich zwischen privaten Anbietern ausgehandelt und unterliegen bisher keiner Regulierung. Vergleicht man die Gebühren für eine Weiterleitung zwischen nationalen Mobilfunkanbietern mit den Roaming-Gebühren bei grenzüberschreitender Weiterleitung, so liegen die Roaming-Gebühren deutlich höher, ohne dass unterschiedliche Kosten dies rechtfertigen könnten (OECD 2000a; Sutherland 2001).

Die Auflagen des Referenzpapiers für die Netzzusammenschaltung beziehen sich auf dominante Anbieter (major suppliers). Ein dominanter Anbieter ist nach der Terminologie des Referenzpapiers ein Anbieter, der die Marktbedingungen wesentlich beeinflussen kann (materially affect the terms of participation), indem er entweder wesentliche Einrichtungen (essential facilities) kontrolliert, d.h. Einrichtungen, die aufgrund technischer oder ökonomischer Gründe nicht substituierbar sind und ausschließlich vom dominanten Anbieter angeboten werden, oder seine Marktstellung wettbewerbswidrig nutzt (Bronckers und Larouche 1997: 23–26; Tietje 2000: Rdnr: 263–267). Diese bereits weitreichende Definition beinhaltet aber nicht die Verpflichtung zur zweiseitigen Zusammenschaltung, denn in einem solchen Fall haben beide Anbieter weder die Kontrolle über eine wesentliche Einrichtung, noch nutzen sie ihre Marktposition wettbewerbswidrig aus, denn es existieren nach wie vor unterschiedliche Anbieter im Markt. Aufgrund der fehlenden Internalisierung positiver Netzwerkexternalitäten ist der individuelle Nutzen der Konsumenten aber geringer als bei einer zweiseitigen Netzzusammenschaltung.

Auf kompetitiven Märkten haben gleich große Anbieter einen Anreiz, freiwillig eine beidseitige Zusammenschaltung zu erreichen. Allerdings führen bereits geringe Größenunterschiede zwischen den Konkurrenten dazu, dass der größere Anbieter weniger stark auf die Kooperation angewiesen ist und es daher nicht zu einer Netzzusammenschaltung und Internalisierung der positiven Netzwerkexternalitäten kommt (Crémer et al. 2000). Da in der wirtschaftspolitischen Realität davon auszugehen ist, dass identisch große Anbieter die Ausnahme, Größenunterschiede hingegen die Regel sind, besteht die Gefahr, dass nicht der maximale Wohlfahrtsgewinn realisiert wird. Eine Verpflichtung zur wechselseitigen Netzzusammenschaltung großer Anbieter ist daher sinnvoll und sollte in das Referenzpapier aufgenommen werden.

---

(1999). Auf der Netzinfrastrukturebene ist nicht zu erwarten, dass der Effekt der Varietätenvielfalt ausgeprägter ist als der positive Effekt der Kompatibilität. Bei stark personalisierten, individuellen Dienstleistungen kann dies jedoch der Fall sein.

### 5.4.5 Kostenermittlung

Das Referenzpapier fordert bei der Festlegung der Gebühren für die Netzzusammenschaltung, dass diese den Kosten entsprechen müssen (cost-oriented rates). Diese Formulierung lässt einen sehr weiten Interpretationsspielraum zu und fördert nicht die ökonomisch effiziente Bereitstellung der Netzzusammenschaltung, denn die Gebühren können sowohl vergangenheitsbezogen, als auch zukunftsorientiert ermittelt werden. Bei einer Berechnung auf Grundlage der historischen Kosten können jegliche Formen kostenverursachender Ineffizienzen in der Berechnung der Netzzugangsgebühren berücksichtigt und an die Wettbewerber weitergegeben werden. Bei zukunftsorientierter Kostermittlung werden hingegen zu erwartende Kostensenkungen berücksichtigt (z.B. Regulierung und Kostenermittlung auf Basis eines „price-caps" oder „LRAIC-pricing").[263]

Die Festlegung auf ein „bestes" Verfahren zur Berechnung der tatsächlichen Kosten ist schwierig, da die Preisfestsetzung zu gegenläufigen Effekten führt; auch in der theoretischen Literatur ergibt sich keine eindeutige „first best"-Lösung (Laffont und Tirole 2000). Hohe Gebühren fördern den Anreiz zu Netzinvestitionen (Instandhaltung, Ausbau, Innovation), bewirken aber eine Reduktion der Wettbewerbsintensität, da aufgrund hoher Kosten und geringer Gewinne weniger Anbieter in den Markt eintreten. Hinzu kommt die asymmetrische Information zwischen dem Netzbetreiber und der Regulierungsbehörde, die die Ermittlung der tatsächlichen Kosten erschwert. Auch zeitliche Inkonsistenzen können entstehen, wenn durch geringe Gebühren kurzfristig die Wettbewerbsintensität gefördert wird, aber langfristig notwendige Instandhaltungsmaßnahmen unterbleiben. Des Weiteren ergeben sich Fehlanreize aufgrund von zu hohen Netzzugangsgebühren, die zu einer ineffizienten Datenweiterleitung führen können (z.B. Tromboning).

Zu hohe Netzzugangsgebühren haben eine protektionistische Wirkung, wenn effiziente ausländische Anbieter nicht in den Markt eintreten, weil sie ineffiziente nationale Strukturen subventionieren müssen. Da es kein objektiv bestes Verfahren zur Kostenermittlung gibt, sollte auf multilateraler Ebene kein Verfahren verpflichtend festgelegt werden. Eine Lösung könnte darin bestehen, Ziele für die Kostenstruktur vorzugeben. Beispielsweise könnten für Ländergruppen unterschiedlichen Entwicklungsstandes die geltenden Gebühren ermittelt und ein Mittelwert, z.B. der drei effizientesten Länder, berechnet werden.[264] So könnte

---

263 Die unterschiedlichen Methoden zur Kostenermittlung werden in BTCE (1997), Klodt et al. (1995: 91–116) und Laffont und Tirole (2000) diskutiert.

264 Problematisch an diesem Verfahren ist, dass nicht eine Regelung für alle WTO-Mitglieder unabhängig von ihrem Entwicklungsstand gilt. Allerdings sind die tatsächlichen Kosten je nach benutzter Technologie sehr unterschiedlich. Würde ein

eine partielle Orientierung an Effizienzkriterien für die Berechnung der Gebühren erreicht werden.[265] Ein ähnlicher Weg wird bei der Reform des internationalen Verrechnungssystems (accounting rate system) diskutiert (ITU 1999; Stern und Kelly 1997; Withers 1999).

### 5.4.6 Universaldienstverpflichtung

Das Referenzpapier stellt es den Ländern frei, über die Reichweite der Universaldienstverpflichtung zu entscheiden („ ... define the kind of universal service obligation it wishes to maintain"). Es wird lediglich die transparente, nichtdiskriminierende und wettbewerbsneutrale Administration gefordert. Aus weitreichenden Universaldienstverpflichtungen können erhebliche Markteintrittsbarrieren entstehen, da die Kosten für ausländische Anbieter steigen und ein Marktzutritt unrentabel werden kann. Des Weiteren wird nicht auf die Finanzierung der Universaldienstverpflichtung und die effiziente Bereitstellung der Universaldienste eingegangen.[266]

Die Fixkosten der Infrastrukturerstellung für Kommunikationsdienste sind hoch, die Grenzkosten der Nutzung hingegen gering. Die Kosten der Infrastrukturbereitstellung in entlegenen Regionen sind Bestandteil der Gesamtkosten der Netzbereitstellung und daher in den Netzzugangsgebühren, die auf der Basis der Gesamtkosten des Netzes ermittelt werden, berücksichtigt (Melody 1999). Des Weiteren sind die Netzzugangsgebühren regional unabhängig. Diese Kostenstruktur führt dazu, dass die Anbieter von Kommunikationsdienstleistungen, die über die reine Infrastrukturbereitstellung hinaus gehen, einen Anreiz zur flächendeckenden Bereitstellung besitzen. Vor diesem Hintergrund ist es fraglich, ob eine weitreichende Definition von Universaldiensten überhaupt notwendig ist und im Rahmen des Referenzpapiers zulässig sein sollte. Die Universaldienst-

„weltweiter Mittelwert" zugrunde gelegt, würden die Unternehmen in den Industriestaaten Gewinne, die Entwicklungsländer dagegen Verluste erleiden.

265 Da dieses Verfahren nur die relative Effizienz innerhalb einer Ländergruppe erfasst, wird nicht die optimale Kostenstruktur ermittelt. Trotzdem wird für einen großen Teil der Länder die Effizienz gefördert, da zumindest die Kostenstruktur der drei effizientesten Länder erreicht werden muss.

266 Die Universaldienstverpflichtung kann beispielsweise nur die einfache Sprachtelefonie oder aber auch alle im Zusammenhang mit Datentransfer und Internet notwendigen Dienstleistungen umfassen. Je nach Definition können die Kosten erheblich variieren. Die Finanzierung der Universaldienstauflagen kann auf unterschiedliche Weise geschehen, wodurch sich auch unterschiedliche Auswirkungen auf die Anreizstruktur der Anbieter ergeben. Vgl. Klodt et al. (1995: 69–90) oder Weller (1999).

verpflichtung sollte sich ausschließlich auf den Ausbau und die Bereitstellung der Kommunikationsinfrastruktur beziehen.[267]

Ob in einem liberalisierten Markt eine Universaldienstverpflichtung weiterhin notwendig ist, ist zweifelhaft. Die Kosten des Infrastrukturausbaus sind erheblich gesunken, und es existieren zahlreiche unterschiedliche Kommunikationstechnologien parallel, sodass auch entlegene Regionen gut erreichbar sind. Es ist fraglich, ob für jede einzelne Netztechnologie (Festnetz, Kabelnetz, Mobilfunk, Satellitenfunk, Stromnetz) eine eigenständige Universaldienstverpflichtung gelten sollte oder ob nicht der Anschluss über eine der möglichen Technologien genügt, um eine Universaldienstverpflichtung zu erfüllen.

### 5.4.7 Zusätzliche Verpflichtungen

Das Referenzpapier bezieht sich nur auf die öffentliche Bereitstellung der Lizenzierungskriterien, nicht aber darauf, ob die Vergabe von Lizenzen überhaupt notwendig ist. Die Vergabe von Lizenzen ist bei der Vergabe knapper Ressourcen (z.B. Funkfrequenzen, Orbitalstationen) sinnvoll. Müssen die Anbieter bestimmte technische Voraussetzungen erfüllen und spezifische Kenntnisse vorweisen, um die Interoperabilität der Kommunikationsnetze zu gewährleisten, so kann eine Lizenzierung ebenfalls notwendig sein. Bei allen weiteren Kommunikationsdienstleistungen führt eine Pflicht zur Lizenzierung dazu, dass der Markteintritt unnötig behindert und die Bestreitbarkeit der Märkte reduziert wird.

Das Referenzpapier sollte dahingehend präzisiert werden, dass die Forderung nach Lizenzierung nur dann zulässig ist, wenn dies aus technischen Gründen unvermeidbar und ökonomisch vertretbar ist. Des Weiteren sollte der Grundsatz festgelegt werden, dass allgemeine Lizenzen spezifischen Lizenzen vorzuziehen sind. Dies erleichtert es den Marktteilnehmern, zügig auf Veränderungen zu reagieren und neue Dienstleistungen anzubieten, ohne vorher eine neue Lizenz zu beantragen. Dies fördert die dynamische Effizienz und erhöht die Wettbewerbsintensität.

Das Referenzpapier fordert, dass die Regulierungsinstanz unabhängig von Anbietern im Markt ist. Es fordert keine politische Unabhängigkeit oder hinreichende Ressourcenausstattung und Fachkompetenz. Dieser Mangel kann dazu führen, dass Staaten durch politisch motivierte Regulierungseingriffe ausländischen Anbietern den Markzutritt erschweren (z.B. verzögerte Verfahren, Verfah-

---

[267] Auf kompetitiven Märkten ist der Anreiz für die Anbieter nicht gegeben, die hohen Kosten der Infrastrukturbereitstellung in entlegenen Regionen zu tragen. Vielmehr besteht die Gefahr des „Rosinenpickens", d.h., es erfolgt eine Konzentration auf Ballungsräume, in denen die Infrastrukturkosten auf mehr (potentielle) Kunden verteilt werden können. Die Universaldienstverpflichtung fordert daher von den Anbietern den flächendeckenden Ausbau der Netzinfrastruktur.

rensänderungen, mangelnde Fachkompetenz zur Bearbeitung von Anträgen). Die Anforderungen des Referenzpapiers sollten daher gestärkt werden, sodass die politische Unabhängigkeit sowie die ausreichende Ressourcenausstattung und Durchsetzungsfähigkeit des Regulierers gewährleistet ist.

Die Verpflichtung zur Nummernportabilität wird von dem Referenzpapier bisher nicht gefordert. Diese Verpflichtung ist für neue Wettbewerber bedeutsam, denn den Kunden wird ein Anbieterwechsel erheblich erschwert, wenn dieser mit einer neuen Rufnummer verbunden ist. Dies gilt nicht nur für Festnetz- und Mobilfunknummern, sondern im Besonderen auch für die Internetadressen. Der Wechsel eines kleineren Netzbetreibers zu einem anderen Backbone-Anbieter wird wesentlich erschwert, wenn sich die Internetadresse des kleinen Anbieters verändert; alle Routingpläne des Internets müssten entsprechend geändert werden. Die Verpflichtung zur Nummernportabilität sollte daher in das Referenzpapier aufgenommen werden.

## 5.5 Reform der Verbindung zwischen WTO-Recht und nationalem Recht

Das GATS als Teil der WTO-Übereinkommen ist ein völkerrechtlicher Vertrag zwischen Staaten, der den einzelnen Mitgliedstaaten Rechte zugesteht oder Verpflichtungen auferlegt. Verstöße gegen WTO-Verpflichtungen können im Rahmen des Streitbeilegungsverfahrens der WTO geahndet werden.[268] Antragsberechtigt sind die Regierungen der Mitgliedstaaten.[269] Juristische und natürliche Personen können sich nicht direkt auf WTO-Verpflichtungen berufen, obwohl sie die Betroffenen bei Verstößen gegen Vertragsvereinbarungen sind. Erhebt Land A einen Importzoll auf bestimmte Güter oder Dienstleistungen, obwohl es sich im Rahmen der WTO dazu verpflichtet hat, dies nicht zu tun, so wird einem Exporteur aus Land B der Marktzutritt erschwert. Dieser kann jedoch gegen das vertragswidrige Verhalten von Land A nicht juristisch vorgehen; nur die Regierung des Landes B kann eine Klage einreichen.[270]

---

268 Für eine Diskussion des Streitschlichtungsverfahrens vgl. z.B. Hauser und Martel (1997) oder Petersmann (1997).

269 Eine Abweichung ergibt sich bei den Mitgliedstaaten der EU, da auch die EU Mitglied der WTO ist. Da die Kommission die EU-Mitgliedstaaten in Handelsfragen nach außen vertritt, können nicht die Mitgliedstaaten selbst, sondern nur die EU-Kommission Anträge im Streitbeilegungsverfahren einreichen.

270 Es existieren innerstaatliche Regelungen, durch die Unternehmen die Regierung ihres Landes dazu auffordern können, Klage vor dem Streitschlichtungsorgan einzureichen. Die Handelshemmnisverordnung der EU eröffnet Unternehmen z.B. die Mög-

Dieses Verfahren führt dazu, dass es im politischen Interesse der Regierung liegen muss, den Vertragsverstoß vor dem Streitbeilegungsorgan der WTO (Dispute Settlement Body (DSB)) anzuzeigen; die ökonomischen Konsequenzen aufgrund des erschwerten Marktzutritts für ein einzelnes Unternehmen sind nicht ausschlaggebend. Ein betroffenes Unternehmen berücksichtigt hingegen nicht die (außen-)politischen Gesamtzusammenhänge, sondern sieht die Vertragsverletzungen und direkten Auswirkungen (reduzierte Absatzchancen, Gewinneinbußen etc.). Vor diesem Hintergrund wird im Folgenden untersucht, ob die Umsetzung und Einhaltung vertraglicher Liberalisierungsverpflichtungen im Rahmen der WTO besser gewährleistet werden kann, wenn sich Privatrechtssubjekte direkt auf WTO-Recht berufen können. Dies gilt im Besonderen für den internationalen Dienstleistungshandel und GATS-Verpflichtungen, denn die Handelsbarrieren und Vertragsverletzungen sind oft in der Auslegung nationaler Regelungen begründet und weniger eindeutig als offensichtliche Vertragsverletzungen bei Grenzbarrieren im Güterhandel.

Durch eine stärkere Bindung der WTO-Verpflichtungen im nationalen Recht ist insgesamt ein höherer Liberalisierungsgrad zu erwarten, denn Vertragsverletzungen werden rechtlich und nicht politisch beurteilt. Das Welthandelssystem wird transparenter, objektiver und rechtlich stärker bindend. Die im dritten Kapitel entwickelten Kriterien für ein multilaterales Regelwerk würden verstärkt berücksichtigt. Insbesondere gilt dies für die Rechtssicherheit, die Transparenz und die dynamische Effizienz. Wird ein höherer Liberalisierungsgrad erreicht, nimmt außerdem die internationale Wettbewerbsintensität zu. Zusätzlich kann ein Land, welches die direkte Einklagbarkeit von WTO-Verpflichtungen im nationalen Recht zulässt, an Glaubwürdigkeit gewinnen, dass es auch in Zukunft eine liberale Handelspolitik verfolgen wird. Dies könnte ausländische Direktinvestitionen attrahieren. Insbesondere für kleine Volkswirtschaften, die stark auf den internationalen Handel angewiesen sind und die bei politischen Verhandlungen ein geringes Drohpotential besitzen, ist dies vorteilhaft.

### 5.5.1 Unterschiedliche Formen der Verknüpfung der Rechtsmaterien

Die Verbindung zwischen WTO-Recht und nationalem Recht kann auf unterschiedliche Art und Weise geschehen. Angelehnt an Hilf (1997) und Cottier und Schefer (1998) kann das Verhältnis des Welthandelsrechts zum nationalem Recht in Bezug auf die internationalen Beziehungen oder im jeweils nationalen Kontext analysiert werden. Auf internationaler Ebene steht die Frage im Vorder-

---

lichkeit, vertragswidriges Verhalten anderer Staaten gegenüber der EU-Kommission anzuzeigen. Es liegt allerdings im Beurteilungsermessen der Kommission, ob das erforderliche Verfolgungsinteresse gegeben ist. Vgl. Berrisch und Kamann (1999).

grund, ob die WTO-Verpflichtungen erfüllt werden müssen und ob das Streitschlichtungsorgan der WTO zur Interpretation nationaler Rechtsnormen befugt ist. Im nationalen Kontext geht es um den Grundsatz der vertragskonformen Auslegung (d.h., nationale Rechtsnormen werden von den nationalen Gerichten in Übereinstimmung mit bestehenden WTO-Verpflichtungen ausgelegt) und die Frage der direkten Wirkung von WTO-Verpflichtungen (d.h., WTO-Verpflichtungen dienen als Anspruchsgrundlage vor nationalen Gerichten).

#### *5.5.1.1 Internationaler Kontext*

Die Wiener Vertragsrechtskonvention fordert in Artikel 26 die Erfüllung internationaler Verträge („pacta sunt servanda"). Des Weiteren kann sich gemäß Artikel 27 kein Staat darauf berufen, dass nationale Regelungen einer Erfüllung internationaler Vertragsverpflichtungen entgegenstehen (Cottier und Schefer 1998: 84–86). In Artikel XVI Abs. 4 des WTO-Übereinkommens wird diese Verpflichtung nochmals deutlich herausgestellt.[271] Im Rahmen ihrer verfassungsgemäßen Rechte müssen die WTO-Mitgliedstaaten nationale Regelungen in Übereinstimmung mit ihren WTO-Verpflichtungen bringen. Werden diese vertraglichen Verpflichtungen nicht erfüllt, so besitzen andere Mitgliedstaaten die Klagemöglichkeit vor dem Streitschlichtungsorgan der WTO.

Obwohl die grundsätzliche Verpflichtung zur Vertragserfüllung besteht, ist die konkrete Umsetzung in Zusammenhang mit der Auslegung nationaler Gesetze und Vorschriften problematisch. Es stellt sich die Frage, inwieweit das Streitschlichtungsorgan der WTO eigenständig nationale Rechtsvorschriften auslegen darf, um eine Vertragsverletzung festzustellen. Nach internationalem Recht darf nur auf die Auslegungen nationaler Gerichte und Verwaltungen zurückgegriffen werden.[272] Im Rahmen der Streitschlichtung sollte daher geprüft werden, ob die legitimen Erwartungen verletzt wurden, die die Regierung eines Mitgliedstaates aufgrund der WTO-Verpflichtungen eines anderen Mitgliedstaates hinsichtlich dessen Liberalisierungsmaßnahmen bilden konnte. Somit werden nicht nationale Rechtsstandards gesetzt, sondern die Erfüllung der legitimen Erwartungen anhand der nationalen Rechtsauslegung überprüft (Cottier und Schefer 1998: 86–88).

---

271 Artikel XVI Abs. 4 WTO-Übereinkommen: „Jedes Mitglied stellt sicher, dass seine Gesetze, sonstigen Vorschriften und Verwaltungsverfahren mit seinen Verpflichtungen aufgrund der als Anlage beigefügten Übereinkommen in Einklang stehen."

272 Eine Ausnahme besteht im Antidumpingrecht der WTO, in dem das Streitbeilegungsgremium der WTO überprüft, ob die Auslegung der nationalen Behörden richtig war. Artikel 17 Abs. 6 (i) des Übereinkommens zur Durchführung des Artikel VI des Allgemeinen Zoll- und Handelsabkommens lautet: „... stellt die Sondergruppe zwecks Beurteilung des Sachverhalts fest, ob die Sachverhaltsfeststellung der [nationalen] Behörde richtig und die Sachverhaltswürdigung unparteiisch und objektiv war."

#### *5.5.1.2 Vertragskonforme Auslegung*

Eine stärkere Berücksichtigung des WTO-Rechts im nationalen Recht kann durch den Grundsatz der vertragskonformen Auslegung erreicht werden. Gemäß dieses Grundsatzes sollten nationale Rechtsvorschriften, sofern Interpretationsspielraum besteht, in Übereinstimmung mit den WTO-Verpflichtungen dieses Landes ausgelegt werden (Cottier und Schefer 1998: 88–91). Dies ist unproblematisch, solange die nationalen Gesetze und WTO-Verpflichtungen nicht in Konflikt zueinander stehen. Innerhalb der EU ist die vertragskonforme Auslegung nationalen Rechts in Übereinstimmung mit den WTO-Verpflichtungen gewährleistet. Der WTO-Vertrag ist Bestandteil des Gemeinschaftsrechts, daher gilt der Grundsatz des Anwendungsvorrangs des EU-Rechts. Der Europäische Gerichtshof (EuGH) hat die grundsätzliche Verpflichtung zur vertragskonformen Auslegung bestätigt.[273]

Dieser Weg der vertragskonformen Auslegung eröffnet die Möglichkeit, WTO-Verpflichtungen stärker im nationalen Recht zu verankern. Es wird zwar nur eine mittelbare Wirkung erreicht, aber dennoch können nationale Regelungen von nationalen Gerichten als nicht WTO-konform eingestuft werden und der Staat zur Korrektur gezwungen sein. So wird die Einhaltung und vertragskonforme Umsetzung von WTO-Verpflichtungen gefördert. Dass dieser Auslegungsspielraum vielfach ungenutzt bleibt, liegt auch an unzureichender Sachkenntnis der komplexen Rechtsmaterie seitens der nationalen Gerichte und Anwälte.

#### *5.5.1.3 Direkte Wirkung*

Direkte Wirkung[274] bedeutet, dass Privatpersonen oder Unternehmen sich vor nationalen Gerichten auf die Verletzung von WTO-Verpflichtungen als Anspruchsgrundlage für eine Klage beziehen können und bei einer gerichtlich festgestellten Vertragsverletzung gegenüber dem Verursacher (dem Staat oder einer anderen Privatperson) einen Anspruch auf Beseitigung und/oder Entschädigung besitzen (Cottier und Schefer 1998: 91). Die direkte Wirkung des WTO-Rechts

---

273 In den Fällen „Hermes" und „Dior" hat der EuGH entsprechend geurteilt. Im Fall „Dior" hat der EuGH den Grundsatz der vertragskonformen Auslegung allerdings dahingehend eingeschränkt, dass dies im Fall gemischter Abkommen (wie dem GATS) nur für die dem EU-Gemeinschaftsrecht unterstehenden Rechtsbereiche gilt. Vgl. EuZW 2001, Heft 4: 117–121.

274 Einige Autoren verwenden neben dem Begriff der „direkten Wirkung" auch die Begriffe der „unmittelbaren Anwendbarkeit", der „unmittelbaren Wirkung" oder der „Direktwirkung". Die juristische Begriffsdefinition und die Differenzierung dieser Termini ist für die hier vorliegende Untersuchung nicht weiter relevant. Im Folgenden werden die Begriffe synonym verwandt. Vgl. Hilf und Schorkopf (2000: 74) oder Cottier und Schefer (1998: 91).

ist in der Literatur umstritten.[275] Der Europäische Gerichtshof hat kürzlich die direkte Wirkung des WTO-Rechts innerhalb der EU erneut verneint.[276] Dieses Urteil wird allerdings vielfach kritisiert, insbesondere auch in Hinblick auf die Stichhaltigkeit der Urteilsbegründung.[277]

Die direkte Wirkung internationalen Rechts hat Konsequenzen für die Gewaltenteilung zwischen Verfassungsorganen und den Bürgern. Die Regierung verhandelt internationale Verträge, die anschließend durch das Parlament ratifiziert werden müssen. Die Legislative ist an dem Zustandekommen des Vertrags nicht beteiligt und kann nur dem Gesamtvertrag zustimmen und keine inhaltlichen Änderungen mehr vornehmen. Somit wird die Position der Exekutive gegenüber der Legislative gestärkt. Können sich Privatpersonen vor nationalen Gerichten direkt auf die Rechte aus einem internationalen Vertrag beziehen, so kann das Gericht aufgrund der Priorität des internationalen Rechts nationale Rechtsvorschriften für inkompatibel mit internationalen Verpflichtungen erklären. Dies stärkt die Position der Privatpersonen und der Judikative vis-à-vis der Exekutive und Legislative. Ob eine direkte Wirkung der WTO-Verpflichtungen möglich ist, ist daher weniger eine Frage des internationalen Rechts, sondern vielmehr eine Frage der jeweiligen nationalen Verfassung und der dort festgelegten Gewaltenteilung (Cottier und Schefer 1998: 93).

Für die Mitgliedstaaten der EU ergibt sich eine zusätzliche Problematik, da die Handelspolitik in den Zuständigkeitsbereich der EU-Kommission fällt. Sowohl die EU als Union als auch die einzelnen Staaten sind Mitglieder der WTO. Zusätzlich handelt es sich bei dem GATS um ein gemischtes Abkommen, welches nicht nur von der EU, sondern auch von den einzelnen Mitgliedstaaten ratifiziert worden ist.[278] Die direkte Wirkung der GATS-Verpflichtungen berührt

---

275 Die direkte Wirkung wurde bereits von Jan Tumlir (1979, 1983) gefordert. In der neueren Literatur wird diese Position besonders von Petersmann (1988, 1997, 2001) vertreten, der in der direkten Wirkung den Ausdruck eines unverletzliches Menschenrechts auf freien internationalen Handel sieht. Auch Hilf (1997) vertritt die Auffassung: „that independent domestic courts would offer the best guarantee of protecting the interests and rights of individual operators, thus making the entire GATT system more effective.“ Eine kritische Position zur direkten Wirkung des WTO-Rechts vertreten z.B. Hilpold (2000) oder Jackson (1992). Für eine Diskussion der unterschiedlichen Auffassungen vgl. auch Cottier und Schefer (1998: 93–101).

276 EuGH Urteil vom 23.11.1999 - Rs. C-149/96 Portugiesische Republik gegen Rat der Europäischen Union. Auszüge aus der Urteilsbegründung abgedruckt in EWS (März 2000: 120–124).

277 Vgl. Berrisch und Kamann (2000), van den Broek (2001), Hilf und Schorkopf (2000) oder Zonnekeyn (2000).

278 Die doppelte Zuständigkeit und Ratifikation ergibt sich daraus, dass das GATS sowohl den internationalen Handel (Zuständigkeit der Kommission) als auch die (temporäre) Immigration natürlicher Personen (Zuständigkeitsbereich der einzelnen Mitgliedstaaten) berührt.

daher sowohl nationalstaatliche, als auch europäische Rechtsgrundlagen sowie die Beziehungen zwischen diesen Rechtsgebieten (Cottier und Schefer 1998: 102–106).

Neben der verfassungsrechtlichen Problematik erschweren politökonomische Zusammenhänge die unmittelbare Anwendbarkeit. Verpflichtet sich eine Regierung unilateral zur direkten Wirkung seiner WTO-Verpflichtungen, so können Unternehmen aus anderen WTO-Mitgliedstaaten bei Vertragsverletzungen auf dem nationalen Rechtsweg dagegen klagen. Andererseits haben die Unternehmen innerhalb des verklagten Landes nicht dieselbe Möglichkeit gegenüber ihren Handelspartnern. Diese fehlende Gegenseitigkeit wird als Argument gegen die Möglichkeit der direkten Wirkung von WTO-Verpflichtungen angebracht.[279] Aus wohlfahrtsökonomischer Sicht ist dieses Argument gegen die direkte Wirkung genauso unbegründet wie die Forderung nach einer Gegenleistung für eine Marktöffnung; wie im dritten Kapitel gezeigt wurde, ist eine unilaterale Marktöffnung wohlfahrtssteigernd. Die WTO verfolgt das Ziel, Handelshemmnisse zu reduzieren und Rechtssicherheit im internationalen Handel zu gewährleisten. Bindet sich ein Staat unilateral dadurch, dass er die direkte Wirkung zulässt, so fördert dies die Rechtssicherheit und erleichtert den internationalen Handel. Verfolgt ein Staat eine liberale Handelspolitik und beachtet seine WTO-Verpflichtungen, so schränkt auch die direkte Wirkung den staatlichen Handlungsspielraum nicht zusätzlich ein.

Die direkte Wirkung von WTO-Verpflichtungen setzt voraus, dass die WTO-Übereinkommen auf demokratischem Weg zustande gekommen sind. Eine fehlende Legitimation stellt auch die direkte Wirkung in Frage. Daher sind nicht nur die bestehenden Regelungen und ihre Auslegung relevant, sondern ebenso das Zustandekommen der WTO-Übereinkommen. Petersmann (2001: 35–37) argumentiert, dass die Transparenz des Verhandlungsprozesses und die Beteiligung gesellschaftlicher Interessengruppen erst die Grundlage dafür schafft, dass eine direkte Wirkung möglich ist. Anders argumentiert Hilf (1997: 352), der in der direkten Wirkung der WTO-Verpflichtungen eine Kompensation für die unzureichende Beteiligung der nationalen Parlamente und von Individuen sieht.

Entscheidend für die demokratische Legitimation von WTO-Übereinkommen und der Möglichkeit der direkten Anwendung ist, dass die Einhaltung demokratischer Verfahrensabläufe in demselben Umfang gewährleistet ist, wie beim regulären Gesetzgebungsverfahren. In einer repräsentativen Demokratie sind Gesetze

---

279 Bei der Begründung des EuGH Urteils vom 23.11.1999 wird das Argument der fehlenden Gegenseitigkeit als Grund für die Ablehnung der direkten Wirkung herangezogen. Der EuGH argumentiert, dass „das mit diesen Übereinkünften geschaffene System der Verhandlung zwischen den Mitgliedern einen hohen Stellenwert" einräumt. Insofern sei eine unilaterale direkte Wirkung ein Widerspruch zum Prinzip der Gegenseitigkeit.

dadurch legitimiert, dass sie vom Parlament verabschiedet werden, welches seinerseits vom Volk gewählt wird. Eine direkte Beteiligung aller gesellschaftlicher Interessengruppen im Gesetzgebungsprozess ist für die Legitimation nicht erforderlich. Gleichwohl steht es jeder Interessengruppe frei, ihre Vorstellungen zu artikulieren, um dadurch das Abstimmungsverhalten der Parlamentarier zu ihren Gunsten zu beeinflussen. Werden die WTO-Übereinkommen von den nationalen Gesetzgebern ratifiziert, so sind diese demokratisch legitimiert.

Die aus ökonomischer Sicht anzustrebende stärkere Bindung der WTO-Verpflichtungen im nationalen Recht stößt auf rechtliche Probleme. Im Weiteren werden denkbare Lösungsansätze diskutiert, wie die stärkere Bindung der WTO-Verpflichtungen im nationalen Recht unter Berücksichtigung der rechtlichen Rahmenbedingungen erreicht werden kann. Dazu zählen die Verpflichtung zur direkten Wirkung, die direkte Wirkung der Entscheidungen des Streitschlichtungsorgans, die mittelbare Wirkung durch WTO-konforme Auslegung, das Klagerecht des WTO-Sekretariats gegen Vertragsverletzungen einzelner Mitgliedstaaten sowie das Klagerecht von Privatpersonen gegen Vertragsverletzungen einzelner Mitgliedstaaten.

### 5.5.2 Vertragliche Verpflichtung zur direkten Wirkung

Kein Staat ist bisher bereit, unilateral die direkte Wirkung seiner WTO-Verpflichtungen zuzulassen, obwohl dies rechtlich möglich wäre. Die Legislative könnte jederzeit im Rahmen der verfassungsmäßig festgelegten Rechte ein Gesetz erlassen, dass die direkte Wirkung festschreibt. Die nationalen Gerichte wären gebunden und müssten in ihrer Rechtsprechung die WTO-Verpflichtungen berücksichtigen. Es bedarf hierfür des politischen Willens zur direkten Wirkung und nicht eines Präzedenzfalls und der rechtlichen Auslegung der zuständigen Gerichte. Im Gegensatz dazu haben beispielsweise die USA, die direkte Wirkung der WTO-Übereinkommen ausdrücklich ausgeschlossen,[280] obwohl sonst die direkte Wirkung internationaler Verträge im amerikanischen Recht verbreitet ist.[281] Darüber hinaus sind die Gerichte, wie das Beispiel des Europäischen Gerichtshofs zeigt, zurückhaltend in der rechtlichen Auslegung von Rechtsvorschriften und internationalen Verträgen in Richtung auf eine direkte Wirkung.

---

280 Die USA haben das WTO-Übereinkommen vollständig ratifiziert, allerdings gleichzeitig ein Ausführungsgesetz beschlossen, in welchem die direkte Wirkung der WTO-Verpflichtungen im nationalen Recht ausgeschlossen wird.

281 Vgl. Cottier und Schefer (1998: 107–108). Auch der Rat der EU hat versucht, die direkte Wirkung bei der Ratifikation auszuschließen. Aufgrund europarechtlicher Bestimmungen ist dies durch den EuGH für rechtswidrig erklärt worden. Daher besteht weiterhin die Möglichkeit, die direkte Wirkung der WTO-Übereinkommen zuzulassen.

Innerhalb der nächsten Welthandelsrunde könnte die direkte Wirkung des WTO-Rechts in gleicher Weise Gegenstand der Verhandlungen sein wie sonstige Liberalisierungszugeständnisse. Im Verhandlungsergebnis könnte sich ein Tradeoff zwischen unterschiedlichen Liberalisierungsverpflichtungen ergeben, der dazu führt, dass sich einige – oder im Optimalfall alle – Mitgliedstaaten zur direkten Wirkung des WTO-Rechts im nationalen Recht verpflichten.

Ist dieses Ziel auf multilateraler Ebene nicht direkt erreichbar, könnte über unilaterale Maßnahmen ein langfristiger Prozess in Gang gesetzt werden, der zu der direkten Wirkung der WTO-Verpflichtungen führt. Kleine offene Volkswirtschaften sind stark auf den internationalen Handel angewiesen und besitzen ein starkes Interesse daran, dass die WTO-Verpflichtungen von ihren Handelspartnern eingehalten werden. Der Anreiz für ein kleines Land, die eigenen WTO-Verpflichtungen nicht einzuhalten, ist daher gering. Außerdem könnten große Länder Handelskonflikte eher verkraften als exportabhängige kleine Länder. Hinzu kommt, dass ein kleines Land nur geringen diplomatischen Druck auf große Nationen ausüben kann. Vor diesem Hintergrund hat ein kleines offenes Land von einer unilateralen direkten Wirkung seiner WTO-Verpflichtungen im nationalen Recht keine negativen Auswirkungen zu erwarten. Das Land gewinnt an Vertrauen bei internationalen Investoren und übt zusätzlich politischen Druck auf die anderen WTO-Mitgliedstaaten aus, ebenfalls die direkte Wirkung zuzulassen.

Um die „kritische Masse" zu erhöhen, könnten sich mehrere WTO-Mitgliedstaaten ausschließlich untereinander zur direkten Wirkung verpflichten. Ein solches regionales Integrationsabkommen müsste die Auflagen des GATS Artikel V beachten.[282] Obwohl die allgemeine Meistbegünstigung nicht gewährleistet ist, kann ein solches Abkommen einen positiven Signalcharakter besitzen. Ist dieses Abkommen offen für den Beitritt weiterer WTO-Mitgliedstaaten, so kann sukzessive eine direkte Wirkung des WTO-Rechts in den Mitgliedstaaten erreicht werden.

### 5.5.3 Direkte Wirkung der Entscheidungen des Streitschlichtungsorgans

Eine abgeschwächte Form der direkten Wirkung wäre durch die Anerkennung der direkten Wirkung für die Entscheidungen des Schiedsgerichtsverfahrens der WTO gegeben (Eeckhout 1997). Privatpersonen und Unternehmen könnten die Umsetzung von Ergebnissen des Streitschlichtungsorgans vor nationalen Ge-

---

282 Durch „einen beträchtlichen sektoralen Geltungsbereich" und „das Verbot der Einführung neuer oder stärker diskriminierender Maßnahmen" könnten die Auflagen bereits erfüllt werden.

richten einklagen. Dieser minimale Standard zur Gewährung direkter Wirkung könnte einen Einstieg darstellen, eine weitreichendere direkte Wirkung der WTO-Verpflichtungen zu erreichen.

Die verfassungsrechtlichen Einwände gegen die direkte Wirkung (Unbestimmtheit des Abkommens, Gegenseitigkeit, nationale Gewaltenteilung zwischen Judikative und Exekutive) verlieren an Gewicht, wenn eine Vertragsverletzung innerhalb des Streitschlichtungsverfahrens rechtskräftig festgestellt worden ist.[283] In einem solchen Fall können die negativ betroffenen Handelspartner Strafmaßnahmen (z.B. Aussetzung eigener Liberalisierungsverpflichtungen) gegen das Land erheben, sodass die Exportchancen nationaler Unternehmen in anderen Sektoren beeinträchtigt werden. Diese negativ betroffenen nationalen Unternehmen könnten bei einer direkter Wirkung der Schiedssprüche auf eine rasche Beseitigung der Vertragsverletzung und/oder Schadensersatz vor nationalen Gerichten klagen. Dies würde die Regierung stärker binden, zumindest die schwerwiegendsten Vertragsverletzungen, die durch das Streitschlichtungsorgan festgestellt worden sind, zügig zu beseitigen.

### 5.5.4 Mittelbare Wirkung durch WTO-vertragskonforme Auslegung

Die Auslegung von nationalen Gesetzen in Übereinstimmung mit den WTO-Verpflichtungen bedarf keiner Änderung oder Neuverhandlung bestehender internationaler Verträge. Entscheidend ist die Umsetzung internationaler Verträge im nationalen Recht und vor allem die Rechtsprechung. Daher sollten die nationalen Gerichte aller Mitgliedstaaten verstärkt von diesem Weg der mittelbaren Wirkung Gebrauch machen, wie dies z.B. bei den EU-Staaten der Fall ist.

Die Grundprinzipien der WTO-Übereinkommen werden von Hilf (2001) herausgearbeitet. Diese Prinzipien könnten für nationale Gerichte bei der Interpretation des WTO-Rechts hilfreich sein. Bei einer Orientierung an diesen Prinzipien kann vermieden werden, dass nationale Gerichte zu stark abweichenden Interpretationen kommen und eine kohärente Rechtsentwicklung entsteht.

### 5.5.5 Klagerecht des WTO-Sekretariats gegen Vertragsverletzungen einzelner Mitgliedstaaten

Analog zur Möglichkeit der EU-Kommission, einzelne Mitgliedstaaten der EU vor dem Europäischen Gerichtshof auf Einhaltung oder Umsetzung spezifischer

283 Voraussetzung ist ein offenes und transparentes Schiedsverfahren vor dem Streitschlichtungsorgan, welches analog zu einem nationalen Gerichtsverfahren verläuft. Ist das Zustandekommen einer Panelentscheidung nicht nachvollziehbar, ist die Legitimität eingeschränkt und eine direkte Wirkung erschwert.

Richtlinien zu verklagen (Hilf 2001: 115), könnte ein solches Klagerecht auch für das WTO-Sekretariat gegenüber den Mitgliedstaaten eingeführt werden. Das WTO-Sekretariat verfolgt keine nationalen Interessen und kann daher Staaten auf die Einhaltung bzw. Umsetzung ihrer WTO-Verpflichtungen vor dem Streitschlichtungsorgan verklagen, ohne dass andere (außen-)politische Zusammenhänge berücksichtigt werden müssen. Wird ein Klagerecht des Sekretariats kombiniert mit der direkten Wirkung von Entscheidungen des Streitschlichtungsorgans, sind die Mitgliedstaaten stärker an die Einhaltung der WTO-Verpflichtungen gebunden, denn es können Schadensersatzklagen vor nationalen Gerichten folgen.

Diese Forderung ist aus ökonomischer Perspektive sinnvoll, da die Rechtssicherheit im internationalen Handel zunimmt und eine weitergehende Marktöffnung bzw. eine verstärkte Einhaltung eingegangener Verpflichtung erwartet werden kann. Aus rechtlicher Sicht geht dieser Vorschlag sehr weit, denn das WTO-Sekretariat würde sich zu einer supranationalen Kontrollinstanz mit erheblichen Befugnissen entwickeln, die über eine völkerrechtliche Vertragsbeziehung hinausgehen. Problematisch an einem Klagerecht des Sekretariats wären auch die knappen Ressourcen der WTO (Blackhurst 1998). Das Sekretariat wäre bei der derzeitigen Ausstattung nicht in der Lage, mehrere Klageverfahren durchzuführen. Auch das Streitschlichtungsgremium selbst wäre bei dem zu erwartenden Verfahrensanstieg überfordert. Dies ist letztlich aber kein Argument gegen die Einführung eines Klagerechts des WTO-Sekretariat, denn wenn der politische Wille besteht, kann auch die Ressourcenausstattung der WTO verbessert werden.

### 5.5.6 Klagerecht von Privatpersonen gegen Vertragsverletzungen einzelner Mitgliedstaaten

Die Möglichkeit für Privatpersonen, direkt vor dem Streitschlichtungsorgan Vertragsverletzungen eines Staates anzuzeigen, könnte zu einer stärkeren rechtlichen Bindung der WTO-Verpflichtungen führen. Dies ist allerdings völkerrechtlich problematisch, denn im Völkerrecht sind traditionell die Staaten die Vertragsunterzeichner und auch die diejenigen, denen Rechte und Pflichten aus dem Vertrag erwachsen. Im Völkerrecht ist jedoch die Tendenz erkennbar, auch Individuen ein Klagerecht zuzugestehen (z.B. bei den Menschenrechten).

In abgeschwächter Form könnte eine gemeinsame Klageführung von Unternehmen und Regierungen in Betracht kommen, wobei die Unternehmen den Staat bei der Klageführung unterstützen und notwendige Informationen bereitstellen (Hilf 1997: 327). Dieses Verfahren ist in der WTO-Rechtspraxis verbreitet, obwohl nach außen ausschließlich der Staat auftritt.[284] Die Hoheit über das Verfahren bleibt bei der Regierung, die jederzeit aufgrund politischer Erwägungen von einer weiteren Verfolgung Abstand nehmen oder einen diplomatischen Kompromiss aushandeln kann.

### 5.5.7 Bewertung

Für den Sektor der Kommunikationsdienstleistungen ist die Frage der Verbindung von nationalem und internationalem Recht von besonderer Bedeutung. Kommunikationsmärkte sind stark reguliert und durch staatliche Eingriffe geprägt. Die nationalen Gesetzesgrundlagen für diese Interventionen könnten bei einer direkten Wirkung der WTO-Verpflichtungen hinsichtlich ihrer WTO-Konformität vor nationalen Gerichten überprüft werden. Besonders das Referenzpapier für die Grundzüge einer nationalen Regulierung könnte eine geeignete Anspruchsgrundlage darstellen.[285] Da die Marktteilnehmer ein starkes Interesse an einer Liberalisierung besitzen, der Staat in vielen Fällen aber nur zögerlich gewachsene Strukturen aufbricht, könnte ein privates Klagerecht die Regierung zu schnelleren Reformen drängen. Insbesondere in dem dynamischen Umfeld der Kommunikationsdienstleistungsmärkte ist durch eine direkte Wirkung der WTO-Verpflichtungen eine schnellere Anpassung an veränderte Rahmenbedingungen zu erwarten.

Eine stärkere Verbindung von internationalem und nationalem Recht bei Handelsfragen ist daher ökonomisch wünschenswert und könnte die Rechtssicherheit und Transparenz erhöhen sowie die Vertragsdurchsetzung erleichtern. Die vorangehende Diskussion hat gezeigt, dass unterschiedliche Lösungen möglich sind. Die direkte Wirkung der WTO-Verpflichtungen im nationalen Recht sollte als die ökonomisch sinnvollste Lösung angestrebt werden. Auch wenn dieses Ziel nicht unmittelbar erreichbar ist, so sollte die Verbindung von nationalem und internationalem Recht in der nächsten Verhandlungsrunde thematisiert und erste Schritte in Hinblick auf eine direkte Wirkung erreicht werden.[286]

---

284 Besonders deutlich ist dies in dem Fall „Kodak/Fuji" zu erkennen, bei dem die Unternehmensvertreter von Kodak das Verfahren angestrengt und faktisch geführt haben. Die Vertreter der amerikanischen Regierung traten zwar als offizielle Klageführer vor dem Streitschlichtungsorgan auf, die Erarbeitung der Klageschrift und die rechtliche Begleitung des Verfahrens wurde aber von Kodak unterstützt und finanziert. Vgl. Dunoff (1998) für eine ausführliche Diskussion der Beteiligung von Unternehmen und Nichtregierungsorganisationen innerhalb der WTO.

285 Dies gilt nur unter der Voraussetzung, dass das Referenzpapier in vollem Umfang in die nationale Liste der Liberalisierungsverpflichtungen aufgenommen worden ist.

286 So auch Cottier (2000: 188) und Petersmann (2001).

## 5.6 Reformen außerhalb des GATS

Die bisherige Analyse konzentrierte sich auf das GATS-Regelwerk; mögliche Reformerfordernisse außerhalb des GATS standen nicht im Zentrum der Untersuchung. Allerdings kann der in dieser Arbeit entwickelte Referenzmaßstab – die theoretisch fundierten Kriterien – auch für die Analyse anderer multilateraler Regelwerke hinsichtlich ihrer Effizienzwirkung und des Beitrags zur Handelsliberalisierung angewandt werden. Deshalb ist es sinnvoll, an dieser Stelle auf alternative Regelwerke hinzuweisen, die zur Reduktion bestehender Handelsbarrieren für den grenzüberschreitenden Handel mit Kommunikationsdienstleistungen beitragen können.

Im Folgenden werden Reformen anderer Übereinkommen innerhalb des WTO-Regelwerks, die Möglichkeit privatwirtschaftlich initiierter internationaler Regelwerke oder die stärkere Kooperation der WTO mit anderen internationalen Organisationen diskutiert. Im Rahmen dieser Untersuchung kann jedoch keine umfassende Analyse aller Reformerfordernisse anderer Regelwerke erbracht werden, da dies den Umfang der vorliegenden Arbeit überschreitet. Die folgenden Ausführungen stellen deshalb nur einen Ausschnitt möglicher Reformansätze dar. Eine abschließende Bewertung aller Alternativen bleibt einer weitergehenden Untersuchung vorbehalten.

### 5.6.1 Reform weiterer WTO-Abkommen

Unter dem Dach der WTO sind unterschiedliche multilaterale und plurilaterale Abkommen geschlossen worden. Eine Liberalisierung des internationalen Handels mit Kommunikationsdienstleistungen könnte auch durch eine Reform dieser WTO-Übereinkommen oder weitere Liberalisierungszugeständnisse außerhalb des Geltungsbereichs des GATS erreicht werden. Die Analyse der angemessenen Einordnung des elektronischen Geschäftsverkehrs in die WTO-Rechtsordnung hat gezeigt, dass das Regelwerk des GATT berührt ist. Des Weiteren wurde in der Diskussion um eine Reform der Verbindung zwischen WTO-Recht und nationalem Recht deutlich, dass dem Streitschlichtungsverfahren eine entscheidende Funktion bei der Marktöffnung und bei der Umsetzung und Einhaltung von Liberalisierungsverpflichtungen beigemessen werden kann. Darüber hinaus wird die Notwendigkeit einer internationalen Wettbewerbsordnung diskutiert. Außerdem sind die geistigen Eigentumsrechte – und damit das Regelwerk des TRIPS – für den internationalen Dienstleistungshandel relevant, da (Kommunikations-) Dienstleistungen einen hohen Innovationsanteil besitzen.

#### *5.6.1.1 TRIPS*

Das TRIPS-Übereinkommen stellt neben dem GATT und dem GATS die dritte Säule des Welthandelsrechts dar. Es regelt den Schutz geistiger Eigentumsrechte bei Waren und Dienstleistungen, wie z.B. Patente, Markenschutz, gewerbliche Muster oder Urheberrechte, im grenzüberschreitenden Handel.[287] Durch einen verbesserten Schutz geistiger Eigentumsrechte im internationalen Handel kann das Kriterium der Rechtssicherheit gestärkt werden.

Die Auswirkungen auf die Wettbewerbsintensität sind ambivalent, da einerseits geistiger Eigentumsschutz zu monopolistischen Marktpositionen führen kann, andererseits gerade die Möglichkeit überdurchschnittlicher (Monopol-) Gewinne den Innovationsanreiz bietet.[288] Des Weiteren ist es denkbar, dass ein Besitzer geistiger Eigentumsrechte nicht an der strikten Durchsetzung seiner Rechte interessiert ist, sondern stattdessen eine kostenlose Verbreitung fördert oder illegale Kopien toleriert. Dadurch wächst sein Marktanteil, und der Markteintritt für potentielle Konkurrenten wird erschwert. Dies gilt insbesondere für Güter und Dienstleistungen mit hohen Netzwerkeffekten.[289] Im Zusammenhang mit Computersoftware wird außerdem diskutiert, ob diese überhaupt patentiert werden soll[290] oder ob nicht öffentlich zugängliche Computercodes (so genannte „open source"-Software) einen stärkeren Innovationsanreiz bieten.[291] Zusätzlich können geistige Eigentumsrechte zu politischen und sozialen Spannungen – insbesondere in weniger entwickelten Volkswirtschaften – führen, wenn soziale und ethisch-moralische Ziele in Konflikt zum Schutz geistigen Eigentums stehen.[292]

---

287 Für eine ausführliche Analyse des TRIPS vgl. Duggal (2001) oder Senti (2000: 607–656).

288 Maskus (2000) analysiert verschiedene Aspekte der Durchsetzung geistiger Eigentumsrechte im internationalen Handel. Die Wechselwirkung zwischen geistigen Eigentumsrechten und Wettbewerbsverhalten wird z.B. von Hall (1998), Mason (1998), Rothine (1998) oder Smith (1999) diskutiert.

289 Das Verhalten von Microsoft bei der Markteinführung des Internet-Explorers zeigt deutlich diese strategische Vorgehensweise: Die kostenlose Vergabe – durch Kopplung an das Betriebssystem – führte zu einer schnellen Verbreitung, wodurch andere Konkurrenten aus dem Markt gedrängt wurden bzw. der Markteintritt erschwert wird. Zum Microsoft-Fall vgl. z.B. Bresnahan (2001a, 2001b) oder Klein (2001). Ben-Shahar und Jacob (2001) untersuchen modelltheoretisch die selektive Durchsetzung geistiger Eigentumsrechte als optimale Strategie eines Monopolisten.

290 Vgl. hierzu auch die Diskussion im Gutachten des Sachverständigenrats zur Begutachtung der gesamtwirtschaftlichen Entwicklung (2000/2001: Ziffern 218–222).

291 Vgl. David (2000). Die Auswirkung von Schutzrechten für geistiges Eigentum auf die Innovationsanreize von Unternehmen analysieren Gallini und Scotchmer (2001).

292 Vgl. Maskus (2000). Ein aktuelles Beispiel ist auch der Verzicht von Pharmakonzernen in Südafrika auf Durchsetzung ihrer Patentrechte für Aidsmedikamente. Auf-

Eine Reform des TRIPS könnte sich auf die Anreizkompatibilität auswirken, denn die Interessen der Entwicklungs- und Industrienationen sind entgegengesetzt. Volkswirtschaften mit einer hohen Innovationsdynamik werden sich für weitgehende internationale Schutzrechte für geistiges Eigentum einsetzen. Entwicklungsländer können hingegen durch die Missachtung geistiger Schutzrechte Vorteile erlangen, da sie imitierte Produkte und Dienstleistungen günstiger herstellen können.[293]

Der Schutz geistiger Eigentumsrechte im grenzüberschreitenden Handel ist ein wesentlicher Bestandteil des WTO-Regelwerks und trägt zur Förderung des internationalen Handels bei. Die optimale Ausgestaltung grenzüberschreitender Schutzrechte und eine Reform des TRIPS sind aufgrund der gegenläufigen Auswirkungen auf Wettbewerb, Innovationsverhalten und Anreizkompatibilität nicht eindeutig zu beantworten. Ob die geforderten Kriterien durch ein reformiertes TRIPS tatsächlich verstärkt berücksichtigt werden können, sollte daher in einer gesonderten Analyse untersucht werden.

#### 5.6.1.2 *Streitschlichtungsverfahren*

Die Umsetzung des Kriteriums der Rechtssicherheit wird von einem wirksamen Streitschlichtungsverfahren beeinflusst.[294] Im europäischen Integrationsprozess haben richtungsweisende Urteile des Europäischen Gerichtshofs die Öffnung nationaler Märkte gefördert.[295] Analog könnten Entscheidungen des Streitschlichtungsorgans der WTO eine weitreichende Wirkung entfalten und zu einer Liberalisierung des internationalen Dienstleistungshandels beitragen.

Das Streitschlichtungsverfahren der WTO ist gegenüber dem Verfahren zu Zeiten des GATT effektiver, die Verfahrensdauer wurde verkürzt und ein Schiedsspruch kann gegen den Willen des verklagten Landes wirksam werden. Das Streitschlichtungsverfahren hat sich von einem politisch-diplomatischen zu

---

grund von erheblichen Protesten sahen sich die Pharmakonzerne gezwungen, nicht gegen kopierte und billig verkaufte Medikamente vorzugehen. Vgl. auch Stolpe (2001).

293 Maskus (2000: 143–170) analysiert den Einfluss von Schutzrechten für geistiges Eigentum auf die Wirtschaftsentwicklung und das Wachstum einer Volkswirtschaft.

294 Die politökonomische Analyse in Ethier (2001) zeigt, dass es nicht immer im Interesse der Mitglieder eines multilateralen Abkommens liegt, ein wirksames Streitschlichtungsverfahren zu etablieren. Da es a priori für eine Regierung unsicher ist, ob ihr Land in Zukunft verklagt wird, wird es vorsichtshalber keine starken Sanktionsmechanismen fordern.

295 Das bekannteste Beispiel hierfür ist das „Cassis de Dijon"-Urteil, durch welches das Ursprungslandprinzip innerhalb des EG-Binnenmarktes durchgesetzt wurde. Vgl. Siebert (1997: 188).

einem rechtlich fundierten Verfahren gewandelt.[296] Dennoch wird das Streitschlichtungsverfahren kritisiert, da z.B. die Panels nur bei Bedarf und einzelfallbezogen zusammengestellt werden und keine ausreichende institutionelle und materielle Ausstattung besteht. Die Konsistenz von Entscheidung wird somit erschwert und die Rechtssicherheit beeinträchtigt (Bourgois 2001). Des Weiteren ist die Umsetzung von Entscheidungen unzureichend. Vielfach wird aufgrund eines Schiedsspruchs des Streitschlichtungsorgans die protektionistische Maßnahme formal beseitigt, aber in Form anderer Barrieren faktisch aufrecht erhalten (Zimmermann 2001). Zusätzlich wird kritisiert, dass das Streitschlichtungsorgan in der Vergangenheit seine Befugnisse überschritten und die nationalen Souveränitätsrechte zu stark eingeschränkt hat (Davey 2001). Die Kritik zeigt, wie unterschiedlich die Auffassungen über die Wirksamkeit des Streitschlichtungsverfahrens sind und welche Rolle es in Zukunft übernehmen soll. Dies verdeutlicht die Notwendigkeit weiterer Forschung.[297]

#### *5.6.1.3 Internationale Wettbewerbsordnung*

In der wissenschaftlichen Literatur und wirtschaftspolitischen Diskussion werden unterschiedliche Argumente für bzw. gegen die Notwendigkeit einer internationalen Wettbewerbsordnung vorgebracht.[298] Einerseits wird darauf verwiesen, dass das Auswirkungsprinzip (effects doctrine) sowie die Amtshilfe und einvernehmliche Lösung (positive and negative comity) einen ausreichenden Ansatzpunkt für die Lösung international wettbewerbsbehindernder Praktiken bieten.[299] Andererseits wird argumentiert, dass eine komplementäre internationale Wettbewerbsordnung notwendig ist, da grenzüberschreitende Wettbewerbsbeschränkungen nicht ausreichend durch nationales Wettbewerbsrecht und Kooperation zwischen den nationalen Aufsichtsorganen kontrolliert werden können.[300]

Auf der WTO-Ministerkonferenz in Singapur 1996 wurde die Gründung einer Arbeitsgruppe beschlossen, die den Zusammenhang zwischen internationaler Wettbewerbspolitik und grenzüberschreitendem Handel sowie die mögliche Funktion der WTO untersuchen sollte (WTO 1996b: Para. 20). Die Diskussion

---

[296] Für eine Diskussion der Funktionsweise des Streitschlichtungsverfahrens vgl. Hauser und Martel (1997) und Petersmann (1997).

[297] Für eine Diskussion der Wirksamkeit bzw. notwendiger Reformen des Streitschlichtungsverfahrens vgl. z.B. Marceau und Stilwell (2001), McNelis (2001), Müller (2001) oder Rosas (2001).

[298] Für eine Diskussion der unterschiedlichen Optionen vgl. Petersmann (1999).

[299] Vgl. z.B. Hauser und Schoene (1994), Iacobucci (1997) und Freytag und Zimmermann (1998).

[300] Vgl. z.B. Basedow (1998), Bercero und Amarasinha (2001), Immenga (1995), Klodt (2001) sowie Zäch (1999).

innerhalb der Arbeitsgruppe hat bisher zu keinem endgültigen Ergebnis geführt. Die Auffassungen zwischen den Mitgliedstaaten – besonders zwischen den Industrie- und Entwicklungsländern – divergieren hinsichtlich der Notwendigkeit einer internationalen Wettbewerbsordnung und ihrer konkreten Ausgestaltung (WTO 2001g). Das Verhandlungsmandat für die neue Welthandelsrunde erstreckt sich nicht auf die internationale Wettbewerbspolitik, sondern eine entsprechende Beschlussfassung wurde auf die fünfte Ministerkonferenz in zwei Jahren vertagt (WTO 2001c: Para. 23–25).

Die Berücksichtigung des Kriteriums einer kompetitiven Markstruktur in einem internationalen Regelwerk hängt nicht davon ab, ob dies durch ein eigenständiges Abkommen oder durch andere Kooperationsformen erreicht wird. Es kommt darauf an, dass grenzüberschreitend wirksame wettbewerbswidrige Praktiken unterbunden werden. Die in der vorliegenden Arbeit diskutierten Reformen verfolgen das Ziel, die wettbewerbspolitische Zielsetzung innerhalb des GATS-Abkommens zu stärken und so wettbewerbswidriges Verhalten zu unterbinden. Dies verringert die Notwendigkeit eines eigenständigen Wettbewerbsabkommens als neuem Bestandteil des WTO-Regelwerks.

Ein weiteres Abkommen führt zu zusätzlichen Abgrenzungsproblemen zwischen den einzelnen WTO-Übereinkommen, wodurch die Vertragstransparenz reduziert wird. Darüber hinaus richtet sich ein allgemeines Wettbewerbsabkommen gegen privatwirtschaftliches, wettbewerbsbehinderndes Verhalten (z.B. Unternehmensfusionen, Kartellabsprachen), ist aber gegenüber staatlichen, institutionellen Regelungen – die insbesondere für den Dienstleistungssektor eine wesentliche Wettbewerbsbehinderung darstellen – wirkungslos. Liberalisierungsverpflichtungen des GATS können eine weitergehende Marktöffnung für den grenzüberschreitenden Handel mit Kommunikationsdienstleistungen erreichen, da institutionelle, staatlich sanktionierte Wettbewerbsbeschränkungen reduziert werden. Ein zusätzliches Wettbewerbsabkommen könnte nur dann eine positive Wirkung entfalten, wenn dieses nicht als Ersatz für die Integration wettbewerbspolitischer Ansätze im GATS, sondern als Ergänzung verstanden wird und der Geltungsbereich eindeutig definiert ist. Ein internationales Wettbewerbsabkommen würde so die unzureichende inhaltliche Normierung des GATS Artikel IX (*Geschäftspraktiken*) kompensieren.

### 5.6.2 Privatwirtschaftliche Lösungsansätze

Neben zwischenstaatlichen Abkommen sind auch internationale Abkommen denkbar, die auf privaten Initiativen beruhen. Insbesondere multinationale Unternehmen, aber auch Nichtregierungsorganisationen mit außerökonomischen Zielsetzungen können eigenständige internationale Abkommen anstreben, um ihre Ziele zu erreichen. Inwieweit hierbei die geforderten Kriterien berücksichtigt werden und auch die Umsetzung und Einhaltung gewährleistet ist, hängt von der vertraglichen Ausgestaltung und den individuellen Anreizen ab.

In den dynamischen und innovativen Märkten für Kommunikationsdienstleistungen ist die schnelle Reaktion auf Veränderungen besonders bedeutsam. Unternehmen reagieren dynamischer auf neue Marktentwicklungen als staatliche Institutionen und können deshalb privatwirtschaftliche internationale Regelwerke schneller anpassen. Das Kriterium der dynamischen Effizienz findet besondere Beachtung. Allerdings kann dies die Rechtssicherheit einschränken, wenn die Unternehmen von bestehenden Selbstverpflichtungsabkommen abweichen. Ob der Anreiz zur Nichteinhaltung besteht, hängt von den vertraglich vereinbarten Sanktionsmechanismen ab. Die bisher privat initiierten internationalen Abkommen, insbesondere im Bereich des elektronischen Geschäftsverkehrs, sehen keine harten Sanktionsmechanismen vor, sondern dienen mehr der Diskussion, Beratung und Lobbytätigkeit (Mann et al. 2000: 164–166).

In den internationalen privaten Foren, wie z.B. dem GBD (Global Business Dialogue), der „E-Commerce-Group", der „Alliance for Global Business" oder der „Internet Alliance", arbeiten multinationale Unternehmen zusammen, um Regelungen für den grenzüberschreitenden elektronischen Geschäftsverkehr zu entwickeln. Die Unternehmen haben einen starken Anreiz, Lösungen zu finden, die das Vertrauen in Internettransaktionen steigern, da ihre eigene Geschäftstätigkeit gefördert wird. Diskutiert werden u.a. Gütesiegel für Anbieter, Selbstverpflichtung zum Datenschutz oder private Konfliktlösungsmechanismen.[301] Ob diese privaten Initiativen ausreichend sind, wird vielfach diskutiert.[302] Neben rein privaten internationalen Initiativen existieren auch Formen der internationalen Kooperation, die staatliche Institutionen und private Akteure gleichermaßen beteiligen. Die Struktur der ICANN ist dafür ein Beispiel. Ebenso können private Unternehmen innerhalb der ITU mitwirken.

Tendenziell erhöhen private Abkommen die Flexibilität und dynamische Effizienz; sie können aber auch den Wettbewerb behindern, wenn kartellähnliche Absprachen zustande kommen. Inwieweit globale, private Initiativen staatliche Abkommen ersetzen oder ergänzen können und ob die geforderten Kriterien ausreichend Berücksichtigung finden, muss daher für jedes privat initiierte Regelwerk gesondert analysiert werden.

---

301 Es existieren eine Vielzahl unterschiedlicher internationaler Privatinitiativen. Einige dieser Gruppierungen werden in Brok (2000) und Mann et al. (2000) dargestellt.

302 Vgl. Hoffmann-Riem et al. (2000), Kuhlen (2000), Roßnagel (2000) und Wolsing (2000).

### 5.6.3 Kooperation mit internationalen Organisationen

Durch die Kooperation mit anderen internationalen Organisationen können die Kriterien der Kompatibilität und dynamischen Effizienz verstärkt umgesetzt werden. Zum einen wird vermieden, dass mehrere, teilweise inkompatible internationale Regelwerke parallel existieren. Zum anderen kann durch eine Kooperation das spezifische Wissen jeder Institution genutzt werden, sodass schnelle und sachkundige Entscheidungen gefällt werden können. Die WTO hat bisher nur wenige formale Kooperationsabkommen geschlossen.[303] Darüber hinaus handelt es sich nur um verwaltungstechnische Abkommen, die einen gegenseitigen Informationsaustausch und Konsultationen vorsehen. Die Entscheidungen anderer Organisationen haben keinen rechtsverbindlichen Charakter für die WTO. Eine Ausnahme stellt Artikel XII Abs. 5(e) GATS (*Beschränkungen zum Schutz der Zahlungsbilanz*) dar, in dem ausdrücklich festgelegt ist, dass die Zahlungsbilanzsituation eines Landes basierend auf den Kriterien und der Bewertung des Internationalen Währungsfonds beurteilt wird.

Bevor eine intensive Kooperation zwischen der WTO und anderen internationalen Organisationen möglich wird, ist die Funktionsweise der einzelnen Institutionen zu untersuchen. Eine unterschiedliche Mitgliederstruktur oder verschiedene Abstimmungsmechanismen können Hemmnisse für eine Kooperation aufzeigen. Falls die Mitgliederstruktur divergiert, ist die vertiefte Kooperation, bei der Entscheidungen anderer internationaler Organisationen für WTO-Mitgliedstaaten bindend sind, rechtlich problematisch. Des Weiteren könnte eine Vielzahl heterogener Kooperationsverpflichtungen die Transparenz des internationalen Regelwerks reduzieren.

Der internationale Handel mit Kommunikationsdienstleistungen könnte durch eine vertiefte Kooperation mit der ITU gefördert werden, z.B. in Bezug auf die technische Standardisierung, die internationale Allokation knapper Ressourcen (z.B. Funkfrequenzen, Orbitalstationen) oder die Reform der internationalen Verrechnung für Telekommunikationsdienstleistungen. Auch eine Kooperation mit der ICANN käme in Betracht, sodass Regelungen, die das Internet betreffen (z.B. Namensvergabe, technische Schnittstellen, Routingpläne), für die WTO-Mitgliedstaaten bindend wären. Eine weitere Kooperationsform könnte der direkte Bezug auf Entscheidungen oder Erfahrungen anderer internationaler Organisationen im Streitschlichtungsverfahren der WTO sein.

---

303 Das Abkommen mit der ITU wurde in Abschnitt 4.2.4 diskutiert. Zusätzlich gibt es Kooperationsabkommen mit der WIPO, dem IWF und der Weltbank.

## 5.7 Umsetzung der Reformvorschläge innerhalb des Verhandlungsmandats

Auf der vierten WTO-Ministerkonferenz in Doha vom 9. bis zum 14. November 2001 wurde der Start einer neuen Welthandelsrunde beschlossen. Ziel ist es, Handelshemmnisse im internationalen Handel mit Gütern und Dienstleistungen zu reduzieren, um weltweit einen wirtschaftlichen Aufschwung zu stützen, das Wirtschaftswachstum zu fördern und die Entwicklungschancen von unterentwickelten Volkswirtschaften zu verbessern (WTO 2001c: Para. 1). Das Verhandlungsmandat umfasst auch den Dienstleistungssektor und den elektronischen Geschäftsverkehr. In der Ministererklärung wird bezüglich des GATS-Verhandlungsmandats auf die Richtlinien und die Entscheidung des Rats für Dienstleistungen vom März des Jahres 2001 verwiesen (WTO 2001c: Para. 15). Ob das Verhandlungsmandat von Doha die Umsetzung der in dieser Arbeit entwickelten Reformvorschläge ermöglicht, wird im Folgenden untersucht.

Die Richtlinien für die GATS-Verhandlungen geben vor, dass die Verhandlungen innerhalb der bestehenden GATS-Struktur geführt werden.[304] Dies schließt aus, dass die Reform der GATS-Struktur im Rahmen dieses Mandats umgesetzt werden kann. Eine Veränderung der Struktur der Listen der Liberalisierungsverpflichtungen von einer Positiv- zu einer Negativliste ist nicht verhandelbar. Darüber hinaus lässt der „Annex on MFN-Exemptions" und die Richtlinien für die Liberalisierungsverhandlungen offen, ob die Ausnahmen von der Meistbegünstigung tatsächlich auslaufen oder weiter verlängert werden. In Hinblick auf eine Reform des Artikel V GATS enthält die Ministererklärung von Doha den Auftrag, die Anforderungen an regionale Handelsabkommen zu überarbeiten.[305]

Die Einordnung des elektronischen Geschäftsverkehrs in die WTO-Rechtsordnung ist weiterhin Gegenstand des Arbeitsprogramms der WTO. In der Ministererklärung von Doha wird auf die Schaffung von liberalen Handelsbedingungen für den elektronischen Geschäftsverkehr verwiesen.[306] Allerdings wird

---

304 „The negotiations shall take place within and shall respect the existing structure and principles of the GATS, including the right to specify sectors in which commitments will be undertaken and the four modes of supply." (WTO 2001d).

305 „We also agree to negotiations aimed at clarifying and improving disciplines and procedures under the existing WTO provisions applying to regional trade agreements." (WTO 2001c: Para. 29).

306 „We ... agree to continue the Work Programme on Electronic Commerce. The work to date demonstrates that electronic commerce creates new challenges and opportunities for trade for Members at all stages of development, and we recognize the importance of creating and maintaining an environment which is favourable to the future development of electronic commerce." (WTO 2001c: Para. 34).

keine konkrete Zuordnung zu den einzelnen WTO-Übereinkommen vorgenommen. Im Rahmen der fünften WTO-Ministerkonferenz Ende 2003 soll über den Fortschritt des Arbeitsprogramms beraten werden. Der in dieser Arbeit entwickelte Vorschlag zur Integration des elektronischen Geschäftsverkehrs in die WTO-Rechtsordnung kann innerhalb des WTO-Arbeitsprogramms berücksichtigt werden; eine endgültige Entscheidung ist jedoch nicht vor der nächsten Ministerkonferenz zu erwarten. Bis dahin verzichten die WTO-Mitglieder weiterhin darauf, Zölle auf die elektronische Übermittlung zu erheben (WTO 2001c: Para. 34).

In den Richtlinien für die GATS-Verhandlungen wird festgelegt, dass ein höheres Liberalisierungsniveau erreicht werden soll, dass den internationalen Handel behindernde Maßnahmen reduziert werden sollen und dass a priori kein Sektor von den Verhandlungen ausgeschlossen wird.[307] Die Reform des GNS-Klassifikationsschemas sowie die Reform des Referenzpapiers für die nationale Regulierung können daher innerhalb des Verhandlungsmandats umgesetzt werden. Die überarbeitete Fassung des Klassifikationsschemas trägt durch die eindeutige Erfassung aller Kommunikationsdienstleistungen zur Reduktion der Unsicherheit für Dienstleistungen der Informationstechnologie bei, ermöglicht eine weitere Liberalisierung für audiovisuelle Dienstleistungen und bietet die Grundlage für die Einigung auf weitergehende Liberalisierungsverpflichtungen. Durch eine Reform des Referenzpapiers für die Grundzüge der nationalen Regulierung und die Integration dieser Vorgaben in die nationalen Liberalisierungslisten kann die Bestreitbarkeit der nationalen Kommunikationsdienstleistungsmärkte gefördert werden, da durch nationale Regulierung bedingte Handelshemmnisse unterbunden werden.

Eine Reform der Verbindung von WTO-Recht und nationalem Recht wird in der Ministererklärung nicht erwähnt. Die in dieser Arbeit vorgeschlagenen Reformen können dennoch innerhalb des Mandats umgesetzt werden, denn die Mitgliedstaaten können die direkte Wirkung von WTO-Verpflichtungen im nationalen Recht zulassen, ohne dass dies einer Veränderung des GATS-Abkommens bedarf. Darüber hinaus eröffnet das Mandat zur Reform des Streitschlichtungsverfahrens (WTO 2001c: Para. 30) die Möglichkeit, die Verbindung von WTO-Recht und nationalem Recht zu thematisieren. Des Weiteren kann die direkte Wirkung Gegenstand der Verhandlungen über spezifische Liberalisierungsverpflichtungen – d.h. eine Erweiterung der Reichweite der nationalen Liberalisierungslisten – sein. Ausgeschlossen ist allerdings der weitgehende Vorschlag, dem WTO-Sekretariat ein eigenständiges Klagerecht zuzugestehen, da

---

307 „The negotiations shall aim to achieve progressively higher levels of liberalization of trade in services through the reduction or elimination of the adverse effects on trade in services ... There shall be no a priori exclusion of any sector or mode of supply." (WTO 2001d).

dies zu supranationalen Strukturen führen würde, die in der Ministererklärung ausgeschlossen werden.[308]

In Abschnitt 5.6 wurden mögliche Reformen außerhalb des GATS aufgezeigt, die auch Gegenstand der Handelsgespräche in Doha waren. Die Umsetzung und Reform des TRIPS-Übereinkommens wurde kontrovers diskutiert, und dies hat zu einer gesonderten Ministererklärung geführt (WTO 2001b, 2001c: Para. 17–19). Die internationale Wettbewerbspolitik wird zunächst nicht Gegenstand der Verhandlungen sein, sondern der Beschluss wurde auf die fünfte Ministerkonferenz im Jahr 2003 vertagt (WTO 2001c: Para. 23–25). Im Gegensatz dazu wird eine Reform des Streitschlichtungsverfahrens angestrebt; die Ergebnisse sollen bereits vor Abschluss der Verhandlungsrunde in Kraft treten (WTO 2001c: Para. 30). Des Weiteren wird in der Ministererklärung auf die Notwendigkeit einer stärkeren Kooperation mit anderen internationalen Organisationen verwiesen (WTO 2001c: Para. 5–6).

---

308 „While emphasizing the intergovernmental character of the organization ..." (WTO 2001c: Para. 10).

# 6 Zusammenfassung

Die Innovationen der Informations- und Telekommunikationstechnik haben bewirkt, dass die getrennte und analoge Signalübertragung für Sprache, Daten und Bilder weitgehend einer kombinierten und digitalen Übertragung gewichen ist. Die neuen digitalen Vermittlungstechnologien führen zu einer technischen Konvergenz der Übertragungsnetze. Unterschiedliche Netzinfrastrukturen wie z.B. das Telekommunikationsfestnetz, das Fernsehkabelnetz, das Mobilfunknetz oder auch Satellitenverbindungen und das Stromnetz können gemeinsam für digitale Übertragungen, unabhängig von ihrem Inhalt – Sprache, Daten, Bild –, genutzt werden.

Die dynamische Entwicklung in der Informations- und Telekommunikationstechnik und die daraus resultierende technische Konvergenz auf der Übertragungsebene wirken sich auch auf den Markt für Kommunikationsdienstleistungen aus. Die bisher auf getrennten Netzen übermittelten Telekommunikationsdienstleistungen, audiovisuellen Dienstleistungen und (Internet-)Dienstleistungen der Datenübertragung nutzen dieselbe Übertragungstechnik und dieselben Übertragungsmedien. In der Vergangenheit separierte Dienstleistungssektoren wachsen zusammen, neue multimediale Dienstleistungen kombinieren Sprache, Daten und Bilder, und die Trennung zwischen Individual- und Massenkommunikation entfällt. Es kommt zur Konvergenz auf der Dienstleistungsebene.

Der Konvergenz auf der Übertragungs- und Dienstleistungsebene steht eine abweichende historische Entwicklung der drei Kommunikationsdienstleistungssektoren gegenüber, die sich bis heute in einer sektorspezifischen Marktstruktur, divergierenden institutionellen Rahmenbedingungen und unterschiedlichen Anreizwirkungen zeigt. Die vorliegende Arbeit hat dieses Spannungsverhältnis zwischen den veränderten Marktanforderungen aufgrund neuester technologischer Entwicklungen auf der einen Seite und der bestehenden Marktstruktur und gültiger institutioneller Regelungen auf der anderen Seite untersucht. Die Analyse konzentrierte sich dabei auf das multilaterale Regelwerk für den grenzüberschreitenden Handel elektronischer Kommunikationsdienstleistungen und untersuchte den Reformbedarf des GATS, der sich aufgrund der Konvergenz ergibt.

Die wirtschaftspolitische Relevanz des Themas ist durch die Charakterisierung des Untersuchungsgegenstands anhand stilisierter Fakten deutlich geworden. Zwar ist die Datenbasis des internationalen Handels mit Kommunikationsdienstleistungen sehr lückenhaft, aber dennoch wird aus den vorhandenen statistischen Erhebungen deutlich, dass die Kommunikationsdienstleistungen wesentlicher Bestandteil des deutschen Außenhandels sind und dass durch eine Reduktion von Handelshemmnissen positive Wachstumseffekte zu erwarten sind. Zusätzlich ist zu berücksichtigen, dass Kommunikationsdienstleistungen nicht nur ein gewichtiger eigenständiger Wirtschaftssektor sind, sondern darüber hinaus ein notwendiges Komplement für den (inter-)nationalen Handel anderer Güter und Dienstleistungen darstellen. Daher wirken sich Kostensenkungen und/oder Qualitätsverbesserungen auch auf andere Sektoren aus.

Zunächst wurden die drei Sektoren der Kommunikationsdienstleistungen, die Telekommunikationsdienstleistungen, die Dienstleistungen der Informationstechnologie (Internet und elektronischer Geschäftsverkehr) und die audiovisuellen Dienstleistungen, einzeln analysiert, um die sektorspezifische Marktstruktur, die sektoral unterschiedlichen institutionellen Rahmenbedingungen und die daraus resultierenden Anreizwirkungen und mögliche Ineffizienzen zu verdeutlichen.

Der institutionelle Rahmen für internationale Telekommunikation ist durch umfangreiche staatliche Regulierung gekennzeichnet, und mit dem „accounting rate system" existiert ein internationales Verrechnungsprinzip für grenzüberschreitend angebotene Dienstleistungen. Dieses historisch gewachsene System führt bei internationalen Verbindungen zwischen unterschiedlich weit liberalisierten Märkten zu Fehlanreizen. Ein dominanter Anbieter (Ex-Monopolist) kann an den internationalen Telekommunikationsdienstleistungen seiner Konkurrenten mit verdienen, und es kann zu einer Rentenumverteilung zwischen einem liberalisierten und monopolistischen Markt zugunsten des Monopolisten kommen. Des Weiteren berücksichtigt das internationale Regelwerk die Auswirkungen des Mobilfunks nur unzureichend. Dadurch können ineffiziente Vermittlungsstrukturen entstehen.

Die technische Struktur des Internets weicht von traditionellen Telekommunikationsnetzen ab. Das institutionelle Regelwerk für die internetbasierten Dienstleistungen der Informationstechnologie ist durch private Anbieter und geringe staatliche Eingriffe geprägt. Wie die Analyse auf Grundlage industrieökonomischer Modelle zeigt, bietet die Netzstruktur und die privatwirtschaftliche internationale Verrechnung Ansatzpunkte für wettbewerbsbehinderndes Verhalten dominanter Anbieter. Im Gegensatz zu diesen modelltheoretischen Ergebnissen, die eine staatliche Regulierung nahe legen, funktioniert der Wettbewerb um und in der Internetinfrastruktur bislang erstaunlich gut. Ob die Regulierungsfreiheit der Vergangenheit auch in Zukunft möglich ist, hängt wesentlich von der Wettbewerbsintensität zwischen den Backbone-Betreibern, dem (endogenen) Wachstum einzelner Backbone-Betreiber, zukünftigen Kapazitätsengpässen und dem Wachstum des Marktes für Internetdienstleistungen insgesamt ab.

Die audiovisuellen Dienstleistungen sind durch hohe Fixkosten und geringe marginale Kosten gekennzeichnet. Umfangreiche staatliche Eingriffe behindern ein marktwirtschaftliches Angebot. Dies wird vor allem mit der gesellschaftspolitischen und kulturellen Funktion audiovisueller Dienstleistungen begründet. Der internationale Handel mit audiovisuellen Dienstleistungen ist aufgrund dieser gesellschaftspolitischen und kulturellen Funktion stark eingeschränkt, und es bestehen erhebliche politische Vorbehalte gegen eine Handelsliberalisierung und marktwirtschaftliche Reformen.

Um den Liberalisierungserfolg des GATS zu beurteilen, wurden Anforderungen an ein effizientes multilaterales Regelwerk definiert, die dazu beitragen, die internationale Bestreitbarkeit der Kommunikationsdienstleistungsmärkte zu fördern. Zunächst wurden die positiven Wirkungen einer Handelsliberalisierung und die Notwendigkeit internationaler Kooperation auf Grundlage der Außenwirtschaftheorie und der politökonomischen Theorie diskutiert. Darüber hinaus hat die Untersuchung gezeigt, dass für Anbieter von Kommunikationsdienstleistungen der Zugang zu ausländischen Märkten nur dann gewährleistet ist, wenn die institutionellen und wettbewerbsbehindernden Barrieren innerhalb des Landes reduziert werden. Im Mittelpunkt der vorliegenden Analyse standen daher nicht nur Grenzbarrieren sondern der wirksame Markteintritt aufgrund diskriminierungsfreier, kompetitiver Marktstrukturen. Deshalb wurde die Theorie bestreitbarer Märkte als ergänzendes, wettbewerbstheoretisches Referenzmodell vorgeschlagen. Diese Theorie ermöglicht nicht nur wettbewerbspolitische Rückschlüsse, sondern führt darüber hinaus zu Erkenntnissen, wie eine effiziente nationale Marktregulierung ausgestaltet sein sollte. Aufbauend auf den Erkenntnissen der Außenwirtschaftstheorie, der Theorie bestreitbarer Märkte und der industrieökonomischen Theorie der Netzwerkeffekte wurden die Anforderungen an ein effizientes multilaterales Regelwerk definiert. Die Kriterien Marktzugang, kompetitive Marktstruktur, Kompatibilität, Transparenz, Rechtssicherheit und dynamische Effizienz sind nicht nur als analytischer Rahmen für die Untersuchung relevant, sondern können darüber hinaus als Bewertungsmaßstab dienen, um in den laufenden Liberalisierungsverhandlungen eingebrachte Reformvorschläge auf ihre Effizienz und liberalisierende Wirkung hin zu überprüfen.

Durch das GATS wurde die Liberalisierung des internationalen Dienstleistungshandels im Rahmen eines völkerrechtlichen Vertrags verankert. Der vertragliche Rahmen ermöglicht umfassende Liberalisierungsverhandlungen und die Reduktion von Handelshemmnissen im grenzüberschreitenden Dienstleistungshandel. Die sektorspezifischen Eigenarten des internationalen Handels mit Telekommunikationsdienstleistungen sind zusätzlich durch das vierte Protokoll zum GATS und das Referenzpapier für die Grundzüge einer nationalen Regulierung ansatzweise berücksichtigt. Die geforderten Kriterien für ein effizientes multilaterales Regelwerk sind allerdings nur unzureichend umgesetzt. Die GATS-Vertragsstruktur, die fehlende Normierung zentraler Artikel und der Ansatz einer Positivliste sind Hemmnisse einer wirksamen Liberalisierung des internationalen

Dienstleistungshandels. Die veraltete und starre Struktur des GNS-Klassifikationsschemas für Dienstleistungen reduziert die dynamische Anpassung an veränderte Rahmenbedingungen. Des Weiteren ist es unklar, wie der elektronische Geschäftsverkehr in die WTO-Rechtsordnung integriert werden kann. Den internationalen Dienstleistungshandel behindernde nationale Regulierungen werden bisher kaum durch das GATS erfasst; das Kriterium einer kompetitiven Marktstruktur ist nicht erfüllt. Darüber hinaus wird dem Kriterium einer an ökonomischen Effizienzkriterien orientierten Kompatibilität eine zu geringe Bedeutung beigemessen. Zwar wird durch das GATS die Rechtssicherheit gefördert, aber aufgrund der fehlenden direkten Wirkung von WTO-Verpflichtungen ist die Vertragseinhaltung und potentielle Klageführung stark politisch beeinflusst.

Die identifizierten Problembereiche wurden vertiefend analysiert, um Reformvorschläge zu erarbeiten. Eine weitergehende Marktöffnung kann erreicht werden, wenn innerhalb des GATS-Vertrags die Gültigkeit der allgemeinen Meistbegünstigung gestärkt und inhaltsleere Artikel stärker normiert werden. Zusätzlich könnte eine grundlegende Reform der Struktur der Liberalisierungslisten durch eine Umkehrung des Ansatzes einer Positivliste hin zu einer Negativliste die Transparenz erhöhen, für internationale Rechtssicherheit sorgen und dadurch den internationalen Wettbewerb fördern.

In den laufenden GATS-Verhandlungen sollte eine Einigung erzielt werden, wie der elektronische Geschäftsverkehr in die WTO-Rechtsordnung integriert werden kann. Es wurde vorgeschlagen, folgende drei Arten des elektronischen Geschäftsverkehrs zu unterscheiden:

(1) elektronischer Geschäftsverkehr mit materiellen Gütern und physischer Lieferung,
(2) elektronischer Geschäftsverkehr mit Dienstleistungen und elektronischer Erbringung,
(3) elektronischer Geschäftsverkehr mit digitalisierten Produkten und elektronischer Übermittlung.

Diese Dreiteilung ermöglicht eine widerspruchsfreie Zuordnung des elektronischen Geschäftsverkehrs zu bestehenden WTO-Abkommen. Bei der ersten Form des elektronischen Geschäftsverkehrs handelt es sich um traditionellen Güterhandel, der den Regelungen des GATT unterworfen ist. Die zweite Gruppe fällt eindeutig in den Regelungsbereich des GATS, denn es werden Dienstleistungen international gehandelt. Durch Zuordnung zu Mode 2 sollte diese Form des elektronischen Geschäftsverkehrs in die GATS-Struktur der vier Erbringungsformen integriert werden. Die systematisch korrekte Abgrenzung sowie die pragmatischen Gründe der Umsetzung sprechen für die Definition der dritten Art des elektronischen Geschäftsverkehrs mit digitalisierten Produkten und elektronischer Übermittlung als Dienstleistungshandel und damit für die grundsätzliche Anwendbarkeit des GATS.

Für die notwendige Reform des GNS-Klassifikationsschemas wurde ein Vorschlag erarbeitet, in dem einerseits die Dienstleistungen der Informationstechnologie enthalten sind und andererseits die Trennung in Basis- und Mehrwertdienste der Telekommunikation überflüssig wird. Zusätzlich ermöglicht diese neue Klassifikation eine partielle Öffnung der Märkte für audiovisuelle Dienstleistungen unter Berücksichtigung des Kulturvorbehalts.

Die Ergebnisse dieser Arbeit belegen, dass das Referenzpapier für die Grundzüge nationaler Regulierung innerhalb des vierten Protokolls zum GATS maßgeblich zu kompetitiven nationalen Marktstrukturen und dadurch zur wirksamen Handelsliberalisierung beigetragen hat. Dennoch hat die Analyse gezeigt, dass die Anforderungen des Referenzpapiers überarbeitet werden müssen, damit die neuesten technologischen Entwicklungen berücksichtigt werden. Insbesondere gilt dies für die zweiseitige Netzzusammenschaltung nicht dominanter Anbieter. Auch die Vorgaben für die Kostenermittlung, die Universaldienstverpflichtung, die Lizenzierung und die Nummernportabilität sollten präzisiert werden.

Der in der wirtschaftswissenschaftlichen Literatur kaum beachtete rechtswissenschaftliche Ansatz der direkten Wirkung von WTO-Verpflichtungen im nationalen Recht wurde analysiert. Durch eine stärkere Bindung der WTO-Verpflichtungen im nationalen Recht ist insgesamt ein höherer Liberalisierungsgrad zu erwarten, denn Vertragsverletzungen werden rechtlich und nicht politisch beurteilt. Das Welthandelssystem wird transparenter, objektiver und rechtlich stärker bindend. Wird ein höherer Liberalisierungsgrad erreicht, nimmt außerdem die internationale Wettbewerbsintensität zu. Zusätzlich kann ein Land, welches die direkte Einklagbarkeit von WTO-Verpflichtungen im nationalen Recht zulässt, an Glaubwürdigkeit gewinnen, dass es auch in Zukunft eine liberale Handelspolitik verfolgen wird. Dies könnte ausländische Direktinvestitionen attrahieren. Da die Marktteilnehmer ein starkes Interesse an einer Liberalisierung besitzen, der Staat in vielen Fällen aber nur zögerlich gewachsene Strukturen aufbricht, könnte ein privates Klagerecht die Regierung zu schnelleren Reformen drängen. Insbesondere in dem dynamischen Umfeld der Kommunikationsdienstleistungsmärkte ist durch eine direkte Wirkung der WTO-Verpflichtungen eine schnellere Anpassung an veränderte Rahmenbedingungen zu erwarten.

Schließlich wurden Ansätze für multilaterale Regelwerke diskutiert, die außerhalb des GATS zu einer verstärkten Berücksichtigung der geforderten Kriterien und zu einer Marktöffnung führen könnten. Dem Abkommen über den Schutz geistigen Eigentums (TRIPS) und dem Streitschlichtungsverfahren kann eine zentrale Funktion beigemessen werden. Darüber hinaus ist die Frage einer internationalen Wettbewerbsordnung unter dem Dach der WTO relevant. Auch privatwirtschaftliche multilaterale Abkommen sowie die verstärkte Kooperation der WTO mit anderen internationalen Organisationen können zur Liberalisierung des internationalen Handels mit Kommunikationsdienstleistungen beitragen.

Die Analyse des Verhandlungsmandats der neuen Welthandelsrunde hat darüber hinaus gezeigt, dass die Reformvorschläge dieser Arbeit innerhalb der laufenden Verhandlungen umgesetzt werden könnten. Lediglich die Veränderung der GATS-Vertragsstruktur ist durch die Erklärung von Doha nicht gedeckt. Die Ergebnisse dieser Arbeit sind daher wirtschaftspolitisch relevant und für die laufenden Verhandlungen hilfreich.

# Literaturverzeichnis


Agliardi, E. (1990). On the Robustness of Contestability Theory. *International Journal of Industrial Organization* 8(3): 485–490.

Armstrong, H.W., und R. Read (1998). Trade, Competition and Market Structure in Small States: The Role of Contestability. *Bank of Valetta Review* 18(2): 1–18.

Arndt, H. W. (1989). Trade in Services. *ASEAN Economic Bulletin* 6(1): 1–7.

Bailey, J.P. (1995). The Economics of Internet Interconnection Agreements. In L.W. McKnight und J.P. Bailey (eds.), *Internet Economics*. Cambridge.

Bain, J.S. (1956). *Barriers to New Competition*. Cambridge.

Barth, D. (1997). Die Liberalisierung der Telekommunikationsdienstleistungen in der Welthandelsorganisation. *Archiv für Post und Telekommunikation* 49(1): 112–117.

Basedow, J. (1998). *Weltkartellrecht: Ausgangslage und Ziele, Methoden und Grenzen der Vereinheitlichung des Rechts der Wettbewerbsbeschränkungen*. Tübingen.

Baumol, W.J., und K.S. Lee (1991). Contestable Markets, Trade and Development. *The World Bank Research Observer* 6(1): 1–17.

Baumol, W.J., und R.D. Willig (1986). Contestability: Developments since the Book. *Oxford Economic Papers* 38(Supplement): 9–36.

Baumol, W.J., J.C. Panzar und R.D. Willig (1982). *Contestable Markets and the Theory of Industry Structure*. 1. Aufl. Orlando.

Baumol, W.J., J.C. Panzar und R.D. Willig (1983). Contestable Markets: An Uprising in the Theory of Industry Structure: Reply. *American Economic Review* 73(3): 491–496.

Baumol, W.J., J.C. Panzar und R.D. Willig (1988). *Contestable Markets and the Theory of Industry Structure*. 2. Aufl. Orlando.

Beggs, A., und P. Klemperer (1992). Multi-Period Competition with Switching Costs. *Econometrica* 60(3): 651–666.

Ben-Shahar, D., und A. Jacob (2001). Preach for Breach: Selective Enforcement of Copyrights as an Optimal Monopolistic Behavior. Vortrag gehalten auf dem Workshop „Microeconomics of the New Economy" am 21./22. September 2001. Institut für Weltwirtschaft, Kiel.

Bercero, I.G., und S.D. Amarasinha (2001). Moving the Trade and Competition Debate Forward. *Journal of International Economic Law* 4(3): 481–506.

Berrisch, G.M., und H.-G. Kamann (1999). Die Handelshemmnisverordnung. *Europäische Zeitschrift für Wirtschaftsrecht* 10(4): 101–107.

Berrisch, G.M., und H.-G. Kamann (2000). WTO-Recht im Gemeinschaftsrecht – (k)eine Kehrtwende des EuGH. *Europäisches Wirtschafts- & Steuerrecht* 11(3): 89–97.

Besen, S.M., und J. Farrell (1994). Choosing How to Compete: Strategies and Tactics in Standardization. *Journal of Economic Perspectives* 8(2): 117–131.

Bhagwati, J. (1984). Splintering and Disembodiment of Services and Developing Nations. In V.N. Balasubramanyam (1997) (ed.), *Writings on International Economics*. Oxford.

Bhagwati, J., (1987). Trade in Services and the Multilateral Trade Negotiations. *The World Bank Economic Review* 1(4): 549–569.

Bhagwati, J., D. Greenaway und A. Panagariya (1998). Trading Preferentially: Theory and Policy. *The Economic Journal* 108(July): 1128–1148.

Bhagwati, J., A. Panagariya und T.N. Srinivasan (1998). *Lectures in International Trade*. Cambridge, Mass.

Bhatnagar, P. (1999). Telecom Reforms in Developing Countries and the Outlook for Electronic Commerce. *Journal of International Economic Law* 2(4): 695–712.

BITKOM (Bundesverband Informationswirtschaft, Telekommunikation und neue Medien e.V.) (2001a). *Wege in die Informationsgesellschaft – Status quo und Perspektiven Deutschlands im internationalen Vergleich*. Berlin.

BITKOM (Bundesverband Informationswirtschaft, Telekommunikation und neue Medien e.V.) (2001b). Informationswirtschaft Beschäftigungsmotor Nummer Eins. Pressemitteilung vom 7. Juni.

Blackhurst, R. (1998). The Capacity of the WTO to Fulfill its Mandate. In A.O. Krueger (ed.), *The WTO as an International Organization*. Chicago.

Blouin, C. (2000). The WTO Agreement on Basic Telecommunications: A Reevaluation. *Telecommunications Policy* 24(2): 135–142.

Bohne, M. (1998). *Funktionsfähiger Wettbewerb auf Telekommunikationsmärkten*. Frankfurt.

Bourgois, J.H.J. (2001). Some Reflections on the WTO Dispute Settlement System from a Practioner's Perspective. *Journal of International Economic Law* 4(1): 145–154.

Bresnahan, T.F. (2001a). Network Effects and Microsoft. http://www.stanford.edu/%7Etbres /research.htm (besucht am 14.03.2002).

Bresnahan, T.F. (2001b). The Economics of the Microsoft Case. http://www.stanford.edu/%7Etbres/research.htm (besucht am 14.03.2002).

Broek, N. van den (2001). Legal Persuasion, Political Realism, and Legitimacy: The European Court's Recent Treatment of the Effect of WTO Agreements in the EC Legal Order. *Journal of International Economic Law* 4(2): 411–440.

Brok, E. (2000). Der Global Business Dialogue on Electronic Commerce. In H. Kubicek, H.-J. Braczyk, D. Klumpp und A. Roßnagel (Hrsg.), *Jahrbuch Telekommunikation und Gesellschaft 2000: Global@home*. Heidelberg.

Bronckers, M., und P. Larouche (1997). Telecommunications Services and the World Trade Organization. *Journal of World Trade* 31(3): 5–48.

BTCE (Bureau of Transport and Communication Economics) (1997). Interconnection Pricing Principles. BTCE Working Paper 30. Canberra.

Burgess, D.F. (1990). Services as Intermediate Goods: The Issue of Trade Liberalization. In R.W. Jones und A.O. Krueger (eds.), *The Political Economy of International Trade*. Cambridge, Mass.

Chan, C. (2000). Taxation of Global E-Commerce on the Internet: The Underlying Issues and Proposed Plans. *Minnesota Journal of Global Trade* 9(1): 233–268.

Chanda, R. (2001). Movement of Natural Persons and the GATS. *The World Economy* 24(5): 631–654.

Chao, T. (1996). GATT's Cultural Exemption of Audiovisual Trade: The United States May Have Lost the Battle but Not the War. *Journal of International Economic Law* 17(4): 1127–1154.

Choi, D.-W. (1999). WTO and Electronic Commerce. Vortrag gehalten auf dem 2. Berliner Internet Economics Workshop im Mai, Berlin.

Choi, J.P. (1996). Standardization and Experimentation: Ex-Ante vs. Ex-Post Standardization. *European Journal of Political Economy* 12(2): 273–290.

Choi, S.-Y., D.O. Stahl und A. Whinston (1997). *The Economics of Electronic Commerce*. Indianapolis.

Cottier, T. (2000). Das Streitschlichtungsverfahren in der Welthandelsorganisation: Wesenszüge und Herausforderungen. In P.-C. Müller-Graff (Hrsg.), *Die Europäische Gemeinschaft in der Welthandelsorganisation*. Baden-Baden.

Cottier, T., und K.N. Schefer (1998). The Relationship between World Trade Organization Law, National and Regional Law. *Journal of International Economic Law* 1(1): 83–122.

Crémer, J., P. Rey und J. Tirole (2000). Connectivity in the Commercial Internet. *The Journal of Industrial Economics* 48(4): 433–472.

Croome, J. (1999). *Reshaping the World Trading System. A History of the Uruguay-Round*. Den Haag.

Dasgupta, S., S. Lall und D. Wheeler (2001). Policy Reform, Economic Growth, and the Digital Divide: An Econometric Analysis. Worldbank Policy Research Working Paper 2567. Washington, D.C.

Davey, W.J. (2001). Has the WTO Dispute Settlement System Exceeded its Authority? *Journal of International Economic Law* 4(1): 79–110.

David, P. (2000). A Tragedy of the Public Knowledge 'Commons': Global Sciences, Intellectual Property, and the Digital Technology Boomerang. Discussion Paper 00,02. Stanford Institute for Economic Policy Research, Stanford.

Deardorff, A.V. (1985). Comparative Advantage and International Trade and Investment in Services. In R.M. Stern (ed.), *Trade and Investment in Services*. Toronto.

Deardorff, A.V., und R.M. Stern (1985). *Methods of Measurement of Non-Tariff Barriers*. Geneva.

Delaunay, J.-C., und J. Gadrey (1991). *Services in Economic Thought: Three Centuries of Debate*. Boston.

Deutsche Bundesbank (lfd. Jgg.). *Monatsberichte*. Frankfurt am Main.

Dogan, P. (2001). Vertical Integration in the Internet Industry. Vortrag gehalten auf dem Workshop „Network Economics" am 23. April 2001, Wien.

Drake, W., und K. Nicolaidis (2000). Global Electronic Commerce and GATS: The Millennium Round and Beyond. In P. Sauvé und R.M. Stern (eds.), *GATS 2000 – New Directions in Services Trade Liberalization*. Washington, D.C.

Drake, W., und E. Noam (1997). The WTO Deal on Basic Telecommunications – Big Bang or Little Whimper. *Telecommunications Policy* 21(9/10): 799–818.

Duggal, R. (2001). *TRIPs-Übereinkommen und internationales Urheberrecht*. Köln.

Dunoff, J.L. (1998). The Misguided Debate over NGO Participation at the WTO. *Journal of International Economic Law* 1(3): 433–456.

Economides, N. (1996). The Economics of Networks. *International Journal of Industrial Organization* 14(6): 673–699.

Economist (2000). *A Survey of Globalisation and Tax*. London.

Eeckhout, P. (1997). The Domestic Legal Status of the WTO Agreements: Interconnecting Legal Systems. *Common Market Law Review* 34(1): 11–58.

Eickhof, N. (1995). Marktversagen, Wettbewerbsversagen, staatliche Regulierung und wettbewerbspolitische Bereichsausnahmen. Volkswirtschaftliche Diskussionsbeiträge 5. Potsdam.

EITO (2000). *European Information Technology Observatory 2000*. Frankfurt.

EITO (2001). *European Information Technology Observatory 2001*. Frankfurt.

e. Marketer (2001). http://www.emarketer.com

Esty, D.C., und D. Geradin (2000). Regulatory Co-Opetition. *Journal of International Economic Law* 3(2): 235–255.

Ethier, W. (1998). The New Regionalism. *The Economic Journal* 108(July): 1149–1161.

Ethier, W. (2001). Theoretical Problems in Negotiating Trade Liberalization. *European Journal of Political Economy* 17(2): 209–232.

Evenden, R.D., und A.W. Williams (2000). Contestability: The Debate and Industry Policy. *Economic Analysis and Policy* 30(1): 75–90.

Farrell, J., und G. Saloner (1986). Installed Base and Compatibility: Innovation, Product Preannouncements, and Predation. *American Economic Review* 76(5): 940–955.

Fehl, U. (1985). Zur Theorie „angreifbarer" Märkte. *ORDO (Jahrbuch für Ordnung von Wirtschaft und Gesellschaft)* 36: 253–258.

Feketekuty, G. (2000). Assessing and Improving the Architecture of GATS. In P. Sauvé und R.M. Stern (eds.), *GATS 2000: New Directions in Services Trade Liberalization*. Washington, D.C

Fetzer, M.-U. (1999). Der neue Ordnungsrahmen für den internationalen Handel mit Telekommunikationsdienstleistungen. In B. Duijm (Hrsg.), *Aktuelle Probleme der Weltwirtschaftsordnung*. Hamburg.

Findlay, C., und T. Warren (2000). *Impediments to Trade in Services. Measurement and Policy Implications*. London.

Findlay, R., und S. Wellisz (1982). Endogenous Tariffs, the Political Economy of Trade Restrictions, and Welfare. In J. Bhagwati (ed.), *Import Competition and Response*. Chicago.

Footer, M., und C.B. Graber (2000). Trade Liberalization and Cultural Policy. *Journal of International Economic Law* 3(1): 115–144.

Foros, O., und B. Hansen (2001). Competition and Compatibility among Internet Service Providers. NHH Discussion Paper 4/2001. Bergen.

Foros, O., und H.J. Kind (2000). National and Global Regulation of the Market for Internet Connectivity. Vortrag gehalten auf dem 3. Berliner Internet Economics Workshop am 26./27. Mai. Berlin.

Foros, O., H.J. Kind und L. Sorgard (2001). Access Pricing, Quality Degradation, and Foreclosure in the Internet. NHH Discussion Paper 3/2001. Bergen.

Fredebeul-Krein, M. (1999). Handels- und industriepolitische Eingriffe in die europäische Filmwirtschaft: Eine ökonomische Analyse. *Zeitschrift für Wirtschaftspolitik* 48(1): 105–128.

Fredebeul-Krein, M. (2000). *Die Regulierungspolitik auf dem Markt für Telekommunikationsdienste: Nationale Gestaltung und internationale Regeln*. Köln.

Fredebeul-Krein, M., und A. Freytag (1997). Telecommunications and WTO Discipline. *Telecommunications Policy* 21(6): 477–491.

Fredebeul-Krein, M., und A. Freytag (1999). The Case for a More Binding WTO Agreement on Regulatory Principles in Telecommunication Markets. *Telecommunications Policy* 23(9): 625–644.

Freytag, A. (1998). International operierende Unternehmen und nationale Wettbewerbspolitik. In J.B. Donges und A. Freytag (Hrsg.), *Die Rolle des Staates in einer globalisierten Wirtschaft*. Stuttgart.

Freytag, A., und R. Zimmermann (1998). Muß die internationale Handelsordnung um eine Wettbewerbsordnung erweitert werden? *Rabels Zeitschrift für ausländisches und internationales Privatrecht* 62(1): 35–58.

Frid, R. (1997). The Telecommunications Pact under the GATS – Another Step Towards the Rule of Law. *Legal Issues of European Integration* 24(2): 67–96.

Frid, R. (1998). Multilateral Liberalization of Trade in Services under the GATS. *Sociaal-economische Wetgeving* 46(11): 410–416.

Galbi, D. (1998a). Cross-Border Rent Shifting in International Telecommunications. *Information Economics and Policy* 10(4): 515–536.

Galbi, D. (1998b). The Implications of By-Pass for Traditional International Interconnection. In J. MacKie-Mason und D. Waterman (eds.), *Telephony, the Internet, and the Media*. London.

Gallini, N., und S. Scotchmer (2001). Intellectual Property: When Is the Best Incentive System? UC Berkeley Working Paper E01-303. Berkeley.

Gandolfo, G. (1998). *International Trade Theory and Policy*. Berlin.

González, C.P. (2000). Mexico's Free Trade Agreements: Extending NAFTA's Approach. In S. Stephenson (ed.), *Services Trade in the Western Hemisphere*. Washington, D.C.

Goolsbee, A. (2000). In a World without Borders: The Impact of Taxes on Internet Commerce. *Quaterly Journal of Economics* 115(2): 561–576.

Goolsbee, A., und J. Zittrain (1999). Evaluating the Costs and Benefits of Taxing Internet Commerce. *National Tax Journal* 52(3): 413–428.

Gorman, S., und E. Malecki (2000). The Networks of the Internet: An Analysis of Provider Networks in the USA. *Telecommunications Policy* 24(2): 113–134.

Gottselig, G. (2000). Canada and Culture: Can Current Cultural Policies be Sustained in the Global Trade Regime? *International Journal of Communications Law and Policy* 5(Summer): 1–57.

Graack, C. (1996). Internationale Aspekte der Telekommunikationswirtschaft: Liberalisierung, internationale Tarifmechanismen und Wohlfahrtseffekte. Institut für Europäische Wirtschaft und internationale Wirtschaftsbeziehungen, Diskussionsbeitrag 19. Potsdam.

Graber, C.B. (2000a). WTO: A Threat to European Films? In E. Banus (ed.), *Proceedings of the V Conference "European Culture"*. Pamplona.

Graber, C.B. (2000b). Preferential Treatment for European Film. In E. Banus (ed.), *Proceedings of the VI Conference "European Culture"*. Pamplona.

Graham, E., und R. Lawrence (1996). Measuring the International Contestability of Markets. *Journal of World Trade* 30(5): 5–20.

Grewlich, K. (1997). *Konflikt und Ordnung in der globalen Kommunikation*. Baden-Baden.

Grewlich, K. (1999). "Cyberspace": Sector-Specific Regulation and Competition Rules in European Telecommunications. *Common Market Law Review* 36(5): 937–969.

Grewlich, K. (2000). Governance im Cyberspace. *Recht der internationalen Wirtschaft* 46(5): 337–345.

Gröhn, A. (1999). *Netzwerkeffekte und Wettbewerbspolitik. Eine ökonomische Analyse des Softwaremarktes*. Tübingen.

Grossman, G.M., und E. Helpman (1994). Protection for Sale. *American Economic Review* 84(4): 833–850.

Grubel, H. (1987). All Traded Services Are Embodied in Materials or People. *The World Economy* 10(1): 319–330.

Gupta, A., B. Jukic, M. Parameswaran, D.O. Stahl und A.B. Whinston (2001). Streamlining the Digital Economy. How to Avert the Tragedy of the Commons. http://crec.bus.utexas.edu/works/articles/streamlining/overview.html (besucht am 14.03.2002).

Hall, P. (1998). Intellectual Property Rights and International Trade: An Economic Survey. *Prometheus* 16(3): 261–273.

Hauser, H., und A. Martel (1997). Das WTO-Streitschlichtungsverfahren: Eine verhandlungsorientierte Perspektive. *Aussenwirtschaft* 52(4): 525–560.

Hauser, H., und R. Schoene (1994). Is There a Need for International Competition Rules? *Aussenwirtschaft* 49(2/3): 205–222.

Heister, J. (1997). *Der internationale CO2-Vertrag*. Tübingen.

Helpman, E. (1997). Politics and Trade Policy. In D.M. Kreps und K.F. Wallis (eds.), *Advances in Economics and Econometrics: Theory and Applications*. Cambridge.

Hilf, M. (1997). The Role of National Courts in International Trade Relations. *Michigan Journal of International Law* 18(3): 321–356.

Hilf, M. (2001). Power, Rules and Principles – Which Orientation for GATT/WTO Law? *Journal of International Economic Law* 4(1): 111–130.

Hilf, M., und F. Schorkopf (2000). WTO und EG: Rechtskonflikt vor dem EuGH? *Europäisches Recht* (1): 74–91.

Hill, T. (1977). On Goods and Services. *Review of Income and Wealth* 23(4): 315–338.

Hillman, A.L. (1982). Declinig Industries and Political-Support Protectionist Motives. *American Economic Review* 72(5): 1180–1187.

Hilpold, P. (2000). *Die EU im GATT/WTO-System*. Frankfurt.

Hinnekens, L. (1999). International Taxation of Electronic Commerce: An Emerging Framework. *Intertax* 27(12): 440–444.

Hoekman, B.M. (1993). Conceptual and Political Economy Issues in Liberalizing International Transactions in Services. *Aussenwirtschaft* 48(2): 203–234.

Hoekman, B.M. (1996). Assessing the General Agreement on Trade in Services. In W. Martin und L.A.Winters (eds.), *The Uruguay Round and the Developing Countries*. Cambridge.

Hoekman, B.M., und P.C. Mavroidis (1996). Policy Externalities and High-Tech Rivalry: Competition and Multilateral Co-Operation beyond the WTO. In OECD (ed.), *Market Access after the Uruguay Round*. Paris.

Hoekman, B.M., und P. Sauvé (1994). Liberalizing Trade in Services. World Bank Discussion Papers 243. Washington, D.C.

Hoekman, B.M., und M. Kostecki (1995). *The Political Economy of the World Trading System*. Oxford.

Hoffmann-Riem, W., W. Schulz und T. Held (2000). *Konvergenz der Regulierung*. Baden-Baden.

Hofmann, J. (2000). Und wer regiert das Internet? – Regimewechsel im Cyberspace. In H. Kubicek, H.-J. Braczyk, D. Klumpp und A. Roßnagel (Hrsg.), *Jahrbuch Telekommunikation und Gesellschaft 2000: Global@home*. Heidelberg.

Hoskins, C., S. McFadyen und A. Finn (1997). *Global Television and Film*. Oxford.

Iacobucci, E. (1997). The Interdependence of Trade and Competition Policies. *World Competition* 21(2): 5–33.

Immenga, U. (1995). Konzepte einer grenzüberschreitenden und international koordinierten Wettbewerbspolitik. Kieler Arbeitspapiere 692. Institut für Weltwirtschaft, Kiel.

ITU (International Telecommunications Union) (1999). *Reforming the International Accounting Rate System*. Geneva.

ITU (International Telecommunications Union) (2000). *IP-Telephony*. Geneva.

ITU (International Telecommunications Union) (2001). *Yearbook of Statistics. Telecommunication Services 1990–1999*. Geneva.

Jackson, J.H. (1992). Status of Treaties in Domestic Legal Systems: A Policy Analysis. *American Journal of International Law* 86(2): 310–340.

Jones, R.W., und H. Kierzkowski (1990). The Role of Services in Production and International Trade: A Theoretical Framework. In R.W. Jones und A.O. Krueger (eds.), *The Political Economy of International Trade*. Cambridge, Mass.

Kater, U. (1995). *Dienstleistungen in der realen Außenwirtschaftstheorie*. Frankfurt.

Katz, M. (1996). Remarks on the Economic Implications of Convergence. *Industrial and Corporate Change* 5(4): 1079–1096.

Katz, M., und C. Shapiro (1985). Network Externalities, Competition, and Compatibility. *American Economic Review* 75(3): 424–440.

Katz, M., und C. Shapiro (1992). Product Introduction with Network Externalities. *The Journal of Industrial Economics* 40(1): 55–83.

Katz, M., und C. Shapiro (1994). Systems Competition and Network Effects. *Journal of Economic Perspectives* 8(2): 93–115.

Kawamoto, A. (1996). Regulatory Reform, Market Access and International Market Contestability: An Analytical Framework. In OECD (ed.), *Regulatory Reform and International Market Openness*. Paris.

Kawamoto, A. (1997). Regulatory Reform on the International Trade Policy Agenda. *Journal of World Trade* 31(4): 81–116.

Kawamoto, A. (1998). Regulatory Reform and Globalization. *Asia-Pacific Review* 5(1): 83–96.

Kende, M. (2000). The Digital Handshake: Connecting Internet Backbones. OPP Working Papers 32. Washington, D.C.

Kiessling, T. (1998). *Optimale Marktstrukturregulierung in der Telekommunikation*. Baden-Baden.

Klein, B. (2001). The Microsoft Case: What Can a Dominant Firm Do to Defend Its Market Position. *Journal of Economic Perspectives* 15(2): 45–62.

Kleinert, J., und H. Klodt (2000). *Megafusionen: Trends, Ursachen und Implikationen.* Tübingen.

Klodt, H. (1999). Internationale Politikkoordination: Leitlinien für den globalen Wirtschaftspolitiker. Kieler Diskussionsbeiträge 343. Institut für Weltwirtschaft, Kiel.

Klodt, H. (2001). Conflicts and Conflict Resolution in International Anti-Trust: Do We Need International Competition Rules? *The World Economy* 24(7): 877–888.

Klodt, H., C.-F. Laaser, J.O. Lorz und R. Maurer (1995). *Wettbewerb und Regulierung in der Telekommunikation.* Tübingen.

Koehler, M. (1999). *Das Allgemeine Übereinkommen über den Handel mit Dienstleistungen (GATS).* Berlin.

Kögel, T. (1999). *Services and Economic Growth.* Rotterdam.

Kommission (Kommission der Europäischen Gemeinschaften) (1997). Grünbuch zur Konvergenz der Branchen Telekommunikation, Medien und Informationstechnologie und ihren ordnungsspolitischen Auswirkungen. KOM(97)623 endg. Brüssel.

Kommission (Kommission der Europäischen Gemeinschaften) (1999a). Grundsätze und Leitlinien für die audiovisuelle Politik der Gemeinschaft im digitalen Zeitalter. Mitteilungen der Kommission KOM(1999) 657endg. Brüssel.

Kommission (Kommission der Europäischen Gemeinschaften) (1999b). *Statistisches Jahrbuch.* Straßburg.

Kommission (Kommission der Europäischen Gemeinschaften) (2001). *Services: Towards Liberalising the World's Most Dynamic Sector.* Brussels.

Kong, Q. (2000). China's WTO Accession: Commitments and Implications. *Journal of International Economic Law* 3(4): 655–690.

Köster, D. (1999). *Wettbewerb in Netzproduktmärkten.* Wiesbaden.

Krancke, J. (1999). Liberalisierung des internationalen Dienstleistungshandels: Analyse des GATS und Perspektiven für die zukünftige Handelsliberalisierung. Kieler Arbeitspapiere 954. Institut für Weltwirtschaft, Kiel.

Krancke, J. (2000a). Marktordnung und Barrieren im grenzüberschreitenden Handel mit Kommunikationsdienstleistungen: Dienstleistungen der Informationstechnologie. Kieler Arbeitspapiere 1008. Institut für Weltwirtschaft, Kiel.

Krancke, J. (2000b). Marktordnung und Barrieren im grenzüberschreitenden Handel mit Telekommunikationsdienstleistungen. Kieler Arbeitspapiere 1010. Institut für Weltwirtschaft. Kiel.

Krugman, P.R. (1994). Competitiveness: A Dangerous Obsession. *Foreign Affaires* 73(2): 28–44.

Krugman, P.R., und M. Obstfeld (2000). *International Economics.* 5. Aufl. Reading, Mass.

Kuhlen, R. (2000). Ambivalenz von Filter-, Abblock- und Ratingverfahren. In H. Kubicek, H.-J. Braczyk, D. Klumpp und A. Roßnagel (Hrsg.), *Jahrbuch Telekommunikation und Gesellschaft 2000: Global@home*. Heidelberg.

Laffont, J.J., und J. Tirole (2000). *Competition in Telecommunications*. Cambridge, Mass.

Laffont, J.J., S. Marcus, P. Rey und J. Tirole (2001). Internet Interconnection and the Off-Net-Cost Pricing Principle. Vortrag gehalten auf dem Workshop „Network Economics" am 23. April 2001. Wien.

Langenfurth, M. (1999). *Der globale Telekommunikationsmarkt. Telekommunikationsdienste als international handelbare Dienstleistung*. Frankfurt.

Langhammer, R.J., und M. Lücke (1999). WTO Accession Issues. *The World Economy* 22(6): 837–873.

Lawrence, R. (1996). Towards Globally Contestable Markets. In OECD (ed.), *Market Access after the Uruguay Round*. Paris.

Lee, L.T., und P. Sharma (1998). The Internot? Understanding the Problem of Internet Congestion. *The Journal of Media Economics* 11(1): 13–31.

Leebron, D.W. (1996). Mutual Recognition: Structure, Problems and Prospects. In OECD (ed.), *Regulatory Reform and International Market Opennesss*. Paris.

Liebherr, C. (1999). Regulierung der audiovisuellen Industrie in der Europäischen Union. Baseler Schriften zur europäischen Integration 41. Basel.

Low, P., und A. Matoo (2000). Is There a Better Way? Alternative Approaches to Liberalization under GATS. In P. Sauvé und R.M. Stern (eds.), *GATS 2000: New Directions in Services Trade Liberalization*. Washington, D.C.

Lux, H., und I. Heinen (1997). *Der Internet-Markt in Deutschland: Provider & Dienstleister*. Heidelberg.

Magee, S.P., W.A. Brock und L. Young (1989). *Black Hole Tariffs and Endogenous Policy Formation*. Cambridge, Mass.

Mann, C.L. (2001). Electronic Commerce in Developing Countries: Issues for Domestic Policy and WTO Negotiations. In R.M. Stern (ed.), *Services in the International Economy*. Ann Arbor.

Mann, C.L., S.E. Eckert und S. Knight (2000). *Global Electronic Commerce – A Policy Primer*. Washington, D.C.

Marceau, G., und M. Stilwell (2001). Practical Suggestions for Amicus Curiae Briefs before WTO Adjudicating Bodies. *Journal of International Economic Law* 4(1): 155–188.

Markusen, J.R. (1988). Production, Trade, and Migration with Differentiated, Skilled Workers. *Canadian Journal of Economics* 21(3): 492–506.

Markusen, J.R. (1989). Trade in Producer Services and in Other Specialized Intermediate Inputs. *American Economic Review* 79(1): 85–95.

Maskus, K.E. (2000). *Intellectual Property Rights in the Global Economy*. Washington, D.C.

Mason, A. (1998). Trade and Intellectual Property: Some Observations. *Prometheus* 16(3): 249–254.

Mattoo, A. (1997). National Treatment in the GATS: Corner-Stone or Pandora's Box? *Journal of World Trade* 31(1): 107–135.

Mattoo, A. (2001). Shaping Future Rules for Trade in Services. Policy Research Working Paper 2596. World Bank, Washington, D.C.

Mattoo, A., und L. Schuknecht (2000). Trade Policies for Electronic Commerce. Policy Research Working Paper 2380. World Bank, Washington, D.C.

Mattoo, A., und L. Schuknecht (2001). A WTO Framework for the New Economy. Vortrag gehalten auf der Konferenz „Economic Policy for the New Economy" am 15./16. Mai, Paderborn.

Mayer, W. (1984). Endogenous Tariff Formation. *American Economic Review* 74(5): 970–985.

McNelis, N. (2001). The Role of the Judge in the EU and WTO. *Journal of International Economic Law* 4(1): 189–208.

Melody, W. (1999). Telecom Reform: Progress and Prospects. *Telecommunications Policy* 23(1): 7–34.

Melody, W. (2000). Telecom Myths: The International Revenue Settlements Subsidy. *Telecommunications Policy* 24(1): 51–61.

Melvin, J.R. (1989). *Trade in Services. A Theoretical Analysis*. Halifax.

Melvin, J.R. (1995a). History and Measurement in the Service Sector: A Review. *Review of Income and Wealth* 41(4): 481–494.

Melvin, J.R. (1995b). Services in an Information Economy. In T.J. Courchene (ed.), *Technology, Information and Public Policy*. Kingston, Kanada.

Middelhoff, T. (1998). Wer bestimmt die Multimedia-Wertschöpfungskette. In A. Picot (Hrsg.), *Telekommunikation im Spannungsfeld von Innovation, Wettbewerb und Regulierung*. Heidelberg.

Millán Smitmans, H. (2000). Dispute Settlement in the Services Area under GATS. In S. Stephenson (ed.), *Services Trade in the Western Hemisphere*. Washington, D.C.

Mueller, M. (2000). Technology and Institutional Innovation: Internet Domain Names. *International Journal of Communications Law and Policy* 5(Summer): 1–32.

Müller, J. (2001). Die effektive Durchsetzung von WTO-Recht zugunsten von Entwicklungsländern – Ein Beitrag zur Bewertung der Funktionsfähigkeit des Streitschlichtungsmechanismus. *Aussenwirtschaft* 56(3): 391–419.

Musgrave, R. A. (1957). A Multiple Theory of Budget Determination. *Finanzarchiv* 17(3): 333–343

Nicolaides, P. (1989). *Liberalizing Services Trade: Strategies for Success*. London.

Nicolaidis, K. (1996). Mutual Recognition of Regulatory Regimes: Some Lessons and Prospects. In OECD (ed.), *Regulatory Reform and International Market Openness*. Paris.

Nicolaidis, K., und J. Trachtman (2000a). From Policed Regulation to Managed Recognition in GATS. In P. Sauvé und R.M. Stern (eds.), *GATS 2000: New Directions in Services Trade Liberalization.* Washington, D.C.

Nicolaidis, K., und J. Trachtman (2000b). Liberalization, Regulation, and Recognition for Services Trade. In S. Stephenson (ed.), *Services Trade in the Western Hemisphere.* Washington, D.C.

Nicoletti, G. (2001). Regulation in Services: OECD Patterns and Economic Implications. Economics Department Working Paper 287. OECD, Paris.

Nietz, R. (1999). Technische Entwicklungen in der Telekommunikation im Jahr 1998. In H. Kubicek, H.-J. Braczyk, D. Klumpp, G. Müller, W. Neu, E. Raubold und A. Roßnagel. *Jahrbuch Telekommunikation und Gesellschaft 1999: Multimedia @Verwaltung.* Heidelberg.

Nusbaumer, J. (1987). *Services in the Global Market.* Boston.

OECD (1986). *International Trade in Services: Audiovisual Works.* Paris.

OECD (1996). *Neue Dimensionen des Marktzugangs im Zeichen der wirtschaftlichen Globalisierung.* Paris.

OECD (1997). Assessing Barriers to Trade in Services: Pilot Study Applications to the Accountancy and Telecommunication Sectors. Working Party of the Trade Committee. Paris.

OECD (1998). Internet Infrastructure Indicators. Directorate for Science, Technology and Communications Policy DSTI/ICCP/TISP(98)7/Final. Paris.

OECD (1999a). Interconnection and the Internet: Competition and Regulation Issues at Local Access and Backbone Levels. OECD Working Paper 7(83). Paris.

OECD (1999b). A Review of Market Openness and Trade in Telecommunications. OECD Working Papers 7(67). Paris.

OECD (2000a). Cellular Mobile Pricing Structures and Trends. DSTI/ICCP/TISP(99)11/Final. Paris.

OECD (2000b). *Information Technology Outlook 2000. ICTs, E-Commerce and the Information Economy.* Paris.

OECD (2000c). *Local Access Pricing and E-Commerce.* Paris.

OECD (2000d). *Measuring the ICT Sector.* Paris.

OECD (2000e). Strengthening Regulatory Transparency: Insights for the GATS from the Regulatory Reform Country Review. OECD Working Papers 8(68). Paris.

OECD (2001a). *OECD Science, Technology and Industry Scoreboard. Towards a Knowledge-Based Economy 2001.* Paris.

OECD (2001b). *OECD Statistics on International Trade in Services 1990–1999.* Paris.

Ostry, S. (1995). New Dimensions of Market Access. Occasional Papers 49. Group of Thirty, Washington, DC

Ostry, S. (1997). *The Post-Cold War Trading System. Who's on First?* Chicago.

Paech, N. (1993). Zur Wirksamkeit potentieller Konkurrenz im Contestable-Market-Modell. Diskussionsbeiträge der Universität Osnabrück 9302. Osnabrück.

Panagariya, A. (1999). E-Commerce, WTO and Developing Countries. *The World Economy* 23(8): 959–978.

Perdikis, N., und W.A. Kerr (1998). *Trade Theories and Empirical Evidence*. Manchester.

Petersmann, E.-U. (1988). Grey Area Trade Policy and the Rule of Law. *Journal of World Trade* 22(2): 23–44.

Petersmann, E.-U. (1997). *The GATT/WTO Dispute Settlement System*. London.

Petersmann, E.-U. (1999). Competition-Oriented Reforms of the WTO World Trade System - Proposals and Policy Options. In R. Zäch (ed.), *Towards WTO Competition Rules*. Den Haag.

Petersmann, E.-U. (2001). Human Rights and International Economic Law in the 21st Century: The Need to Clarify their Interrelationships. *Journal of International Economic Law* 4(1): 3–40.

Pfetsch, F. (2000). Europa eine Seele geben. Elemente einer gemeinsamen kulturellen Identität. *Internationale Politik* 55(8): 45–52.

Reyna, J.V. (1993). Services. In T.P. Stewart (ed.), *The GATT Uruguay Round. A Negotiating History (1986–1992)*. Vol. II. Deventer.

Riddle, D. (1986). *Services-Led Growth: The Role of the Services Sector in World Development*. New York.

Rodrik, D. (1995). Political Economy of Trade Policy. In G.M. Grossman und K. Rogoff (eds.), *Handbook of International Economics*. Vol. III. Amsterdam.

Roessler, F. (1996). Increasing Market Access under Regulatory Heterogeneity: The Strategies of the World Trade Organisation. In OECD (ed.), *Regulatory Reform and International Market Openness*. Paris.

Roessler, F. (1998). Domestic Policy Objectives and the Multilateral Trade Order: Lessons from the Past. *University of Pennsylvania Journal of International Economic Law* 19(2): 513–534.

Rosas, A. (2001). Implementation and Enforcement of WTO Dispute Settlement Findings: An EU-Perspective. *Journal of International Economic Law* 4(1): 131–144.

Rose, K., und K. Sauernheimer (1999). *Theorie der Außenwirtschaft*. 13. überarb. Aufl., München.

Roßnagel, A. (2000). Regulierung und Selbstregulierung im Datenschutz. In H. Kubicek, H.-J. Braczyk, D. Klumpp und A. Roßnagel (Hrsg.), *Jahrbuch Telekommunikation und Gesellschaft: Global@home*. Heidelberg.

Rothine, W.R. (1998). Trade, Competition and Intellectual Property. *Prometheus* 16(3): 351–366.

Sachverständigenrat zur Begutachtung der gesamtwirtschaftlichen Entwicklung (2000). *Chancen auf einen höheren Wachstumspfad*. Gutachten 2000/2001. Stuttgart.

Sailer, K. (2001). Regulierungsbedarf in Netzwerken? Implikationen für die Internetökonomie. *Die Weltwirtschaft* (4): 350–378.

Sakar, M. (1997). Internet Pricing: A Regulatory Imperative. In L.W. McKnight und J.P. Bailey (eds.), *Internet Economics*. Cambridge, Mass.

Samarajiva, R. (2001). The ITU Considers Problems of Fixed-Mobile Interconnection. *Telecommunications Policy* 25(1/2): 155–160.

Sampson, G.P., und R.H. Snape (1985). Identifying the Issues in Trade in Services. *The World Economy* 8(2): 171–181.

Sapir, A. (1999). The General Agreement on Trade in Services. From 1994 to the Year 2000. *Journal of World Trade* 33(1): 51–66.

Sapir, A., und C. Winter (1994). Services Trade. In D. Greenaway und A.L. Winters (eds.), *Surveys in International Trade*. Oxford.

Sauvé, P. (1995). Assessing the General Agreeement of Trade in Services: Half-Full or Half-Empty? *Journal of World Trade* 29(4): 125–145.

Sauvé, P. (1996). Services and the International Contestability of Markets. *Transnational Corporations* 5(1): 37–55.

Schoenbaum, T. (1996). The Theory of Contestable Markets in International Trade. *Journal of World Trade* 30(3): 161–190.

Schwab, R.M., und W.E. Oates (1988). Economic Competition Among Jurisdictions: Efficiency Enhancing or Distortion Inducing? *Journal of Public Economics* 35(3): 333–354.

Schwandt, F. (1995). Das europäische Accounting Rate-Abkommen: TEUREM. Diskussionsbeitrag 141. Wissenschaftliches Institut für Kommunikationsdienste, Bad Honnef.

Schwandt, F. (1996). *Internationale Telekommunikation: Der Übergang vom Monopol zum Wettbewerb*. Berlin.

Schwartz, M. (1986). The Nature and Scope of Contestability Theory. *Oxford Economic Papers* 38(Supplement): 37–57.

Schwarz-Schilling, C., und U. Stumpf (1999). Netzbetreiberportabilität im Mobilfunkmarkt – Auswirkungen auf Wettbewerb und Verbraucherinteressen. Diskussionsbeitrag 199. Wissenschaftliches Institut für Kommunikationsdienste, Bad Honnef.

Senti, R. (2000). *WTO – System und Funktionsweise der Welthandelsordnung*. Zürich.

Shapiro, C., und H.R. Varian (1999). *Information Rules*. Boston.

Shepherd, W.G. (1984). Contestability versus Competition. *American Economic Review* 74(Sept.): 572–587.

Shepherd, W.G. (1995). Contestability versus. Competition – Once More. *Land Economics* 71(3): 299–309.

Siebert, H. (ed.) (1995). *Locational Competition in the World Economy*. Tübingen.

Siebert, H. (1997). *Weltwirtschaft*. Stuttgart.

Siebert, H. (1999). *The World Economy*. London.

Siebert, H. (2000a). *Außenwirtschaft*. 7. Aufl. Stuttgart.

Siebert, H. (2000b). The Paradigm of Locational Competition. Kieler Diskussionsbeiträge 367. Institut für Weltwirtschaft, Kiel.

Siebert, H. (2000c). The New Economy – What is Really New? Kieler Arbeitspapiere 1000. Institut für Weltwirtschaft, Kiel.

Siebert, H. (2000d). What does Globalization Mean for the World Trading System? In WTO (ed.), *From GATT to the WTO: The Multilateral Trading System in the New Millennium*. Geneva.

Siebert, H., und H. Klodt (1999). Towards Global Competition: Catalysts and Constraints. In OECD (ed.), *The Future of the Global Economy: Towards a Long Boom?* Paris.

Siebert, H., und M. Koop (1993). Institutional Competition versus Centralization: Quo Vadis Europe? *Oxford Review of Economic Policy* 9(1): 15–30.

Siemens (1998). *International Telecom Statistics*. München.

Siemens (1999). *International Telecom Statistics*. München.

Siemens (2000). *International Telecom Statistics*. München.

Siemens (2001). *International Telecom Statistics*. München.

Sinn, H.-W. (1996). The Subsidiaritity Principle and Market Failure in Systems Competition. NBER Working Paper 5411. Cambridge, Mass.

Smith, P. (1999). A Long and Winding Road: TRIPs and the Evolution of an International Competition Framework. *Journal of International Economic Law* 2(3): 435–440.

Snape, R.H. (1998). Reaching Effective Agreements Covering Services. In A.O. Krueger (ed.), *The WTO as an International Organization*. Chicago.

Snape, R.H., und M. Bosworth (1996). Advancing Services Negotiations. In J.J. Schott (ed.), *The World Trading System: Challenges Ahead*. Washington, D.C.

Srinagesh, P. (1995). Internet Cost Structure and Interconnection Agreements. In L.W. McKnight und J.P. Bailey (eds.), *Internet Economics*. Cambridge, Mass.

Stanley, K.B. (2000). Towards International Settlement Reform: FCC Benchmarks versus ITU Rates. *Telecommunications Policy* 24(10/11): 843–863.

Stefanadis, C. (1999). Sunk Costs, Contestability, and the Latent Contract Market. Staff Reports 75. Federal Reserve Bank of New York, New York.

Stehn, J. (2002). Leviathan in Cyberspace: How to Tax E-Commerce. Kieler Diskussionsbeiträge 384. Institut für Weltwirtschaft, Kiel.

Stephenson, S. (2000). Regional Agreements on Services in Multilateral Disciplines: Interpreting and Applying GATS Artikel V. In S. Stephenson (ed.), *Services Trade in the Western Hemisphere*. Washington, D.C.

Stern, P., und T. Kelly (1997). Liberalization and Reforms of the International Telecommunication Settlement Arrangements. In U. Stumpf und M. Plum (eds.), *Towards a New Regulatory Framework for Cross-Border Mail.* Königswinter.

Stibora, J.J., und A. de Vaal (1995). *Services and Services Trade. A Theoretical Inquiry.* Amsterdam.

Stigler, G.J. (1968). *The Organization of Industry.* Homewood, Ill.

Stolpe, M. (2001). Prioritäten für den globalen AIDS-Fonds. Eine ökonomische Analyse. *Die Weltwirtschaft* (3): 305–314.

Ströbele, W,. und H. Wacker (2000). *Außenwirtschaft: Einführung in Theorie und Politik.* München.

Sutherland, E. (2001). International Roaming Charges: Over-Charging and Competition Law. *Telecommunications Policy* 25(1/2): 5–20.

Sykes, A.O. (2000). Regulatory Competition or Regulatory Harmonization? A Silly Question? *Journal of International Economic Law* 3(2): 257–264.

Taylor, L.L. (2000). The Evidence on Government Competition. *Economic & Financial Review* (2): 2–10.

Tiebout, C.M. (1956). The Pure Theory of Local Expenditures. *Journal of Political Economy* 64(4): 416–424.

Tietje, C. (1998). *Normative Grundstrukturen der Behandlung nichttarifärer Handelshemmnisse in der WTO/GATT-Rechtsordnung.* Berlin.

Tietje, C. (2000). Medien, Kommunikation und Informationstechnologie. In E. Grabitz und M. Hilf (Hrsg.), *Das Recht der Europäischen Gemeinschaft, Teil II, Außenwirtschaftsrecht.* München.

Tietzel, M., und C. Müller (1998). Noch mehr zur Meritiorik. *Zeitschrift für Wirtschafts- und Sozialwissenschaften (ZWS)* 118(1): 87–127.

Tinawi, E., und J. Berkey (1999). E-Services and the WTO: The Adequacy of the GATS Classification Framework. OECD Forum on Electronic Commerce, 12./13. Ocober 1999. Paris.

Tumlir, J. (1979). Weltwirtschaftsordnung: Regeln, Kooperation und Souveränität. Kieler Vorträge 87. Kiel.

Tumlir, J. (1983). International Economic Order and Democratic Constitutionalism. *ORDO: Jahrbuch für die Ordnung von Wirtschaft und Gesellschaft* (34): 71–83.

Tuthill, L. (1996). User's Rights? The Multilateral Rules on the Access to Telecommunications. *Telecommunications Policy* 20(2): 89–99.

UN (United Nations) (1998). *Central Product Classification (CPC, Version 1.0).* New York.

UNCTAD und Weltbank (1994). *Liberalizing International Transactions in Services. A Handbook.* New York.

Verikios, G., und X-G. Zhang (2001). Global Gains from Liberalising Trade in Telecommunications and Financial Services. Staff Research Paper (Oktober). Productivity Commission, Canberra.

Vickrey, R. (1999). Semiconductors and Information Technology. *Journal of World Trade* 33(2): 83–95.

Viner, J. (1950). *The Customs Union Issue*. New York.

Voigt, S. (1992). *Die Welthandelsordnung zwischen Konflikt und Stabilität*. Freiburg.

Wasescha, L., und M. Schlagenhof (1998). Information Technology Agreement (ITA) – Towards a New Area of Sectorial Market Liberalization in the WTO. *Aussenwirtschaft* 53(1): 113–127.

Watanabe, S. (2000). Electronic Commerce, International Taxation, and Tax Administration. *Hitotsubashi Journal of Economics* 41(1): 53–64.

Weizsäcker, C.C. v. (1980). A Welfare Analysis of Barriers to Entry. *The Bell Journal of Economics* 11(2): 399–420.

Welfens, P., und A. Jungmittag (2002). *Internet, Telekomliberalisierung und Wirtschaftswachstum*. Berlin.

Weller, D. (1999). Auctions for Universal Service Obligations. *Telecommunications Policy* 23(9): 645–674.

Werle, R., und U. Müller (2000). Der Kampf um den Markt: Technische Konvergenz, institutionelle Heterogenität und die Entwicklung von Märkten in der technischen Kommunikation. In R. Czada und S. Lütz (Hrsg.), *Die politische Konstitution von Märkten*. Wiesbaden.

Wieandt, A., und H. Wiese (1993). Die Theorie der „contestable markets" – ein Leitbild für die Wettbewerbspolitik? *ORDO: Jahrbuch für Ordnung von Wirtschaft und Gesellschaft* (44): 185–202.

Willig, R.D. (1990). Contestable Market Theory and Regulatory Reform. In J.R. Allison und D.L. Thomas (eds.), *Telecommunications Deregulation*. New York.

Withers, W.J. (1999). Enlightening the International Settlement House. In ITU (ed.), *Reforming the Internationale Accounting Rate System. Overview*. Geneva.

Wolsing, T. (2000). Gütesiegel als Instrument der Marktregulierung. In H. Kubicek, H.-J. Braczyk, D. Klumpp und A. Roßnagel (Hrsg.), *Jahrbuch Telekommunikation und Gesellschaft: Global@home*. Heidelberg.

WTO (1991). Group of Negotiations on Services Classification List. MTN.GNS/W/120. Geneva.

WTO (1993a). Scheduling Guidelines. MTN.GNS/W/164. Geneva.

WTO (1993b). Scheduling Guidelines – Addendum. MTN.GNS/W/164/Add.1. Geneva.

WTO (1994a). United States of America – Final List of Art. II (MFN) Exemptions. GATS/EL/90. Geneva.

WTO (1994b). United States of America – Schedule of Specific Commitments. GATS/SC/90. Geneva.

WTO (1995a). Committee on Customs Valuation – Minutes of the Meeting of 12. May 1995. G/VAL/M/1. Geneva.

WTO (1995b). *The Results of the Uruguay Round of Multilateral Trade Negotiations – The Legal Texts*. Geneva.

WTO (1996a). Ministerial Declaration on Trade in Information Technology Products. WT/MIN(96)/16. Geneva.

WTO (1996b). The Singapore Ministerial Declaration. WT/MIN(96)/DEC. Geneva.

WTO (1997a). Canada – Certain Measures Concerning Periodicals – Report of the Appellate Body. WT/DS31/AB/R. Geneva.

WTO (1997b). European Communities Regime for the Importation, Sale and Distribution of Bananas – Report of the Appellate Body. WT/DS27/AB/R. Geneva.

WTO (1998a). Audiovisual Services. S/C/W/40. Geneva.

WTO (1998b). Computer and Related Services. S/C/W/45. Geneva.

WTO (1998c). Disciplines on Domestic Regulation in the Accounting Sector. S/WPPS/W/21. Geneva.

WTO (1998d). *Electronic Commerce and the Role of the WTO*. Geneva.

WTO (1998e). Ministerial Declaration. WT/MIN(98)/DEC/2. Geneva.

WTO (1998f). Report to the Council for Trade in Services on the Development of Disciplines on Domestic Regulation in the Accountancy Sector. S/WPPS/W/22. Geneva.

WTO (1998g). Telecommunication Services. S/C/W/74. Geneva.

WTO (1998h). Work Programme on Electronic Commerce. WT/L/274. Geneva.

WTO (1998i). The Work Programme on Electronic Commerce – Note by the Secretariat. S/C/W/68. Geneva.

WTO (1999a). Disciplines on Domestic Regulation Applicable to all Services. S/C/W/96. Geneva.

WTO (1999b). Interim Review of Progress in the Implementation of the Work Programme on Electronic Commerce. WT/GC/24. Geneva.

WTO (1999c). International Regulatory Initiatives in Services. S/C/W/97. Geneva.

WTO (1999d). Revision of Scheduling Guidelines. S/CSC/W/19. Geneva.

WTO (1999e). Work Programme on Electronic Commerce – Progress Report to the General Council. S/L/74. Geneva.

WTO (2000a). Agreement between the International Telecommunication Union and the World Trade Organization. S/C/11. Geneva.

WTO (2000b). Committee of Participants on the Expansion of Trade in Information Technology Products – Australian Proposol for a Non-Tariff Measures Work Programme. G/IT/13/Rev.1. Geneva.

WTO (2000c). Informal Meeting of Customs Experts from ITA Participants to Discuss Classification Divergences. GT/IT/14. Geneva.

WTO (2001a). Committee of Participants on the Expansion of Trade in Information Technology Products – Status of Implementation. G/IT/1/Rev.19. Geneva.

WTO (2001b). Doha Declaration on the TRIPS Agreement and Public Health. WT/MIN(01)/DEC/W/2. Geneva.

WTO (2001c). Doha Ministerial Declaration. WT/MIN(01)/DEC/W/1. Geneva.

WTO (2001d). Guidelines and Procedures for the Negotiations on Trade in Services. S/L/93. Geneva.

WTO (2001e). *International Trade Statistics 2001*. Geneva.

WTO (2001f). Report (2001) of the Committee of Participants on the Expansion of Trade in Information Technology Products. G/L/484. Geneva.

WTO (2001g). Report (2001) of the Working Group on the Interaction between Trade and Competition Policy to the General Council. WT/WGTCP/5. Geneva.

WTO (2001h). Report of the Working Party on Domestic Regulation to the Council for Trade in Services. S/WPDR/3. Geneva.

WTO (2001i). WTO Secretariat Activities with NGO's. WT/INF/30. Geneva.

WTO (2002). Committee of Participants on the Expansion of Trade in Information Technology Products – Status of Implementation. G/IT/1/Rev.22. Geneva.

Zäch, R.H. (1999). *Towards WTO Competition Rules*. Bern.

Zampetti, A.B., und P. Sauvé (1996). Onwards to Singapore: The International Contestability of Markets and the New Trade Agenda. *The World Economy* 19(3): 333–343.

Zimmermann, T.A. (2001). Gewährleisten umgesetzte WTO-Streitschlichtungsurteile offene Märkte? – Eine Betrachtung am Beispiel des Zeitschriftenfalles. *Aussenwirtschaft* 56(3): 359–390.

Zonnekeyn, G.A. (2000). The Status of WTO Law in the EC Legal Order. *Journal of World Trade* 34(3): 111–125.

# Symposien- und Konferenzbände

Herausgegeben von Horst Siebert

**Quo Vadis Europe?**
Tübingen 1997. VIII, 343 S. Fester Einband.

**Structural Change and Labor Market Flexibility**
Experience in Selected OECD Economies
Tübingen 1997. XII, 292 S. Fester Einband.

**Redesigning Social Security**
Tübingen 1998. XI, 387 S. Fester Einband.

**Globalization and Labor**
Tübingen 1999. VIII, 320 S. Fester Einband.

**The Economics of International Environmental Problems**
Tübingen 2000. VIII, 274 S. Fester Einband.

**The World's New Financial Landscape: Challenges for Economic Policy**
Berlin · Heidelberg 2001. XI, 324 S. Fester Einband.

**Economic Policy for Aging Societies**
Berlin · Heidelberg 2002. X, 305 S. Fester Einband.

**Economic Policy Issues of the New Economy**
Berlin . Heidelberg 2002. XI, 251 S. Fester Einband.

**Global Governance: An Architecture for the World Economy**
Tübingen 2003. XI, 276 S. Fester Einband.

**Tübingen: Mohr Siebeck (http://www.mohr.de)**
**Berlin · Heidelberg: Springer-Verlag (http://www.springer.de)**

# KIELER STUDIEN · KIEL STUDIES

Institut für Weltwirtschaft an der Universität Kiel

Herausgeber: *Horst Siebert* · Schriftleitung: *Harmen Lehment*

315. **Subsidization and Structural Change in Eastern Germany,** *Katja Gerling*
Berlin · Heidelberg 2002. XXV, 208 S. Fester Einband.

316. **Complementarities in Corporate Governance,** *Ralph P. Heinrich*
Berlin · Heidelberg 2002. XVI, 234 S. Fester Einband.

317. **Globalisierung der Automobilindustrie. Wettbewerbsdruck, Arbeitsmarkteffekte und Anpassungsreaktionen,** *Julius Spatz, Peter Nunnenkamp*
Berlin · Heidelberg 2002. XII, 117 S. Fester Einband.

318. **Sozialhilfe, Lohnabstand und Leistungsanreize. Empirische Analyse für Haushaltstypen und Branchen in West- und Ostdeutschland,** *Alfred Boss*
Berlin · Heidelberg 2002. XXI, 201 S. Fester Einband.

319. **Schooling and the Quality of Human Capital,** *Ludger Wößmann*
Berlin · Heidelberg 2002. XVII, 228 S. Fester Einband.

320. **Climate Policy in a Globalizing World. A CGE Model with Capital Mobility and Trade,** *Katrin Springer*
Berlin · Heidelberg 2002. XX, 313 S. Fester Einband.

321. **Die neue Ökonomie: Erscheinungsformen, Ursachen und Auswirkungen,** *Henning Klodt et al.*
Berlin · Heidelberg 2003. XIV, 248 S. Fester Einband.

322. **The Real Exchange Rate and Prices of Traded Goods in OECD Countries,** *Holger Brauer*
Berlin · Heidelberg 2003. XXII, 239 S. Fester Einband.

323. **Intergenerative Umverteilung in der repräsentativen Demokratie,** *Oliver Lorz*
Berlin · Heidelberg 2003. XIII, 174 S. Fester Einband.

324. **Internationaler Handel mit Kommunikationsdienstleistungen. Anforderungen an ein multilaterales Regelwerk und die Reform des GATS,** *Jan Krancke*
Berlin · Heidelberg 2003. XV, 234 S. Fester Einband.

*Mehr Informationen über Publikationen des Instituts für Weltwirtschaft unter http://www.uni-kiel.de/ifw/pub/pub.htm, mehr Informationen über das IfW unter http://www.uni-kiel.de/ifw/*

---

**Berlin · Heidelberg: Springer-Verlag (http://www.springer.de)**

GPSR Compliance

*The European Union's (EU) General Product Safety Regulation (GPSR) is a set of rules that requires consumer products to be safe and our obligations to ensure this.*

*If you have any concerns about our products, you can contact us on ProductSafety@springernature.com*

In case Publisher is established outside the EU, the EU authorized representative is:

Springer Nature Customer Service Center GmbH
Europaplatz 3
69115 Heidelberg, Germany

**Batch number: 10620086**

Printed by Printforce, the Netherlands